冶金工业出版社

普通高等教育“十四五”规划教材

# 电子仪器可靠性设计基础

康瑞清　编著

北　京
冶　金　工　业　出　版　社
2025

## 内 容 提 要

本书共10章，主要内容包括：可靠性设计基本概念，可靠性建模、分配与预计方法，故障模式影响及危害性分析方法，故障树分析方法，电子仪器的可靠性设计基础，电路的可靠性分析，电子仪器可靠性试验、验证与评定方法。本书每章后均附有习题供学生课后练习。

本书可作为高等院校测控技术与仪器、自动化及相关专业本科生教材，也可供相关专业工程技术人员参考。

**图书在版编目（CIP）数据**

电子仪器可靠性设计基础 / 康瑞清编著．-- 北京 ：冶金工业出版社，2025．2．--（普通高等教育“十四五”规划教材）．-- ISBN 978-7-5240-0103-4

Ⅰ．TM930．2

中国国家版本馆 CIP 数据核字第 20251H7L60 号

**电子仪器可靠性设计基础**

| | | | |
|---|---|---|---|
| **出版发行** | 冶金工业出版社 | **电　　话** | (010)64027926 |
| **地　　址** | 北京市东城区嵩祝院北巷39号 | **邮　　编** | 100009 |
| **网　　址** | www.mip1953.com | **电子信箱** | service@mip1953.com |

责任编辑　戈　兰　郭雅欣　美术编辑　彭子赫　版式设计　郑小利

责任校对　梁江凤　责任印制　窦　唯

北京印刷集团有限责任公司印刷

2025年2月第1版，2025年2月第1次印刷

787mm×1092mm　1/16；12.5印张；301千字；190页

**定价 38.00 元**

**投稿电话　(010)64027932　投稿信箱　tougao@cnmip.com.cn**

**营销中心电话　(010)64044283**

**冶金工业出版社天猫旗舰店　yjgycbs.tmall.com**

（本书如有印装质量问题，本社营销中心负责退换）

# 前　言

可靠性工程是以概率论为理论基础，以数理统计为基本方法，用以保证和提高系统适用性的一门综合技术。可靠性是反映产品质量水平的核心指标。随着科学技术的飞速发展，电子仪器的智能化水平越来越高，对其可靠性要求不断提高，电子仪器的可靠性设计也越来越重要。

本书在介绍可靠性工程相关内容的基础上，以电子类相关产品的可靠性设计为线索，详细介绍了电子仪器可靠性设计必须具备的基本知识，在进行可靠性设计时需要掌握的可靠性理论和设计方法，并给出了实际案例。

全书由康瑞清编著，参加编写的有李丹（第 9.1 节、第 10.1 节和第 10.2 节），侯颖（第 10.3 节和第 10.4 节）和汪琳（第 10.1 节和第 10.5 节），感谢冯雯卉同学对参考文献部分的资料整理。

本书撰写的过程中，借鉴了国内外的一些优秀教材和文献，在此一并向相关作者表示衷心感谢。

本书得到北京科技大学教材建设经费资助，得到了北京科技大学教务处的全程支持。

由于作者水平有限，书中的不足和疏漏之处恳请读者批评指正。

康瑞清

2024 年 12 月

# 目　　录

# 第1章　绪　　论

**教学要求：**

了解电子仪器可靠性设计环节的重要性；

了解电子仪器可靠性设计包含的阶段；

掌握电子仪器各种成本与最终可靠性的关系；

了解电子仪器可靠性设计的特点。

随着集成电路、微电子技术在各类仪器中的广泛运用，电子仪器的复杂程度越来越高，传统的仪器只能完成测量、显示功能，而现代的智能仪器往往具有智能诊断、智能学习等能力。因此，在应用系统中，电子仪器起的作用也越来越大，电子仪器能否可靠地完成其任务，也逐渐成为人们越来越关注的问题。某些电子仪器需要在特殊的条件下稳定可靠地工作，这些电子仪器需要满足特殊的要求，例如能够长时间连续工作，或者能够在较强的电磁场环境、较高的环境温度或较大的环境湿度下仍然能够可靠地工作。在电子仪器出现故障时，人们通常希望仪器本身可以进行诊断和做出正确的判断，以减小维修的次数和时间。

20世纪60年代，产品从制造商出厂时，如果没有缺陷或系统故障，则认为该产品的质量指标均已达到。随后，日益复杂的设备和系统，以及因为失效而迅速增加的维修成本，迫使人们会最先考虑产品的可靠性、维修性、可用性以及安全性。如今人们期望的是，对于复杂的设备和系统，不仅在刚刚投入使用时没有缺点和系统故障，在规定的时间间隔内完成需要的功能，而且在发生危急或灾难性故障的情况下能有一个安全的行为。在实际应用中，究竟是否达到这样的期望，需要通过一些测试才能确定答案。所以，对电子仪器而言，在仪器设计阶段，在设计功能实现的同时，也必须对仪器的可靠性加以考虑，因为在这个阶段提高其可靠性需要的费用最少，效果最好。这样设计出来的电子仪器，可以在保证其功能实现的同时还具有合理的可靠性。可靠性高的仪器寿命长，不容易出故障，即使出了故障也很容易找到出现故障的环节，经过短时间的维修之后，能够重新投入使用。可靠性高的仪器在使用过程中对用户和生产厂家而言都是有益的：用户免去了不得不中断使用而去维修仪器的不便，节省了时间、精力和财力；生产厂家虽然在生产过程中会增加成本，但在投入市场后，在同类仪器之间激烈的竞争中会独具优势，可以增加竞争力，同时，可靠性高的仪器意味着维修费用的大大降低，即会减少仪器后期的使用成本。只要生产厂家权衡好两者的关系，必定会从中受益。因此，在现代生活中，仪器的可靠性设计越来越重要。

另外，随着技术的进步，构成仪器的元器件的寿命增加了，但随着仪器复杂程度的大幅度提高，仪器的寿命并没有相应地增长，如何采用可靠性高的电子元器件，将整个成本控制在合理预算范围内，利用可靠性的专业知识和经验，设计生产出可靠性高的电子仪器，是我们需要解决的问题。

可靠性是一门综合学科，它涉及统计学、失效物理学、环境科学和系统工程学等学科。电子仪器的可靠性设计工程师除了掌握以上学科以外，还需要掌握电子设计方面的知识，例如电子元器件的失效机理，电子仪器的设计原理和制造工艺，可靠性设计理论以及以往可靠性设计的成功经验。在可靠性设计后期，可靠性工程师需要在很宽的条件范围内，对构成仪器的单元及整台仪器进行可靠性试验。

可靠性工程的目的是为开发评价和证明组件、设备和系统的可靠性、维修性、可用性的方法和工具，以及为开发和产品工程师提供技术支持。具体而言包括如下内容：防止或降低发生失效的可能性或频率；如果出现失效问题，能够确认发生失效的原因，同时能够解决失效问题；如果发生失效的原因不能排除，能够确定解决发生失效的方法；对于新的设计，能够应用各种方法估计新设计可能具有的可靠性，并对可靠性数据进行定量和定性的分析。

## 1.1 电子仪器可靠性设计环节的重要性

可靠性设计在军事和航空、航天以及核工业等行业中尤其重要，在这些行业中使用的仪器，其可靠性设计必须放在首位，否则会产生非常严重的后果。对于某些应用在军事方面的电子仪器，其可靠性的高低不仅会影响仪器的正常使用，而且有时会对战争的胜利起到关键作用；某些应用在航空、航天领域的电子仪器，其可靠性也非常重要。

例如，在2018年10月和2019年3月，波音737 MAX客机发生了两次空难，空难发生过程很类似，都是飞机起飞后不久坠毁。资料显示，波音737 MAX客机新系统为了省油，增加竞争力，换了发动机，发动机体积与飞机结构存在如下问题：当飞机在飞行中稍微一抬头，机翼上方容易出现乱流，发生“失速”现象。失速后的飞机升力会瞬间下降，给飞机带来危险；为了解决失速问题，在飞机操纵与控制系统里加装了“MCAS”（机动性能增强系统）。

MCAS在自动驾驶时不工作；在人工操作，当机翼的迎角（由传感器测量）太大，导致飞机将要失速时，该系统自动启动，强制飞机低头。这个系统从理论上讲可以解决失速问题，即只要正确测出飞机的迎角数据并自动执行相应操作，飞机就会避免失速。

从可靠性设计方面不难发现，其飞行控制系统设计上存在巨大缺陷，该缺陷可能会引起飞机失速，也就是这两起空难发生的主要原因，具体而言，就是当迎角传感器传感的迎角数据一旦出错，迎角传感器被外来物卡住，或者被风吹短路，MCAS感知到错误的迎角（实际上迎角可能是正常的）就可能会自动压低机头。飞行员人工拉高机头无效，发生空难。

资料显示，2019年3月29日埃航失事初步调查结果为坠毁前自动防失速系统曾被激活，但是系统有缺陷。该系统是为了避免机头提升至过于危险的高度，但遭遇异常情况时，机头可能会被意外降低，且无法回归正常状态，最终造成飞机失控。

该设计犯了可靠性设计中的致命错误，即系统优先级大于人工操作！

随着科学技术的进步，可靠性手册需要不断的补充、更新以及对新技术建立专门的可靠性设计手册。我国2018年启动国家机器人可靠性系列标准手册，手册中包含以下八个部分：通用导则、可靠性指标体系、软件测试方法、可靠性评估方法、控制部件可靠性强化试验方法、电子零部件生产商质量能力要求、电子零部件物料选型评价规范以及控制器生产可靠性评估方法。

仪器设备在相对良好的环境使用，不易出现频繁的故障，不影响正常使用，其可靠性不受重视；当发生特殊事件的时候，例如发生战争，军用设备在运输过程中可能会经受酷热、高寒以及高湿度等极端环境的考验，失效的可能性大大增加，可能会导致系统关键部分失效，这种失效在军用设备在使用中如果集中出现，有可能影响战争的胜负。针对类似可能出现的问题，解决方法是对其中的关键部件建立可靠性研究小组，经过可靠性设计，提高其可靠性。

我国可靠性学科起步较晚，在1972年成立了第一个电子产品可靠性研究所。

### 1.1.1 电子仪器可靠性设计包含的阶段

电子仪器在最后称为产品的过程中包含下面几个阶段：方案设计阶段、方案实施阶段（包含元器件选型），如果设计的仪器为智能仪器，则分为软件设计阶段和硬件设计阶段，设计的功能验证阶段，包括仪器设计中的各种技术指标的验证试验等，然后是工艺设计及机械设计阶段，这些过程中，可靠性设计都需要参与才能保证最后的可靠性指标达到设计要求。

### 1.1.2 电子仪器成本与最终可靠性的关系

在仪器的可靠性设计过程中，如果一味地提高其可靠性而不考虑其他因素，会使仪器的设计费用大大提高，如果没有经济效益，生产商也就没有积极性。所以在可靠性设计中，设计及生产商需要在可靠性和其他参数，如费用、重量、尺寸和进度等之间进行权衡，一台仪器可靠性与它产生的经济效益是密切相关的，可靠性较高的仪器，可以正常使用的时间较长，不容易出现故障，维修费用低，但是其设计和生产制造成本较高；而可靠性较低的仪器，虽然制造成本较低，但其维修费用较高，这样总的成本也会增加，在仪器设计阶段，需要对其可能的设计成本、生产制造成本及维修成本进行综合考虑，选择适当的可靠性和综合成本，目的是以最低的成本达到或超过规定的可靠性，或者以给定的总成本取得最高的可靠性。

图1-1中所示的是电子仪器在设计、生产及售后过程中产生的各种成本与其可靠性的关系，其中设计成本是指制造商为了实现仪器的基本功能和合理的可靠性所付出的设计研究费用。设计成本还取决于仪器的生产规模，如果仪器的生产规模较大，则仪器的设计成本就可以分摊给更多数量的仪器，这样每台仪器的成本就会相应减小；反之，对于生产规

模较小的情况，每台仪器的设计成本就会相应较高。

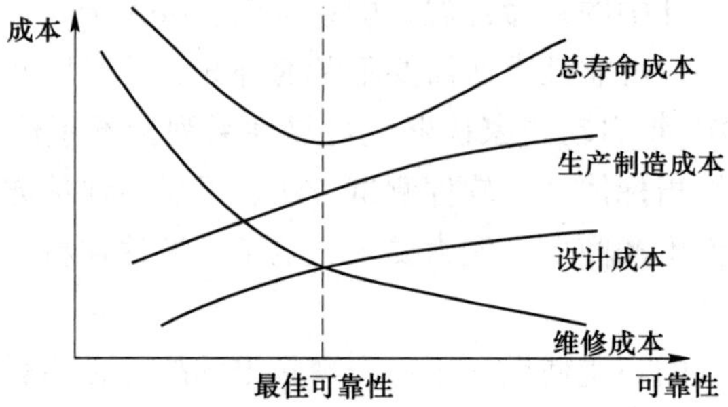


图 1-1 仪器的各种成本与其可靠性的关系示意图

维修成本指的是仪器的一个附加单元，它不属于制造仪器时的费用，是用来替换出现故障和需要维修的单元，仪器的可靠性高，需要的备用单元就少。从图 1-1 中可以得知，当整台仪器的可靠性增高时，虽然仪器的维修成本下降，但其设计成本增加得很快，这样仪器总的成本会增加。

总寿命成本由设计成本、生产制造成本和维修成本组成，随着三种成本的增加，产品的总的可靠性增加。设计成本指的是方案设计论证实施过程中产生的成本，设计成本的高低还与后续的生产规模有密切关系，生产规模较大的情况下，平均到单个产品的设计成本相对的会降低；生产制造成本指的是制造过程中产生的成本，同样与生产规模有关，同样品质的组成器件，购买规模越大，单个成本就越低；维修成本指的是维修过程中替换单元的个数和单个替换单元成本之和，一般来讲，设计成本越高，维修成本越低。

从图 1-1 可以看到，降低维修成本和增加设计成本可以提高产品的可靠性，当其可靠性提高到一定程度后，再进一步提高会使产品总的寿命成本增加，经济效益差。一般情况下，产品的最佳可靠性选择在总的寿命成本的最低点附近，对可靠性有特殊要求或使用条件特殊的产品另当别论。

总的来说，选择各种成本范围与可靠性范围的权衡准则是使仪器的总寿命成本最低。

值得注意的是，在实际中一种仪器的成本与可靠性关系的精确资料很难得到，例如，在制造阶段很难精确预测仪器的维修费用，因为修理故障所花的时间和费用取决于用户的使用情况、修理部件的种类以及维修人员的技能等不确定因素，这时为了得到最佳的可靠性，设计者需要根据一些能够找到的孤立的资料进行分析选择。

## 1.2 电子仪器可靠性设计的特点

可靠性设计是一种贯穿整个产品过程的综合性设计。电子仪器的可靠性设计与其他产品的可靠性设计一样，与其设计、制造、存储、使用和维修等环节密切相关，可靠性设计只是其中的一个环节，但是这个环节非常重要，它为电子仪器的可靠性水平奠定了基础。由于电子仪器本身的特点，其可靠性设计也具有以下特点：由于组成电子仪器的电子元器件的失效率都比较低，在可靠性设计阶段，除了满足可靠性指标的设计要求外，在工艺设计过程中要保证电子仪器有好的维修性，仪器要有好的防振动性，避免电子仪器在运输和使用过程中某些部件发生松动，从而降低其可靠性；需要关注的还包括电子仪器的使用环境，如高温高湿、酸碱度超标、电磁干扰较强等环境，都需要在满足基本功能的基础上，对照具体环境因素进行可靠性设计。

电子仪器的可靠性设计中，同类仪器的可靠性历史数据难以满足要求，后期需要大量的可靠性增长试验加以补充。

由于电子仪器中不止包含电子线路及功能模块，也包含机械结构、工艺等方面的内容，电子仪器的可靠性设计是诸多专业可靠性设计的综合。

## 习　题

1-1　电子仪器可靠性设计中包含哪些阶段？

1-2　简述电子仪器在设计、生产及售后过程中产生的各种成本与其可靠性的关系。

# 第2章　可靠性设计基本概念

**教学要求：**

掌握可靠性设计中的基本特征量的定义、特点以及计算公式；

了解电子仪器可靠性特征量之间的关系；

掌握浴盆曲线的特点；

掌握电子仪器可靠性特征量服从的分布；

熟悉泊松分布、指数分布以及威布尔分布。

衡量仪器质量包括两类指标，第一类是反映仪器完成功能所需要的技术性能指标；第二类是反映仪器保持技术性能指标能力的可靠性指标。可靠性指标中最重要的是产品的可靠性。一个产品的可靠性指的是产品在规定的条件下和规定的时间内，完成规定功能的能力。

仪器的可靠性是指仪器处于使用状态时，在所规定的时间内是否处于“完好状态”，即仪器在规定的条件下以及规定的时间内完成规定功能的能力。其中的“规定条件”一般指环境条件、使用条件、维护条件和操作条件等；“规定时间”指仪器能完成规定功能的时间，例如动作次数、运行周期、循环次数等；“规定功能”是指技术性能指标和使用要求，例如仪器的精确度、灵敏度等。仪器完成规定功能的能力是仪器可靠性的直接反映，具体以各种可靠性指标表示，例如仪器的可靠度、失效率等。一台仪器的可靠性与“规定条件”是分不开的。这里所说的规定条件是指仪器使用时的应力条件、环境条件和储存时的储存条件等。

规定条件对可靠性有重要的影响，因此必须认真制定。经验表明，半导体器件的工作温度增加10~20 ℃，其失效率会增加一倍；一台含有半导体器件的仪器使用时，在不同功率输出状态下，其可靠性是不同的。一般的规律是：该半导体器件在小于额定功率使用时其可靠性较高，在等于额定功率使用时可靠性次之，在大于额定功率使用时可靠性较差。

产品或元器件的可靠性可以通过内推法估计其可靠性范围，即用户不希望在某些特殊环境条件下使用仪器，但可以从已经获得的数据，估计在不同条件下仪器的性能。但是不适合外推法，例如：已知70 ℃（环境温度时）功率为150 mW和300 mW的某种晶体管的可靠性，能完全确定200 mW的该种晶体管在同一时期内的可靠性（内推），但不能确定450 mW时它的可靠性，因为450 mW>最大300 mW值，估计时会有较大误差。

规定时间是指仪器规定的工作时间 $t$。一般来说，组成仪器的各元器件经过筛选，整台仪器经过老化后，仪器在较长的时间内可靠性水平较高。此后，随着使用时间的延长，可靠性水平逐渐降低；时间越长，可靠性水平越低。

规定功能指的是仪器指定的任务。例如，对于给定的输入，仪器的输出要在规定的公差内。规定功能需要在任何可靠性分析开始的时候定义，因为规定功能定义完成后，可以定义仪器失效。一台仪器往往具备若干项功能，或者说具有若干项技术指标。仪器在工作时，要完成的是功能的全部而不是其中的一部分，或者说是要达到所有的技术指标而不是达到某一部分技术指标。

仪器在实际使用中发生的故障往往与各种偶然因素有关。要判断某种仪器可能在什么时间发生故障是无法做到的，但大量的偶然事件中隐藏着一定的规律性，偶然事件中包含着必然性。虽然不能精确地知道发生故障的时间，但可以估计出在从仪器开始使用算起的某段时间内，该仪器完成规定功能的能力大小，这就是仪器可靠性。

## 2.1 可靠性基本特征量

仪器的可靠性特征量是用于度量仪器可靠性高低的数量指标。对仪器的可靠性而言，只是定性地加以说明，很多的实际问题是不能解决的，特别是对同类仪器的可靠性进行比较时，需要使用定量的方法，或者对仪器的可靠性有明确的要求时，也需要使用定量的分析方法，这都需要通过可靠性特征量进行描述。

可靠性的特征量在仪器不同的阶段有不同的作用。在设计和制造仪器时，通过可靠性特征量，利用一些数学方法可以预计仪器的可靠性，如果与可靠性要求不符，可以对设计方案、工艺等进行修改；在仪器生产出来时，通过特定的可靠性试验，得出可靠性的特征量，这些特征量可以定量地评定仪器可靠性的高低，或对同类仪器的可靠性进行定量比较。各类定量的指标是通过一些可靠性的特征量实现的，本节主要介绍与电子仪器有关的一些具体的特征量。

### 2.1.1 可靠度

根据美国电子设备可靠性设计手册 MIL-HDBK-338，可靠度的定义为：产品在规定的条件和规定的时间内完成规定功能的概率。即过了规定的时间，产品依然能够正常工作的概率，常用 $R(t)$ 表示。从可靠度定义可以知道，时间为 0 时，可靠度为 1，时间为无穷大时，可靠度为 0。

可靠度的数学表达式为：

$$R(t) = P(T > t) \tag{2-1}$$

式中，$t$ 为规定时间；$T$ 为产品寿命。

对于多个同类产品进行的可靠性试验，可以使用式（2-2）进行可靠度估计：

$$R(t) = \frac{N - n(t)}{N} \tag{2-2}$$

式中，$n(t)$ 为到 $t$ 时刻失效的产品数；$N$ 为试验的产品总数。

与可靠度对应的是不可靠度。不可靠度也称为累计失效概率，指在规定的条件和规定的时间内失效的概率。常用 $F(t)$ 表示。从不可靠度的定义可以知道，时间为 0 时，不可靠度 0，时间为无穷大时，不可靠度为 1。不可靠度的数学表达式为：

$$F(t)=P(T<t) \tag{2-3}$$

式中，$t$ 为规定时间；$T$ 为产品寿命。

同样，可以使用式（2-4）对多个同类产品的不可靠度进行估计：

$$R(t)=\frac{n(t)}{N} \tag{2-4}$$

即到时刻 $t$ 失效的产品数和试验的产品总数的比值。

由定义可知，可靠度函数和不可靠度函数的和为 1。

描述可靠度和不可靠度的另一个函数称为故障密度函数，故障密度函数描述了一个系统在特定时间段内发生故障的概率，用 $f(t)$ 表示。故障密度函数指的是故障分布的形态，是一种不断变化的概率函数，通常会随着 $t$ 的增加而增大，这表明系统故障随着时间的推移而不断累积。

从故障密度函数的定义可知，不可靠度函数与故障密度函数有如下的关系：

$$F(t)=\int_{-\infty}^{t} f(t)\,\mathrm{d}t \tag{2-5}$$

如果随机变量是离散型的，则式（2-5）中用加法代替积分。由于不可靠度函数在时间为 $t\leqslant 0$ 时，其值为 0，所以

$$F(t)=\int_{0}^{t} f(t)\,\mathrm{d}t \tag{2-6}$$

对应的可靠度函数与故障密度函数的关系为：

$$R(t)=1-F(t)=\int_{t}^{\infty} f(t)\,\mathrm{d}t \tag{2-7}$$

通过对式（2-7）的可靠度函数进行微分，可以得到故障密度函数的表达式：

$$f(t)=-\frac{\mathrm{d}R(t)}{\mathrm{d}t} \tag{2-8}$$

图 2-1 为故障密度函数、可靠度函数以及不可靠度函数的关系示意图，故障密度函数从 0 到无穷大区间内，对时间的积分为 1。

### 2.1.2　失效率

当一个组件不能完成其要求的功能时，失效就发生了。失效率在可靠性分析中有重要作用，尤其在电子产品的可靠性设计中非常重要。失效率与某时刻的可靠度有密切关系，失效率按照可靠度的定义为：

$$\lambda(t)=\frac{R(t_1)-R(t_2)}{(t_2-t_1)R(t_1)}=\frac{R(t)-R(t+\Delta t)}{\Delta t R(t)} \tag{2-9}$$

下面对失效率的定义进行推导。

假设 $n$ 个相同的、相互独立的、新的电子元器件，在时间 $t=0$ 时投入使用，在相同的条件下，当时间为 $t$ 时，如果 $N_s(t)$ 表示还没有失效的电子元器件的子集，则 $N_s(t)$ 为一个连续递减的阶梯函数，如图 2-2 所示。

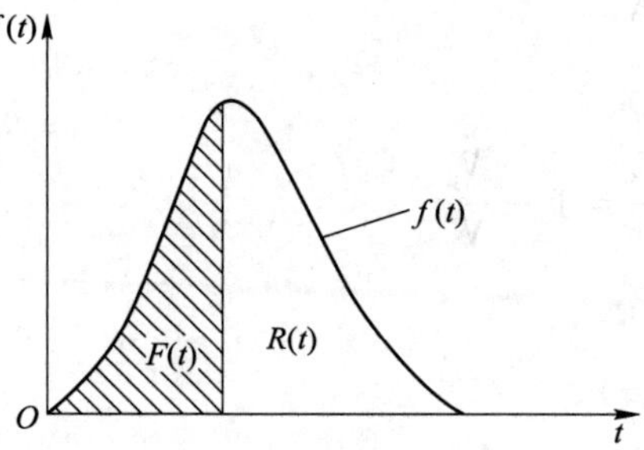


图 2-1 $f(t)$、$F(t)$、$R(t)$ 的关系示意图

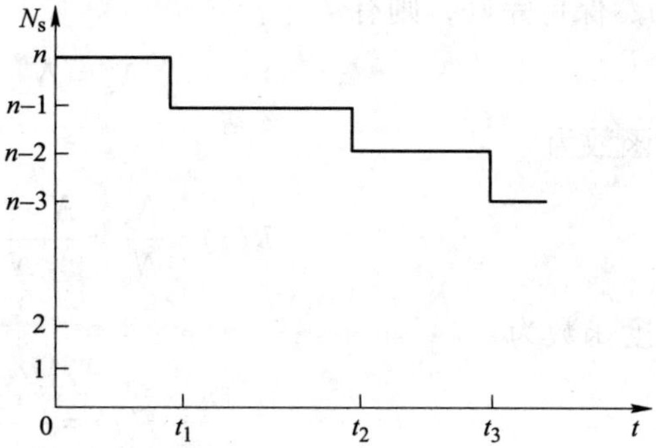


图 2-2 没有失效的元器件个数 $N_s$ 与时间的关系示意图

图 2-2 中，$t_1$，$t_2$，…，$t_n$ 分别指的是从 $t=0$ 开始，$n$ 个电子元器件各自的失效时间。根据可靠度函数的定义，统计估计的可靠度函数为：

$$\hat{R}(t)=\frac{N_s(t)}{n} \tag{2-10}$$

当 $n\to\infty$ 时，$\hat{R}(t)$ 趋近于可靠度函数 $R(t)$。对于任意的时间间隔 $(t,\ t+\Delta t)$，统计估计的失效率定义为：

$$\hat{\lambda}(t)=\frac{N_s(t)-N_s(t+\Delta t)}{N_s(t)\Delta t} \tag{2-11}$$

$\hat{\lambda}(t)\Delta t$ 是在时间间隔为 $(t,\ t+\Delta t)$ 时，元器件失效的个数与 $t$ 时刻没有失效的元器件个数的比值，将式（2-10）代入式（2-11）中，可以得到：

$$\hat{\lambda}(t)=\frac{\hat{R}(t)-\hat{R}(t+\Delta t)}{\Delta t\hat{R}(t)} \tag{2-12}$$

与可靠度函数 $R(t)$ 类似，当 $n\to\infty$ 并且 $\Delta t\to 0$ 时，$\hat{\lambda}(t)$ 趋近于（瞬时失效率 $h(t)$）：

$$\lambda(t)=h(t)=\frac{-\mathrm{d}R(t)/\mathrm{d}t}{R(t)} \tag{2-13}$$

由式（2-11）和式（2-13）得出的失效率 $\lambda(t)$ 的表达式特别适用于不可修复组件（图 2-2），例如电子元器件，各种一体化功能模块等。

将故障密度函数的表达式（2-8）代入式（2-13），得到

$$\lambda(t)=\frac{f(t)}{R(t)} \tag{2-14}$$

式（2-14）是用于可靠性分析的基本关系式之一。例如，如果已知故障密度函数 $f(t)$ 和可靠函数 $R(t)$，就可以求出任意时刻 $t$ 的瞬时失效率。这个关系式之所以是基本的和重要的关系式，因为它与所考虑的统计分布无关。

下面推导离散情况下设备的故障密度函数、瞬时失效率函数和失效率函数的表达式。

假设用 $N_o$ 台设备在时刻 $t_0$ 开始可靠性试验。在某一时刻 $t$ 之后，有 $N_f$ 台发生故障，

$N_s$ 台仍然保持完好，则有

$$N_o = N_f + N_s$$

可靠度函数为

$$R(t) = \frac{N_s}{N_o} = \frac{N_o - N_f}{N_o} = 1 - \frac{N_f}{N_o} \tag{2-15}$$

故障密度函数为

$$f(t) = -\frac{\mathrm{d}R(t)}{\mathrm{d}t} = \frac{1}{N_o}\frac{\mathrm{d}N_f}{\mathrm{d}t} \tag{2-16}$$

瞬时失效率为

$$h(t) = \frac{f(t)}{R(t)} = \frac{1}{N_o}\frac{\mathrm{d}N_f}{\mathrm{d}t} \times \frac{N_o}{N_s} = \frac{1}{N_s}\frac{\mathrm{d}N_f}{\mathrm{d}t} \tag{2-17}$$

失效率为

$$\lambda(t) = \frac{R(t) - R(t+\Delta t)}{\Delta t R(t)} = \frac{1}{N_s}\frac{\Delta N_f}{\Delta t} \tag{2-18}$$

从失效率 $\lambda(t)$ 和瞬时失效率 $h(t)$ 的表达式可以看出，尽管它们在数学上有些差别，但是在传统的可靠性工程实践中，它们往往作同义词用。

电子仪器系统元器件的失效率非常小，所以通常表示的单位为 $10^{-6}$/h。

**【例 2-1】** 有 2000 只 PNP 晶体管，当工作到 1000 h 时，一共有 20 只失效，工作到 1200 h 时，一共有 24 只失效，求这种晶体管工作到 1000 h 的失效率。

**解：** 根据式（2-18）可以算出

$$\lambda(t) = \frac{1}{N_s(t)} \cdot \frac{N_f(t+\Delta t) - N_f(t)}{\Delta t} = \frac{1}{2000-20} \times \frac{24-20}{1200-1000} \approx 1.1 \times 10^{-5}\ \mathrm{h}^{-1}$$

失效率是电子仪器可靠性设计中非常重要的一个特征量，所以一般电子仪器的可靠度表达式都由失效率的表达式进行推导。

具体来说，可靠度函数的一般表达式可以从式（2-13）推导出：

$$h(t)=-\frac{1}{R(t)}\left[\frac{\mathrm{d}R(t)}{\mathrm{d}t}\right]$$

则有

$$\frac{\mathrm{d}R(t)}{R(t)}=-h(t)\mathrm{d}t \tag{2-19}$$

对式（2-19）两边进行积分，得到

$$\int_0^t\frac{\mathrm{d}R(t)}{R(t)}=-\int_0^t h(t)\mathrm{d}t$$

$$\ln R(t)-\ln R(0)=-\int_0^t h(t)\mathrm{d}t \tag{2-20}$$

考虑 $t=0$ 时所有元器件都是新的，即此时 $R(0)=1$，式（2-20）变换为：

$$R(t)=\mathrm{e}^{-\int_0^t h(t)\mathrm{d}t} \tag{2-21}$$

式（2-21）是可靠度函数的一般表达式。电子设备大多数情况下，满足 $h(t)$ 是恒定失效率 $\lambda$ 条件，式（2-21）成为：

$$R(t)=\mathrm{e}^{-\lambda t} \tag{2-22}$$

式（2-22）是电子产品中可靠度函数的一般表达式。由于失效率是指产品在某个时间内出现 1 次失效的情况，所以失效率也可以通过下式进行估算：

$$\hat{\lambda}=k/T \tag{2-23}$$

式中　$T$——给定的工作时间；

　　$k$——在工作时间 $T$ 中总的失效次数。

在电子设备的可靠性分析中，由于绝大多数情况下都满足设备的失效率为恒定值这一条件，所以经常使用式（2-22）来计算设备的可靠度。

### 2.1.3 平均故障间隔时间

从可靠度的定义中可知，仪器的可靠度与规定的工作时间密切相关，同一台仪器如果规定不同的工作时间，其可靠性是不同的。而只有在不依赖于规定的工作时间条件下测量仪器设备的性能，才能便于比较在不同工作时间内的仪器设备。这种不依赖于仪器工作时间，对仪器进行定量分析的特征量称为平均故障间隔时间（Mean-Time-Between-Failure, *MTBF*），适用于可以修复的两态单元（正常工作状态或失效状态），即发生故障后其中发生故障的部分可以更换。实际中可以用式（2-24）估计 *MTBF*：

$$MTBF=\frac{T(t)}{k} \tag{2-24}$$

式中　$T(t)$——总工作时间；

　　$k$——在此段时间内发生的总的失效次数。

平均故障间隔时间适用于能够用更换元器件或单元的方法修复发生故障的仪器或设备，在不考虑观测时间的情况下，平均故障间隔时间长的仪器可靠性高。另外若在任何情况下修复故障需要的时间都相同，则平均故障间隔时间长的仪器可靠性高。在那些重点关注仪器正常运行时间占比的场合，短暂的修复时间也非常重要，此时只用平均故障间隔时间作为标准就不合适了，需要采用其他的度量可靠性的特征量。

必须注意的是，*MTBF* 只对可修复产品有意义，对于不可修复产品，其平均故障间隔时间也就是产品的平均寿命。

对比式（2-23）和式（2-24）可知，在电子产品中，对于可以修复的两态单元（正常工作/失效），平均故障间隔时间与失效率的关系为

$$MTBF = \frac{1}{\lambda} \tag{2-25}$$

对于失效率为恒定值的可修复产品，其可靠度函数可以表示为

$$R(t) = \mathrm{e}^{-\lambda t} = \mathrm{e}^{-t/MTBF} \tag{2-26}$$

*MTBF* 只适用于两态情况下有恒定失效率的可修复单元。

了解设备的 *MTBF* 与其使用寿命之间的区别非常重要。经历磨损失效模式/机理的设备在因磨损而失效之前将有一段时间的使用寿命。此使用寿命与设备的 *MTBF* 不同。在使用寿命期间，设备还可能因部件薄弱或工艺缺陷而随机发生“怪异”故障，尤其是在设备承受高应力条件的情况下。在设备的使用寿命期间发生这些随机故障会导致该设备的故障率更高或 *MTBF* 更低。

机械设备容易磨损，因此，我们通常关心与这些机械设备相关的电子产品的使用寿命。电子产品通常在机械设备发生重大磨损之前就可能已经失效了。因此，电子产品的早期失效率和工作期间的恒定失效率是这类设备关注的重点。

### 2.1.4 故障前平均工作时间

故障前平均工作时间（Mean-Time-To-Failure，*MTTF*）表示的是故障前工作时间的期望值，如果针对的是不可修复系统，即出了故障后不可能修复，坏了就扔的仪器的元器件或某些单元，其故障前平均工作时间也就是这些元器件或单元的平均寿命。根据基本统计理论可以推导出其数学表达式为

$$MTTF = \int_0^{\infty} tf(t)\,\mathrm{d}t = \int_0^{\infty} t\left[-\frac{\mathrm{d}R(t)}{\mathrm{d}t}\right]\mathrm{d}t$$

积分后，得到 *MTTF* 的表达式

$$MTTF = \int_0^{\infty} R(t)\,\mathrm{d}t \tag{2-27}$$

在大多数情况下，式（2-27）可以使 *MTTF* 的计算得到简化，即如果已知设备的可靠度函数，则可以通过对可靠度函数的直接积分获得 *MTTF*，也可以通过画图近似得到或者通过蒙特卡罗法模拟获得。对于可修复系统，*MTTF* 定义为首次故障前的平均工作时间。

当失效率为常数 $\lambda$ 时，平均无故障时间为 $1/\lambda$。

对于不可修复单元，其故障前平均工作时间的计算方法如下：

$n$ 个元器件或单元为一组，试验到全部出故障，每个元器件或单元的出故障时间分别为：$t_1$，$t_2$，…，$t_n$，则平均工作时间为：

$$MTTF = \frac{1}{n}\sum_{i=1}^{n} t_i \tag{2-28}$$

*MTTF* 的特点是对于同一类元器件或仪器，其值相同，不随时间变化。

# 2.2 电子仪器可靠性特征量

## 2.2.1 特征量之间的关系

对于服从指数分布的电子类产品，其瞬时失效率和失效率是相等的。实际进行可靠性设计时，一般取其值在设计过程中保持基本不变或者有比较方便计算的函数表达式的特征量，最常用的是失效率。

表 2-1 列出了可靠性各种特征量的表达式及其之间的关系。

**表 2-1 可靠性特征量**

| 特征量名称 | 函数表达式及其之间的关系 |
|---|---|
| 故障密度函数 | $f(t)$ |
| 可靠度函数 | $R(t) = \int_0^{\infty} f(t)\,dt = e^{-\int_0^t h(t)\,dt}$ |
| 瞬时失效率 | $h(t) = \frac{f(t)}{R(t)}$ |
| 失效率 | $\lambda(t) = \int_0^t h(t)\,dt$ |
| 故障前平均工作时间（不可修复产品） | $MTTF = \int_0^{\infty} R(t)\,dt$ |
| 平均故障间隔时间（*MTBF*）（可修复产品，失效率为常数） | $MTBF = \frac{T(t)}{r} = \frac{1}{\lambda}$ |

## 2.2.2 浴盆曲线

大量的可靠性数据表明，产品的失效率（瞬时失效率）随着时间的增加，其变化分区域有不同的特征，称为“浴盆曲线”。浴盆曲线是失效率随时间变化的曲线，对于硬件来说，它有三个不同的周期。浴盆曲线应该被视为一个概念，而不是一个实际的失效率函数。通用浴盆曲线如图 2-3 所示。

图 2-3 中的左右箭头表示的是平均失效时间，为机械物品磨损的相关指标；上下箭头指的是失效率的瞬时值，属于因随机发生的缺陷而发生故障的项目的关注指标，该值由 MIL-HDBK-217F 和 Telcordia SR-332 预测。

在浴盆曲线的第一部分为早期故障期，失效率相对较高，因为一部分可能包含有缺陷的零件。这些通常比大部分的零件更早失效。失效率随着时间的增加在减小，其下降速度取决于设计的成熟度和制造过程，以及施加的应力。

这个阶段失效主要是由于在材料、组件和生产过程中产生的随机缺陷引起的，例如设计不良，使用了不合格的元器件，或在生产过程中缺乏适当的控制等。消除早期故障的一种办法是使设备经过“老练”筛选，在老练期间使设备在和预期的实际工作条件极其接近的应力等级工作。只有当设备顺利地通过了“老练”筛选，才能出厂投入实际使用；另一种办法是对发现有问题的设计方案进行改进，尽量缩短产品在这一阶段的时间。

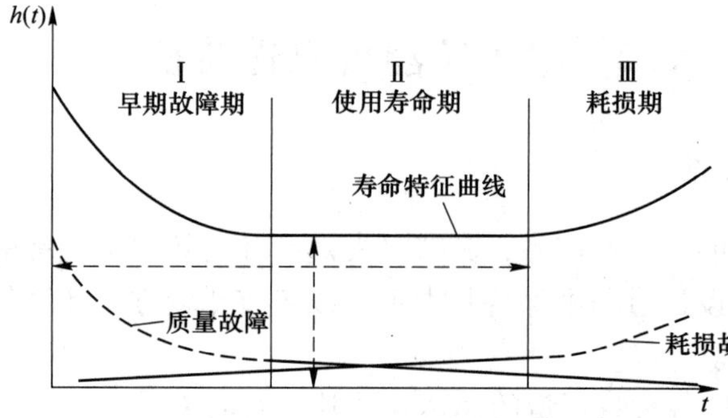


图 2-3 通用浴盆曲线

浴盆曲线的第二部分被称为使用寿命期，其特点是由随机发生的故障引起的相对恒定的失效率。需要注意的是，失效率只与曲线的高度有关，与曲线的长度无关，曲线的长度表示产品或系统寿命。如果产品表现出随机发生的故障，则按照泊松过程，它们会按照指数分布失效。由于指数分布表现出恒定的失效率，可以将构成一个项目的所有项目的失效率相加，以估计该项目在其使用寿命期间的总体故障率。

在此期间设备的失效率基本上是恒定的，这是使用寿命期的特点。在此期间发生的故障一般都是偶然故障。这种故障纯粹是随机或偶然原因造成的，它们不能靠长期的“老练”或好的预防性维修工作来消除，这些故障经过修复一般都能够排除，仪器能够再次投入正常使用。每种设备都是按照在一定条件下工作并且经受一定应力等级设计的。当由于偶然的未能预测的或未知的事件致使设备在超过这些应力等级下工作时，设备就会发生偶然故障。尽管可靠性理论对这三种故障都关心，但主要关心的还是偶然故障，因为它们发生在设备的使用寿命期。在使用寿命期，虽然发生偶然故障的时刻是不能预测的，但是在某一给定期间发生故障的可能性或概率却可以通过对设备设计进行分析加以确定。如果偶然故障概率太高，就必须通过修改设计方案或者减小设备工作环境应力的方法降低。

恒定失效率阶段是大多数可靠性工程设计方法运用的依据。由于失效率是恒定的，所以故障前工作的时间为指数分布的形式是适用的，并且是一些可靠性文件（如 MIL-HDBK-217F）中所详细阐述的设计与预计程序的依据。

曲线的最后一部分是耗损期，也就是磨损部分。这是设备开始退化到接近或已达到其使用寿命尾声的地方。这通常与机械零件有关，但也与任何表现出磨损行为的故障原因有关。耗损期的特征是失效率随工作时间的增加而升高，在这一阶段产品失效大多数是由老化、磨损、疲劳等引起的（例如腐蚀、电迁移等）。通过精心设计和良好的维修工作可以使设备的早期故障推迟，延长设备的使用寿命。防止出现耗损故障的唯一办法是在其发生故障之前更换或修理劣化的零部件。即进入耗损期的设备，针对某些部件，需要定时维修，定时更换或废弃。在可靠性设计中，应尽量使组成仪器的元器件或模块电路同时进入耗损期，避免单个部件提前进入耗损期，以减少维修费用。

浴盆曲线从概念上提供了三种主要故障类别的良好视图。它本质上是一条由三种通用类型的故障原因组成的复合故障率曲线。然而，在实践中，图 2-3 中定义明确的曲线很少见。产品或系统的实际曲线将取决于许多因素。一个特定的故障原因通常只表现出浴盆曲线的一段的特征，但是当考虑该产品或系统的所有其他故障原因的特征，并生成一个复合模型时，曲线的形状将偏离经典的浴盆曲线，即使它通常包含三个部分中每个部分的元素。通常，复合曲线将主要由那些主导项目整体可靠性的故障原因的特征所主导。

同样重要的是要注意，缺陷并不总是表现为早期的失效或故障。它们可能看起来是早期的失效率、随机失效率或磨损率，具体取决于故障机制的具体特征和因素，例如缺陷严重程度分布。

浴盆曲线特别适用于电子设备。该曲线有 3 个阶段，第Ⅰ阶段特点是失效率随工作时间的增加而降低，第Ⅱ阶段特点是失效率随工作时间的增加保持基本不变，第Ⅲ阶段特点是失效率随工作时间的增加而升高。

从图 2-3 可以看出，每一个阶段可以用不同的统计分布来表示。例如，早期故障期可以用威布尔分布来表示，使用寿命期用指数分布来表示，而耗损期可以用正态分布来表示。

值得注意的是，并非所有的仪器的失效规律都包含明显的三个阶段，例如图 2-4 所示的情况，其中（a）图显示在使用寿命阶段，会反复出现失效率增大，经过维修降低失效率的过程；（b）图显示在使用寿命阶段并不是失效率一直维持恒定的情况。

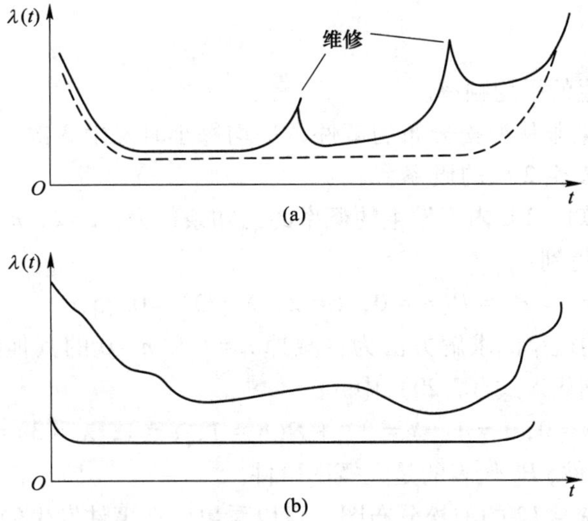


图 2-4　特殊情况的浴盆曲线示意图

（a）复杂机械设备的失效率曲线；（b）非典型的浴盆曲线

从仪器典型的浴盆曲线可知，对于具体的仪器设备，在第Ⅲ阶段之前要对设备进行维修，以降低仪器的失效率，延长仪器的使用寿命。

## 2.3 可靠性特征量服从的分布

不同的仪器系统，其寿命分布是不同的，对仪器系统的结构有进一步了解后，可以确定该系统的分布类型，从而确定系统的寿命分布。寿命分布确定后，就可以计算出故障分布函数$f(t)$，如果一个系统的故障分布函数为已知，则可以通过该系统的故障分布函数来计算系统其他的可靠性指标，当系统的可靠性指标确定以后，设计人员就可以根据这些可靠性指标有目的地进行可靠性设计。

常用的寿命分布主要有指数分布、正态分布、对数正态分布、威布尔分布等，其中与仪器可靠性设计中有关的寿命分布包括指数分布、对数正态分布和威布尔分布。对于较复杂的系统，在稳定工作期间，系统的偶然失效时间（随机变量）一般服从指数分布，电子组装产品服从威布尔分布，仪器处于耗损期附近时服从对数正态分布。已知仪器的寿命分布后，就可以确定其故障分布函数、可靠度函数和失效率函数，从而对仪器系统进行一些定量计算和定性估计。

### 2.3.1 泊松分布

泊松分布指的是某段时间内，事件具体发生的概率，计算发生该概率的函数（概率函数）为：

$$P(N(t)=n)=\frac{(\lambda t)^{n}\mathrm{e}^{-\lambda t}}{n!} \tag{2-29}$$

式中 $N$——某种函数关系（或者事件发生的条件）；

$T$——时间；

$n$——数量；

$\lambda$——事件发生的平均频率。

**【例 2-2】** 已知某服从泊松分布的事件，平均每小时发生 3 次，分别求 2 h 内不发生的概率和 1 h 内至少发生 2 次的概率。

**解**：从题目中可知，2 h 内不发生的概率的已知条件为：$t=2$，$n=0$，$\lambda=3$，分别代入式（2-29）中，可以得到：

$$P_1=P(n=0,\ t=2,\ \lambda=3)=0.25\%$$

1 h 内至少发生 2 次的概率的求解方法为：减掉 $n=1$ 和 $n=0$ 的其他概率之和，已知条件为：$t=1$，$\lambda=3$，分别代入式（2-29）中：

$$P_2=P(n=0,\ t=1,\ \lambda=3)+P(n=1,\ t=1,\ \lambda=3)=80.4\%$$

$P_1$ 代表的是小概率事件，$P_2$ 代表的是大概率事件。

图 2-5 为 $t=1$，$\lambda=12$ 的泊松分布图，可以看出，在事件发生的平均频率附近，事件的发生概率最高，然后向两边对称下降。

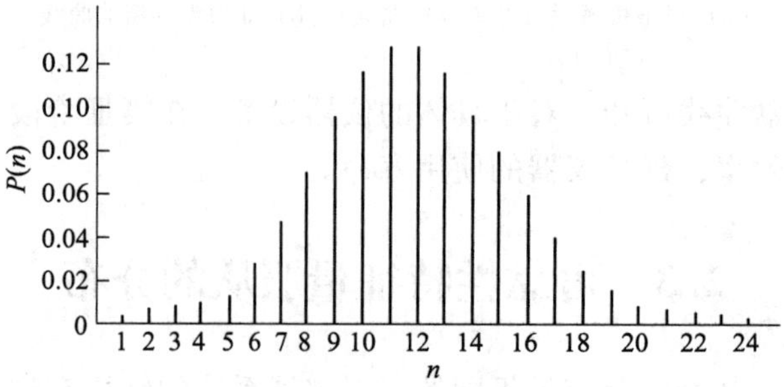


图 2-5 泊松分布图

### 2.3.2 指数分布

指数分布是描述电子仪器可靠性工作中最重要的一种分布，适合描述由标准单元或零件构成的设备在有效期间的寿命，适用于计算电子仪器在其偶然故障期的失效率，几乎是专门用于电子设备可靠性预计的一种分布。指数分布描述的是瞬时失效率为常数的情况。它具有可加性，也就是说，大量指数分布的独立变量之和仍然服从指数分布。

指数分布指的是事件（服从泊松分布）的时间间隔的概率分布。指数分布的公式可以从泊松分布推断出来。如果两个事件发生的时间间隔为 $t$(在时间 $t$ 内不发生，$n=0$)，则泊松分布的概率为：

$$P(N(t)=0)=\mathrm{e}^{-\lambda t} \tag{2-30}$$

由式（2-30）可以得出，事件在时间 $t$ 内发生的概率为：

$$1-\mathrm{e}^{-\lambda t}$$

对于泊松分布，$\lambda$ 是事件发生的平均频率，是常数，由此推导出指数分布的概率分布公式，所以指数分布适用于具有恒定失效率、无冗余度以及在耗损故障前进行定时维修的产品。这类产品的特点是在产品的有效寿命阶段内，失效率 $\lambda$ 为常数。

如果仪器的故障属于偶然故障，则其寿命分布服从指数分布。指数分布的失效率是与时间 $t$ 无关的常数，所以分布函数简单。绝大多数电子仪器在进入使用阶段后，其故障是由偶然故障构成的，在此期间，它的失效率比较稳定，可以认为是一个与时间无关的常量，所以绝大多数电子仪器的寿命分布服从指数分布。

对于服从指数分布的产品，其失效率为常数（与时间无关），记为 $\lambda$。指数分布的这个重要的特性是指数分布特有的，任何其他连续分布都没有。由于以下特性，它极大地简化了计算：

（1）无记忆特征。假设无故障时间服从指数分布，并且了解该项目目前的功能，将来它的行为将不会取决于它运行了多少时间。特别地，它在下一个时间间隔 $\Delta t$ 失效的可能性是常数，并且等于 $\lambda\Delta t$。

（2）在系统级上也有恒定的失效率。如果一个没有冗余的系统由 $n$ 个元素组成，分别记为 $E_1$，…，$E_n$，这些元素的无故障时间相互独立，分别为 $t_1$，…，$t_n$，其失效率服从指数分布，分别为 $\lambda_1$，…，$\lambda_n$，则根据指数分布的特点，该系统的失效率也是与时间无关的常数。

指数分布适用于以下几种类型的设备：（1）其失效率随着工作时间的增长没有很大变化的产品；（2）没有多余的复杂的可修复设备；（3）在某一合理的时间内经过进行“老练”而消除早期故障或固有故障的设备。

当 $t>0$ 时，指数分布的故障密度函数表达式为

$$f(t)=\lambda\mathrm{e}^{-\lambda t} \tag{2-31}$$

式中　$\lambda$——瞬时失效率（失效率）。

可靠度函数表达式为

$$R(t)=\mathrm{e}^{-\lambda t} \tag{2-32}$$

对可修复设备来说，平均故障间隔时间为

$$MTBF = \frac{1}{\lambda} \tag{2-33}$$

失效率 $\lambda$ 为常数是指数分布的重要特征值。

指数分布的特点是缺乏“记忆”。也就是说某种单元经过一段时间 $t_0$ 的工作后，仍然如同新的单元一样，不影响以后的工作寿命值。或者说，经过一段时间 $t_0$ 的工作之后，该单元的寿命分布与原来还未工作时的寿命分布相同，虽然寿命会缩短，而且不一定知道它的确切的剩余工作寿命是多少，但由于其寿命分别服从指数分布，则它的可靠度与已经工作过的时间 $t_0$ 无关。从指数分布的特点可以知道，如果某种单元服从指数分布，该单元在经过一段时间工作后，在其仍完好时就以新单元替换是不能提高其可靠性的。

指数分布可以近似地作为高可靠性的复杂单元、仪器或系统的故障分布模型，特别是在单元或仪器的整机试验中得到广泛的应用。

**【例 2-3】** 某台仪器的可靠性函数服从指数分布，其平均故障间隔时间为 5000 h，试求：(1) 该台仪器使用 125 h 的可靠度；(2) 该台仪器的可靠度为 0.8 时，其能够可靠使用的最长时间。

**解：**(1) 由 $R(t) = e^{-\lambda t}$ 可得

$$MTBF = \frac{1}{\lambda} = 5000$$

$$\lambda = 1/5000$$

$t = 125$ h 时，仪器的可靠度为

$$R(125) = e^{-125/5000} = 0.9753$$

(2) 已知 $R(t) = e^{-t/5000} = 0.8$，可计算出

$$t = -5000 \times \ln 0.8 = 1115.7 \text{ h}$$

即当该仪器的可靠度为 0.8 时，其能够可靠使用的最长时间为 1115.7 h。

指数分布适用于具有恒定失效率的产品和无冗余度的复杂系统，以及在耗损故障前进行定时维修的产品。对于一个系统而言，如果已知其中的一个特征量，那么该系统其他的特征量也就可以通过计算得到。对于一个系统，选择特征量的原则，是根据产品的寿命分布情况来决定的。

对大多数电子元器件，假设在器件的有效寿命阶段内，失效率 $\lambda$ 为常数，这种分布符合指数分布的特点，所以电子产品大多数符合指数分布。对呈现老化、衰变的产品，不适合用指数分布来模拟其寿命分布。

一般来说，正常使用的电子零部件寿命都服从指数分布，如印刷电路板插件、电子部件、电阻、电容、集成电路等。

### 2.3.3 威布尔分布

威布尔分布首先由威布尔在 1951 年进行金属疲劳研究时引入。威布尔分布可以视为一个综合指数分布。一个连续的随机变量，如果其服从威布尔分布，其不可靠度函数满足

$$F(t) = 1 - e^{-(\lambda t)^{\beta}} \tag{2-34}$$

式 (2-34) 中，当 $t > 0$ 时，$\lambda$、$\beta > 0$。

根据定义，故障密度函数为

$$f(t)=\lambda\beta(\lambda t)^{\beta-1}e^{-(\lambda t)^{\beta}} \tag{2-35}$$

失效率为

$$\lambda(t)=\beta\lambda(\lambda t)^{\beta-1} \tag{2-36}$$

式中 $\lambda$——尺度参数，因为不可靠度函数只与 $\lambda t$ 相关；

$\beta$——形状参数，$\beta=1$ 为指数分布；当 $\beta>1$ 时，失效率 $\lambda(t)$ 单调递增，同时满足 $\lambda(0)=0$ 和 $\lambda(\infty)=\infty$；当 $\beta<1$ 时，$\lambda(t)$ 单调递减，同时满足 $\lambda(0)=\infty$ 和 $\lambda(\infty)=0$；当 $3\leqslant\beta\leqslant4$ 时，为近似正态分布。

当威布尔分布的形状参数 $\beta>1$ 时，在实际应用经常作为无故障时间组件的分布出现，这些组件的失效是由于受到磨损和/或疲劳（例如灯、继电器、机械部件等）。

从 $\beta$ 不同的取值代表不同的分布可以看出，威布尔分布函数不仅本身是一种分布类型，而且可以根据可靠性的寿命数据来确定该数据所服从的是什么样的分布。例如，指数分布是威布尔分布的一种特殊情况，威布尔分布在描述产品的失效规律方面比指数分布更广泛。分析威布尔分布的故障数据时，经常采用图估计法。

一个串联系统，若每一个元件的寿命分布都服从威布尔分布，且每一个元件的失效都相互独立，则系统的寿命决定于寿命最短的元件，系统的寿命分布也服从威布尔分布。

由于威布尔分布是根据最弱环节模型或串联模型得到的，能充分反映材料缺陷和应力集中源对材料疲劳寿命的影响，而且具有递增的失效率的情况，所以威布尔分布适合作为材料或零件的寿命分布模型或给定寿命下的疲劳强度模型。

在可靠性工作中威布尔分布非常有用，因为它是通用分布，通过调整分布参数就可以构成这种分布，以便为不同类别的工程项目的各种寿命分布特性建立模型。

威布尔分布经常作为给定寿命条件下的疲劳强度模型或者材料或零件的寿命分布模型。

一般半导体元器件寿命都属于指数分布，而电子组装产品一般都用威布尔分布进行分析。机电产品多属于威布尔寿命件，如继电器、开关、断路器、某些电容器、电子管、磁控管、电位计、陀螺、电动机、航空发电机、蓄电池、液压泵、空气涡轮发动机等。

### 2.3.4 正态分布

正态分布也称为高斯分布，无论在理论领域还是在实践领域都得到广泛使用。

正态分布的特点是靠近平均数分布的数据最多，离开平均数越远，分布的数据越少，左右两侧基本对称。

对可靠性来说，正态分布有两种基本用途。一种是用于分析由于微小因素积累造成的故障现象。例如对一些机械装置由于磨损而发生故障的现象进行建模。磨损故障往往最接近正态分布，所以使用这种分布可以有效地预计或估计可靠性。另一种用途是对制造的产品及其性能是否符合规范进行分析。按照同一规范制造出来的两个零件也不会完全相同，各零件的差别会使由它们组成的系统产生差别。设计时必须考虑各零件的这种差别，否则，这些零件差别的综合影响会导致系统不能符合规范要求。这种用途的另一种情况是在于质量控制程序。在这种用途中使用正态分布的依据是中心极限定理，该定理表明，大量同分布的随机变量的总数呈正态分布。因此，由于制造产生的电子元器件的数值变化一般被认为是正态分布。

正态分布的故障密度函数表达式为

$$f(t)=\frac{1}{\sqrt{2\pi}\sigma}e^{-\frac{1}{2}\left(\frac{t-\mu}{\sigma}\right)^2} \tag{2-37}$$

式中　$\mu$——均值；

$\sigma$——标准偏差，是方差的平方根。

其中，$t$ 的范围是（$-\infty$，$+\infty$）。

其分布函数为

$$F(t)=\int_{-\infty}^{t}\frac{1}{\sqrt{2\pi}\sigma}e^{-\frac{1}{2}\left(\frac{t-\mu}{\sigma}\right)^2}dt \tag{2-38}$$

失效率可由下式计算：

$$\lambda(t)=f(t)/(1-F(t)) \tag{2-39}$$

服从正态分布的变量取值为（$-\infty$，$+\infty$），所以正态分布的密度函数不是真正的可靠度故障密度函数。对于大多数的均值和标准偏差而言，随机变量取负值的概率是可以忽略的，所以使用正态分布近似故障过程是可行的。

呈正态分布的产品的失效是由于微小因素积累而造成的，机械产品的寿命分布大多数属于正态分布，例如材料的磨损、弹性元件的疲劳、元件的断裂、腐蚀等。它的特点是在一定的应力下，随时间的延长，微小因素逐渐增加而最后使产品失效，所以正态分布主要描述产品处于耗损失效期的失效模型。

需要注意的是，在利用正态分布分析产品的失效规律时，由于变量是时间，不可以取负值，所以一般采取“截尾正态分布”来近似，截尾正态分布与正态分布的性质相似，当作为失效分布时，其相应的特征量只相差一个常数，而且满足正态分布的产品不是电子仪器产品，所以在此不再加以详述。

## 2.4　电子仪器的特征量及其服从的分布

不同类型的产品，其服从的分布不同，因而选取的特征量也不尽相同，总体选取原则是已知一个特征量，其他特征量可以根据已经选取的特征量方便地计算得到。

对于指数分布而言，由于它的失效率为常数，所以指数分布的特征量一般选失效率。而且由于平均故障间隔时间 *MTBF* 为失效率的倒数，也可以选择平均故障间隔时间为特征量。

由电子元器件组成的电子产品一般情况下选择 *MTBF* 或者 *MTTF* 表示其可靠性水平。

正态分布适合机械类的产品，选择的特征量为可靠度函数 $R(t)$ 和平均故障间隔时间 *MTBF*，一般不使用失效率 $\lambda(t)$。

对于其他分布，一般都把可靠度函数 $R(t)$ 作为特征量来选取。特征量一般选取产品的寿命分布参数，特征量选取的原则是使其他的可靠性特征量比较容易地相互转换。

对民用产品而言，选取的特征量要比较直观表示产品质量，而且容易被用户理解。

## 习　题

2-1　已知某产品的故障密度函数为 $f(t) = te^{-\frac{t^2}{2}}(t \geqslant 0)$，求该产品的可靠度和失效率的表达式。

2-2　某元件工作到 50 h 的时候，还有 100 个仍在工作。工作到 51 h，有 1 个元件发生了故障；在第 52 h 内又有 3 个元件发生了故障，分别求这批元件工作满 50 h 和 51 h 的失效率。

2-3　一批洗衣机的控制电路服从指数分布，平均故障间隔时间为 5 年。若用户购买这种洗衣机，问：

（1）在使用满 1 年至少发生 1 次故障的概率是多少？

（2）使用第二年发生 1 次故障的概率是多少？

（3）使用第 1 年发生 1 次以上故障的概率是多少？

（4）在使用满 10 年发生 1 次故障的概率是多少？

2-4　写出失效率、可靠度及故障密度函数的定义式，推导出三者的关系式，并最终推导出可靠度与失效率的关系式。

# 第 3 章　可靠性模型基础

**教学要求：**

熟悉可靠性模型的建立方法；

掌握可靠性模型的建立方法；

掌握典型的可靠性模型中模型可靠度的表达式，可靠性框图的特点；

了解包含三态元器件的电子仪器可靠性模型。

## 3.1 概　　述

可靠性模型是对系统进行可靠性分析的基础。本章将介绍一些标准的可靠性模型，在进行的可靠性分析中，尽量使用这些标准的可靠性模型组合构成系统的可靠性模型，以简化分析难度和减少分析的工作量。

可靠性设计中模型的建立是可靠性分析的基础。在可靠性设计中，需要定性或定量计算系统的可靠度，在已有的功能原理图及可靠性相关数据等资料的前提下，建立系统的可靠性模型，方便计算系统的可靠度以及后续进行可靠性分析。

## 3.2 可靠性模型的建立方法

### 3.2.1 可靠性模型组成

系统的可靠性模型包括该系统的可靠性方框图和系统可靠度函数的数学模型，即表示系统与单元功能之间的逻辑关系框图和系统可靠度的数学表达式。在建立系统的可靠性模型时，首选由典型的可靠性模型组合构成系统可靠性模型的方式，因为典型的可靠性模型中的数学模型已经建立，进行可靠性分析非常方便。所以在对一个系统建立可靠性模型之前，有必要了解典型的可靠性模型。

以下各部分介绍的各种结构的可靠度模型，以故障前工作时间服从指数分布为前提。由于理论上可靠性的定义是建立在数理统计的基础上的，在实际工程设计中使用它有局限性，根据建立可靠性模型的侧重点不同，把可靠性分为基本可靠性和任务可靠性，可靠性模型也分为基本可靠性模型和任务可靠性模型。

基本可靠性指的是产品在规定的条件下无故障的工作时间或者概率，而基本可靠性模型是用来估计产品及其组成单元所需要的维修及保障要求。其特点是指系统中任一单元（包括储备单元）发生故障后，都需要维修或者更换。该模型是用于度量使用费用的一种模型，使用全串联模型，而且即使存在冗余单元，也都按串联处理，所以基本可靠性模型的建立很容易，把所有的组件串联即可。

任务可靠性是指产品在规定的任务内，完成规定功能的能力，对应的任务可靠性模型是指用来估计产品在执行任务过程中完成规定功能的概率，描述完成任务过程中产品各单元的预定作用，用以度量工作有效性的一种模型。

基本可靠性和任务可靠性在设计阶段，应该采取简化产品设计和采用高可靠性的元器件，这样可以同时提高产品的基本可靠性和任务可靠性。采用冗余设计虽然提高任务可靠性，但由于额外增加了元器件的数量，会降低产品的基本可靠性。

在综合考虑基本可靠性和任务可靠性时，采取的原则是：当任务可靠性相同时基本可靠性高的设计是好的设计；若一个设计的基本可靠性比另一个设计的基本可靠性高出很多，则即使其任务可靠性稍低也是可取的设计；若一个设计的任务可靠性预计结果不能满足要求时，往往降低基本可靠性以提高任务可靠性。

建立可靠性模型的一般步骤为：首先经过一系列的分析后画出系统正确的可靠性方框图，在此基础上，再建立其任务可靠性模型。在本书后面章节中，如果没有特殊说明，所建立的可靠性模型指的都是任务可靠性模型。

同样的设备，由于功能不同，其任务可靠性模型存在差别，下面举例加以说明。

**【例 3-1】** 图 3-1 为双向开关原理图，包含两个开关，它们在可靠性框图中对应的编号分别为：$K_1(E_1)$ 和 $K_2(E_2)$。假设该开关需要分别具备两个功能，功能 1 为使电路导通，功能 2 为使电路断开，其可靠性框图是否相同？

**解**：功能 1 为使电路导通，满足的条件为：$K_1$ 闭合或者 $K_2$ 闭合，或者 $K_1$、$K_2$ 同时闭合，也就是 $K_1$ 和 $K_2$ 是一种冗余的关系，可靠性框图如图 3-2（a）所示；功能 2 为使电路断开，满足的条件为：$K_1$、$K_2$ 同时断开，可靠性框图如图 3-2（b）所示。

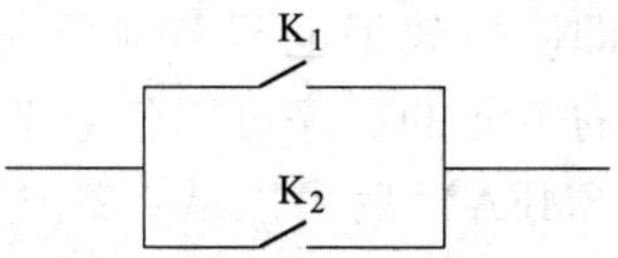


图 3-1 双向开关原理图

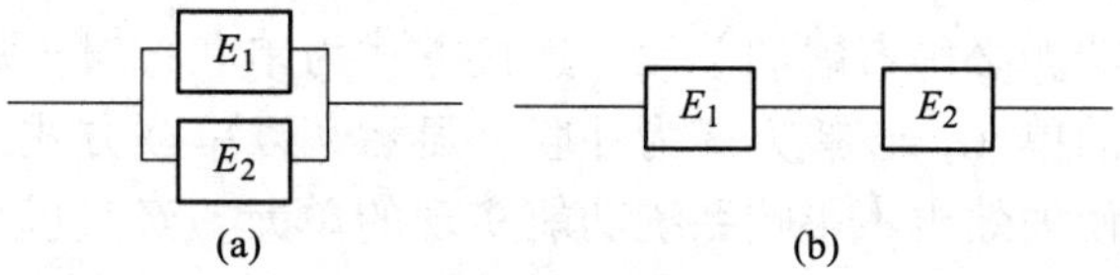


图 3-2 双向开关在不同的功能下的可靠性框图

（a）使电路导通功能；（b）使电路断开功能

**【例 3-2】** 图 3-3 为振荡器原理图，图中各组成部分在可靠性框图中对应的编号分别为：电感（$E_1$）、电容（$E_2$），建立其可靠性框图。

**解**：振荡器由电感和电容组成，从原理图上看两者是并联关系，但从可靠性关系上看，两者只要其中一个发生故障，振荡器都不能工作，因此是串联模型，如图 3-4 所示。

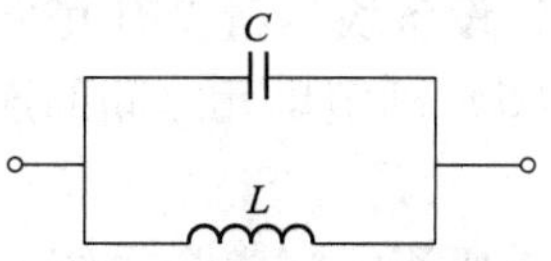


图 3-3 振荡器原理图

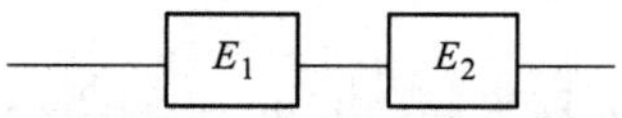


图 3-4 振荡器可靠性框图

**【例 3-3】** 图 3-5 为一个流体系统的工作原理图，该系统一部分由一个泵（C）和两个串联的止回阀 A、B 组成。图中各组成部分在可靠性框图中对应的编号分别为：C($E_1$)、A($E_2$)、B($E_3$)，当泵不工作并且下游压力超过上游压力时，串联止回阀在反方向上提供防止流动的冗余，建立其可靠性框图。

**解**：从该流体系统的工作原理可以得出，两个止回阀进行了冗余设计，以防止反方向流体流动，可靠性框图如图 3-6 所示。

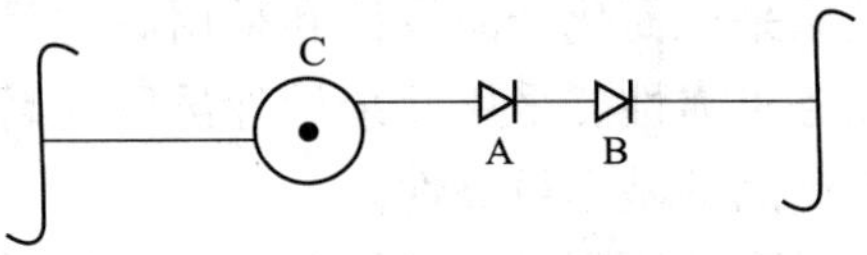


图 3-5　一个流体系统的工作原理图

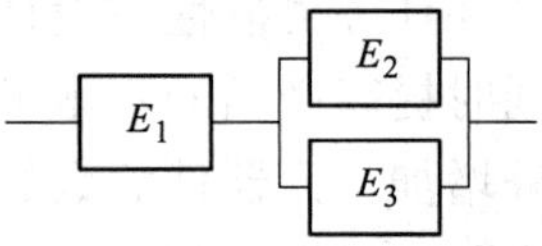


图 3-6　该流体系统的可靠性框图

从上面例子可知，系统可靠性框图与系统的原理图不相同，系统的原理图是表示系统中各单元或元器件之间的物理关系，而系统的可靠性框图表示的是它们之间的功能关系，它们是建立系统可靠性模型的基础。

### 3.2.2　可靠性框图的建立方法

系统的可靠性模型是由该系统的可靠性框图和系统可靠度函数表达式组成的，二者缺一不可。所以可靠性框图是可靠性模型的组成部分，建立系统的可靠性框图主要考虑两个要素，即一个系统包含哪些单元，单元之间的关系是什么样的。

可靠性模型是预测系统性能的有效的分析工具，它用来描述系统各元件之间的功能关系，以及一个元件失效会以何种方式影响系统的总性能。可靠性框图是一种事件图，表示的是组成系统的各单元与系统之间的关系，例如哪些单元是系统完成所需功能必须考虑的、哪些单元的失效不影响其功能实现等。不同的功能任务对各单元的考虑可能会不同。所以，在建立一个系统的可靠性框图之前，必须首先确定要完成的任务定义，对于那些系统完成功能必须考虑的单元，连接方式为串联；对于那些即使失效了也不影响系统功能任务实现的单元，连接方式为并联。显然，以串联方式连接的单元的次序可以任意改变。对那些即使失效也不影响系统功能实现的单元，经过验证（FMEA）后可以从系统中取消或列于参考单元列表中。因此，对于一个给定的系统，每个所需的功能都有其自己的可靠性框图。在可靠性框图中，用方框表示单元或设备的功能，方框之间用短线连接起来，表示单元或设备的功能与整个系统的功能之间的关系。

在建立可靠性框图时，假设每个单元是两态单元（正常工作状态或失效状态），并且只有一种失效模式。

对于一个具体的系统，建立可靠性框图的步骤为：(1) 熟悉系统的工作原理；(2) 定义系统正常工作和系统失效的判据；(3) 将系统划分为设备块，以反映其逻辑行为，每个设备块在统计上是独立的，并且尽可能大，设备块尽量没有冗余部分；(4) 将设备块划分为单元，每个单元可直接估计其可靠性；(5) 确定单元之间的连接关系，建立可靠性框图。

对于大型复杂的系统，在进行可靠性设计时，需要逐级将整个系统分解成设备、组件和单元，分解的原则是各个设备、单元之间功能独立。这样，整个系统由不同的设备构成；每个设备由不同的组件构成；每个组件包含不同的单元。这里的单元指的是不能再划分、发生故障修理时直接置换的部分，如电子元器件、集成电路等。这样复杂系统的可靠性框图可以包含不同的等级，每个等级的功能由其上一等级给出。图 3-7 是一个包含 4 个等级的系统的可靠性框图的建立过程。

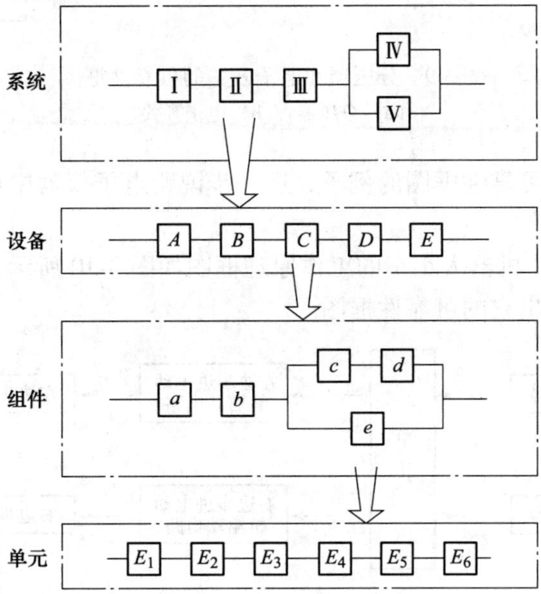


图 3-7　包含 4 个等级的系统的可靠性框图的建立过程

需要注意的是，系统的可靠性框图与功能原理图是不同的，实际上在功能原理图中只出现一次的单元根据需要在可靠性框图中可能会出现一次以上。图 3-8 分别是一个分压器和一个电子开关的原理图，从图中可以看出，分压器是一个没有冗余的电路，因此要实现分压的功能，必须所有的组成部分都正常工作；对电子开关电路，假设晶体管 $T_1$ 和 $T_2$ 的集电极和发射极之间的失效模式为短路，电阻的失效模式为开路，则这两个晶体管为冗余设计，假设两个电路的电源的可靠度都为 1。考虑了上述因素后，图 3-9 为它们的可靠性框图，可以看到它们的区别，也就是说，可靠性框图与元器件的失效模式有关。

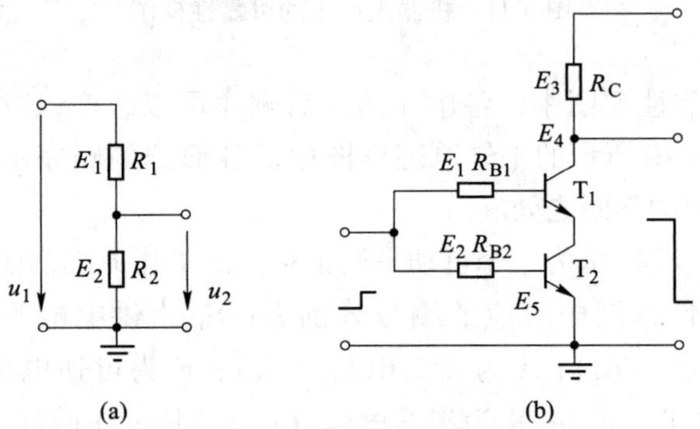


图 3-8　分压器和电子开关原理图

(a) 分压器；(b) 电子开关

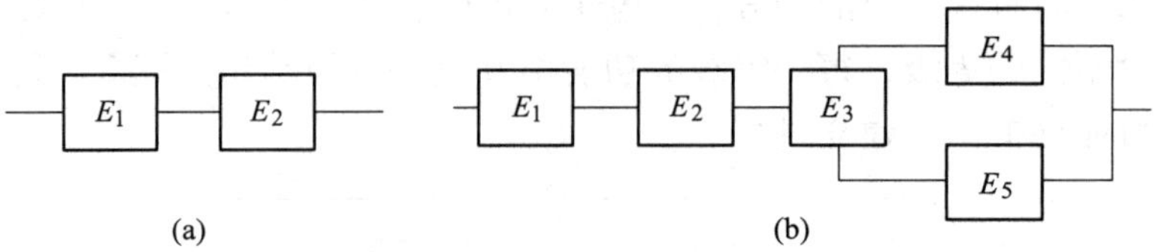


图 3-9　分压器和电子开关的可靠性框图
（a）分压器；（b）电子开关

下面通过几个建立可靠性框图的例子，进一步说明电子仪器中可靠性框图的特点及建立方法。

**【例 3-4】** 已知一个机器人小车的工作原理框图如图 3-10 所示，这个小车具有循线行走功能和避障功能，画出它的可靠性框图。

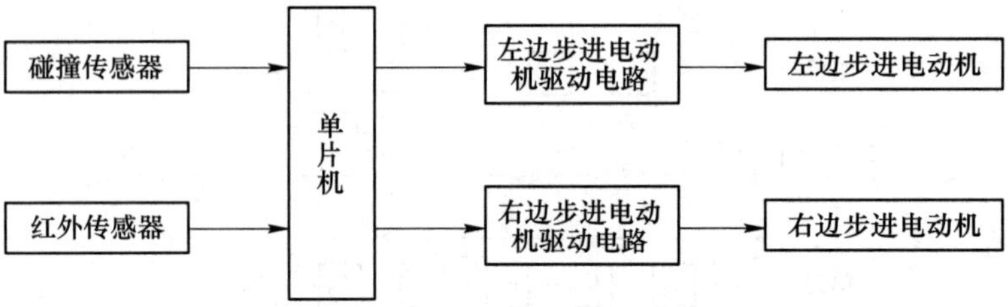


图 3-10　机器人小车的工作原理框图

**解：** 根据机器人小车的原理框图，其主要由七个部分构成：传感器（2）、单片机、步进电机驱动电路（2）和步进电机（2），分析它们之间的关系，任何一个单元发生故障都会使小车的功能受到影响，因此为串联系统，其可靠性框图如图 3-11 所示。

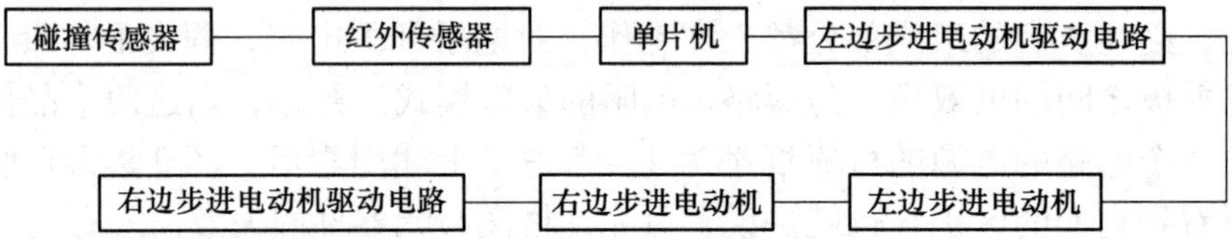


图 3-11　机器人小车的可靠性框图

图 3-11 所示的可靠性框图中，各单元的前后顺序可以改变，对系统的可靠度计算没有影响，但对应的图 3-10 所示的工作原理框图中，各部分的顺序不能改变。这是系统的原理框图和可靠性框图的不同之处。

**【例 3-5】** 如图 3-12 所示为一个自动平衡记录仪的工作原理框图，其中，图中各组成部分的名称和在可靠性框图中对应的编号分别为：$S_1$ 为供电电源（$E_1$）；$S_2$ 为备用电源（$E_2$）；C 为平衡电桥（$E_3$）；A 为放大电路（$E_4$）；E 为可逆电机（$E_5$）；D 为信号显示（$E_6$）；M 为同步电机（$E_7$）；K 为滑线电阻（$E_8$）。其工作原理为：当测量信号 $P_1$ 与示值信号 D 不一致时，通过比较环节（平衡桥路）C 输出一个误差信号 $\varepsilon$，经过放大电路 A 放大，使可逆电机 E 动作，带动角位移/电压转换器（滑线电阻）K 输出一个电压信号 $P_2$，通过比较环节 C 使 $\varepsilon \to 0$。当 $R$ 指示的数值与测量值 $P_1$ 相等时，可逆电机停止动作。

M 是带动记录纸走动的同步电机，$S_1$ 为供电系统，当外电源失电时，由仪表系统内的备用电源 $S_2$ 供电，以提高仪表的可靠性。

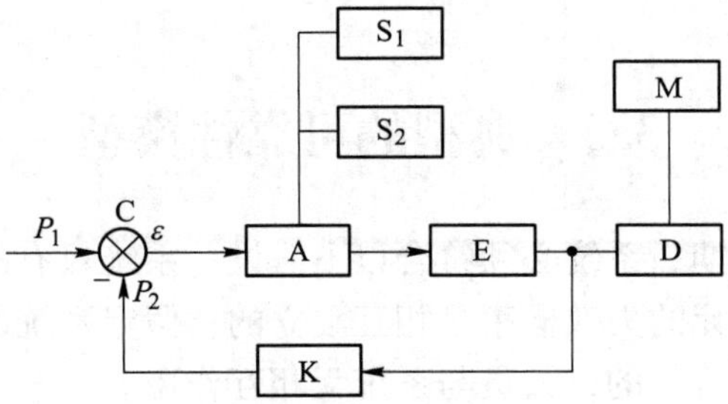


图 3-12　自动平衡记录仪的工作原理框图

**解：** 通过工作原理可以得出，对于电源部分，$S_1$ 与 $S_2$ 若只有一个损坏，不影响仪表的正常工作，所以 $S_1$ 与 $S_2$ 为并联关系；其他组成部分中任何一个环节出现故障，记录仪就不能正常工作，为串联关系。由此得出该记录仪的可靠性框图如图 3-13 所示。

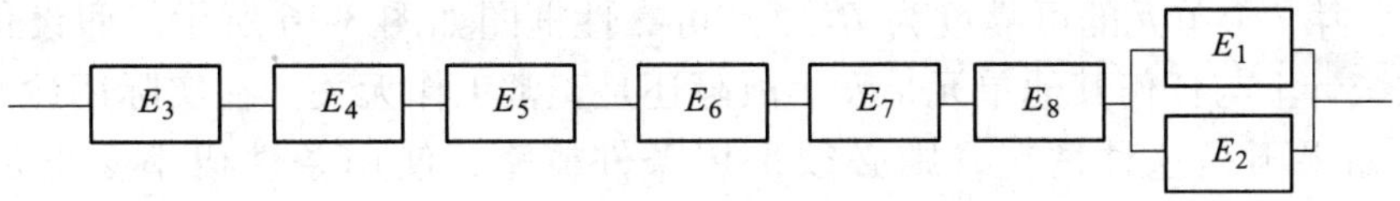


图 3-13　自动平衡记录仪的可靠性框图

从图 3-13 可以看到，参与可靠性框图的是系统的单元，是设备，不是信号，所以可靠性图中没有 $\varepsilon$、$P_1$、$P_2$ 等信号参与。

**【例 3-6】** 图 3-14 为带有内反馈（$K_3$）的自动控制系统原理框图。在放大元件 A 中应用反馈，可以保证其正常的功能。反馈元件的故障，会造成放大元件的故障，因而将导致系统故障，画出该控制系统的可靠性框图。图中各组成部分在可靠性框图中对应的编号分别为：C($E_1$)、$K_1$($E_2$)、A($E_3$)、$K_2$($E_4$)、$K_3$($E_5$)、控制对象（$E_6$）。

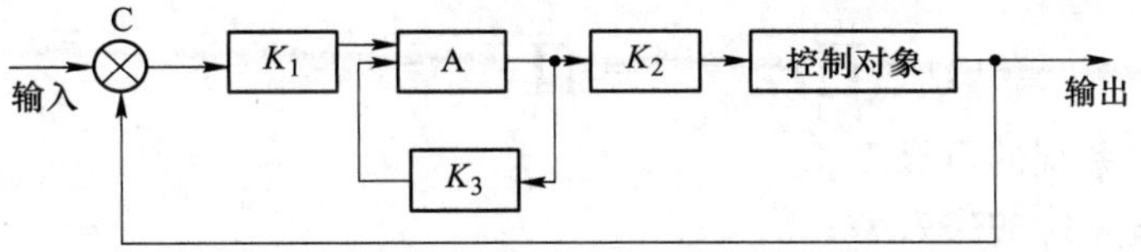


图 3-14　带有内反馈（$K_3$）的自动控制系统原理框图

**解：** 从系统原理框图中可以得出，该系统没有冗余设计环节，属于串联系统，其可靠性框图如图 3-15 所示。

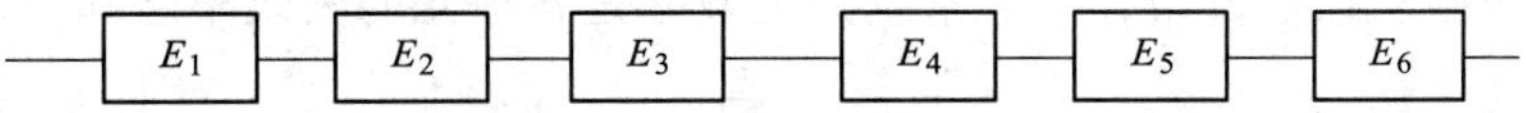


图 3-15　带有内反馈的控制系统可靠性框图

同一个系统中，完成不同的任务，其可靠性框图可能不同，所以要根据具体情况决定。

本章研究的内容是为系统中的每个部件确定一个合适的可靠度，然后根据系统内部件的组合形式应用概率理论计算系统的可靠度，所以本章的可靠性模型重点关注的是系统内部件的组合形式。

## 3.3　典型的可靠性模型

可靠性模型在建立初期，系统必须符合以下假设：系统只有故障与正常两种状态；不同方框代表的子系统或单元的失效概率是相互独立的；假定系统的输入是正确的；软件部分是可靠的；人员部分是可靠的，人员与系统无相互作用。

### 3.3.1　串联模型

串联模型是可靠性数学模型中最简单、最常见的一种结构。系统是否能正常工作取决于系统所有各部件是否正常的执行其功能。某一部件发生故障会致使整个系统发生故障，所以串联模型中的每一个单元都很重要，其中可靠度最低的单元需要重点考查。$n$ 个单元的串联结构，第 $i$ 个单元的可靠度为 $R_i$，其可靠性框图如图 3-16 所示。假设任何一个单元的故障在统计上与任何其他单元是发生故障还是正常工作无关。在实际用途中这是最常见的情况。如果不是这种情况，则必须采用条件概率，使用条件概率会增加计算的复杂性。

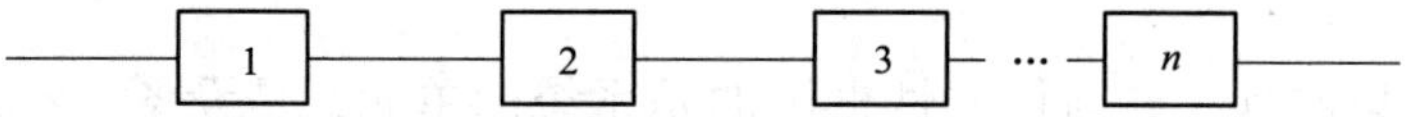


图 3-16　串联模型的系统可靠性框图

串联模型对应的数学模型为

$$R_s(t) = \prod_{i=1}^{n} R_i = \prod_{i=1}^{n} e^{-\int_0^t \lambda_i(t)\mathrm{d}t} \tag{3-1}$$

如果该系统的各单元服从指数分布，其系统的可靠度表达式为

$$R_s(t) = \prod_{i=1}^{n} e^{-\int_0^t \lambda_i(t)\mathrm{d}t} = \prod_{i=1}^{n} e^{-\lambda_i t} = e^{-\sum_{i=1}^{n}\lambda_i t} = e^{-\lambda_s t} \tag{3-2}$$

式中　$R_s(t)$ ——系统的可靠度；

$\lambda_s$ ——系统的失效率；

$R_i$ ——单元的可靠度；

$\lambda_i$ ——单元的失效率；

$n$——系统包含的单元数。

从式（3-2）中可以看出，串联模型的系统如果其组成单元的寿命分布服从指数分布，则系统的寿命也服从指数分布，而且系统的失效率是各单元的失效率之和，即

$$\lambda_s = \sum_{i=1}^{n} \lambda_i \tag{3-3}$$

因此，系统的失效率 $\lambda$ 是各个部件失效率之和，如果系统的平均寿命为 $\theta$，则：

$$\theta = \frac{1}{\lambda_s} \tag{3-4}$$

例如，假设某一系统由400个单元所组成，每个单元故障前工作时间的密度函数为指数函数。假设每个单元在$t$时刻的可靠度为0.99。在同一时刻$t$，系统的可靠度为

$$R_s(t) = 0.99^{400} = 0.018$$

系统的不可靠度为：

$$F_s(t) = 1 - R_s(t) = 0.982$$

系统的不可靠度值表示，在系统正常工作到$t$时刻时，1000个部件中就会有982个单元发生故障。这是一个可靠度极低的系统，在可靠性设计中，各部件的可靠度都小于等于1，所以从可靠度的表达式可以看出，一个串联结构的系统，其所包含的单元越多，系统的可靠度越低，所以在设计串联模型的系统时，尽量减少组成系统的单元个数可以在一定程度上提高系统的可靠度。特别是针对可靠度最低的单元，提高其可靠度可以有效地提高整个系统可靠度。

在某个单元发生故障后，可以更换的情况由平均故障间隔时间确定：

$$MTBF = \theta = \frac{1}{\lambda_s} \tag{3-5}$$

因此，串联结构的系统，其可靠度也可以表示为

$$R_s(t) = e^{-t/MTBF}$$

在系统服从指数分布时，在一个平均故障间隔时间中（即$t = MTBF$），系统无故障工作的概率为

$$R_s(MTBF) = e^{-1} = 0.368$$

从式（3-1）可知，对于串联模型的系统，如果系统中包含数量较多的元件，每个元件的可靠度值又接近于1，则必须在计算中保留很多位有效数字，才能获得足够的总精度，这样不便于计算；如果已知的是各个单元的失效率，就需要大量的指数函数计算，也很不方便。

对于电子仪器系统，如果其系统的可靠性模型为串联模型，且其各单元服从指数分布，如果系统包含较多的单元数量，在满足一定条件下，可以采取下面的简化算法：

对于服从指数分布的系统，系统的可靠度为

$$R_s(t) = e^{-\lambda_s t}$$

令

$$N_f = \lambda_s t$$

式中，$N_f$是系统在时间$t$内的故障总数。

对系统可靠度表达式中的幂函数进行泰勒展开：

$$R_s(t) = e^{-\lambda_s t} = 1 - \lambda_s t + \frac{(\lambda_s t)^2}{2!} - \frac{(\lambda_s t)^3}{3!} + \cdots \tag{3-6}$$

当$\lambda_s t$很小时，式（3-6）可以近似为

$$R_s(t) \approx 1 - \lambda_s t = 1 - N_f \tag{3-7}$$

当系统满足$N_f < 0.1$时，可以使用式（3-7）近似计算系统的可靠度。从这个结果还可以知道，系统的不可靠度为$1 - R_s(t) = N_f$，由于不可靠度为系统故障的概率，式（3-7）表示当一个系统在一定时间内，其故障总数$N_f$很小的时候，可以用预计的故障数来代替系统的不可靠度，即系统故障的概率。

**【例3-7】** 某种在船上使用的仪器由45个硅二极管，25个硅晶体管，90个电阻，25

个电容构成，已知上述电子元器件的失效率分别如下：硅二极管：0.02，硅晶体管：0.05；电阻：0.005；电容：0.01，单位为%/kh，求系统的失效率和平均故障间隔时间。假定仪器必须连续工作 750 h，一直到船返回基地才能使用测试维修设备，假定这台仪器要用于船上航行约一个月，它的可靠度是多少？

**解**：假设一个月为 30 天，按照最严格的失效率计算方法，假设整个系统为串联模式，则系统的失效率为：

$$\begin{aligned}\lambda_s &= \sum n_i \lambda_i \\ &= 45 \times 0.02\%/\text{kh} + 25 \times 0.05\%/\text{kh} + 90 \times 0.005\%/\text{kh} + 25 \times 0.01\%/\text{kh} \\ &= 2.85 \times 10^{-5}/\text{h}\end{aligned}$$

其平均故障间隔时间为

$$MTBF = \frac{1}{\lambda_s} = 35088 \text{ h}$$

由于在计算系统的失效率时，没有包括焊接或外部插头插座连接可能产生的故障，所以这个估计值可能有些高，实际中需要根据实际情况留有余量。

从上述计算中可知，1000 h 中预计的故障数量为 0.0285，在 750 h 中，预计的故障数为：

$$N_s = \lambda_s t = \frac{0.0285}{1000 \text{ h}} \times 750 \text{ h} = 0.0214$$

系统满足 $N_f < 0.1$，所以可以使用式（3-7）计算系统的可靠度。
每次航行的可靠度为

$$R_s(t) = 1 - N_s = 0.9786$$

因为满足 $N_s \ll 0.1$，所以用 $R_s(t) = 1 - N_s$ 代替 $R_s(t) = e^{-\lambda_s t}$ 而产生的误差极小。同时因为 1/0.0214=46.7，所以可以知道在大约 47 次航行中仪器可能会出一次故障。

一个串联模型的系统，系统的失效时间由最先失效的那个单元决定，所以如果要延长系统第一次发生故障的时间，除了研究系统关键单元的可靠性，还需要研究系统中低可靠性的单元，通过提高该单元的可靠性实现增加平均故障间隔时间的目的。

### 3.3.2 并联模型

并联模型是一种冗余结构，并联模型的系统具有如下特点：系统的所有单元都发生故障的时候，系统才发生故障。一个由 $n$ 个单元组成的并联结构的系统，其可靠性框图如图 3-17 所示，如果每个单元的不可靠度为 $F_i(t)$，则系统的不可靠度函数可以表示为：

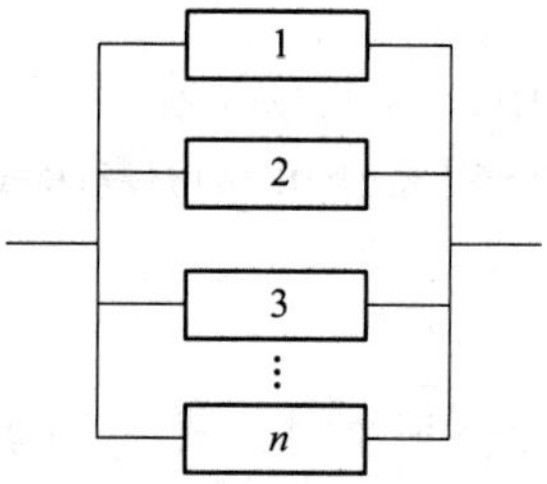

图 3-17 并联模型的可靠性框图

$$F_s(t) = \prod_{i=1}^{n} F_i(t) \tag{3-8}$$

从式（3-8）可以看出，如果从不可靠度函数的角度研究并联模型，其表达式与从可靠度函数的角度研究串联结构一致。

系统的可靠度函数为

$$R_s(t) = 1 - F_s(t) = 1 - \prod_{i=1}^{n} F_i(t) \tag{3-9}$$

$$F_i(t) = 1 - R_i(t) \tag{3-10}$$

将式（3-10）代入式（3-9）中，可以得到由单元的可靠度表示的并联模型系统可靠度：

$$R_s(t) = 1 - \prod_{i=1}^{n} (1 - R_i(t)) \tag{3-11}$$

对于由 $n$ 个相同单元构成的并联模型的系统，其寿命分布为指数分布，系统的可靠度为：

$$R_s(t) = 1 - (1 - e^{-\lambda t})^n \tag{3-12}$$

平均故障间隔时间为

$$MTBF = \int_0^{\infty} R_s(t)\,dt = \frac{1}{\lambda} + \frac{1}{2\lambda} + \cdots + \frac{1}{n\lambda} \tag{3-13}$$

并联模型可以提高系统的可靠性，图 3-18 给出了并联模型的系统中组成单元的数量对系统可靠性的贡献程度。

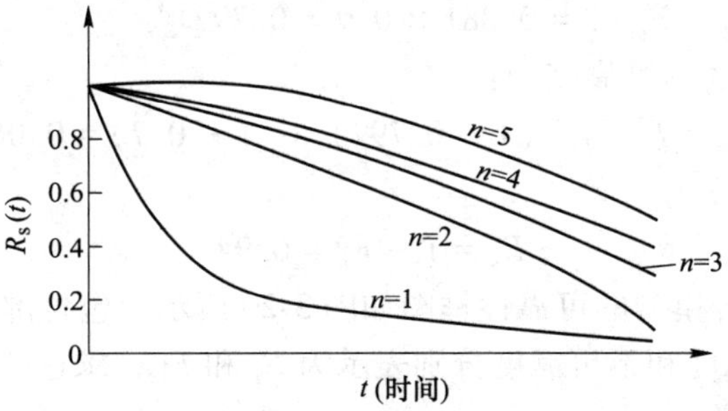


图 3-18　并联模型的系统中组成单元的数量与系统可靠度的关系

从图 3-18 中可以得出，针对一个系统的并联模型，对比没有并联单元（$n=1$）和有两个单元并联（$n=2$）的系统可靠度曲线，可以看到该部分采取两个单元并联后，其可靠度提高很显著，但当该部分的并联单元数再继续增加时（$n=3, 4, 5$），该部分可靠度的提高速度大为减慢。

并联模型是用于达到极高的系统可靠度的一种设计方法，这种系统可靠度高于各个单元的可靠度。在实践中，冗余设备可能是启动（on-line）状态，或者可能是关闭（standby）状态，有些冗余单元不需要关闭系统就可以修复，有些则必须关闭系统才能修复，并且维修人员的数量可能是不同的。在建立可靠性模型时，必须考虑这些因素对系统的影响。

大多数实际使用的设备和系统是由串联和并联部分组合而成的混合模型，计算系统可靠度的时候可以划分为串联部分和并联部分分别进行计算。需要注意的是，并联部分可能会对系统设计提出一些电气约束，因而要达到需要的性能比较困难。

**【例 3-8】** 计算由图 3-19 所示的混合模型组成的系统的可靠度表达式。其中第 $i$ 个单元 $E_i$ 的可靠度下限为 $R_i$，各单元的可靠度下限值分别为：$R_1=0.9$，$R_2=0.8$，$R_3=0.8$，$R_4=0.8$，$R_5=0.9$，$R_6=0.9$，$R_7=0.7$。

**解：** 观察图 3-19 的混合模型，首先是 ad 和 bd 段的可靠度属于并联模型，该并联模型

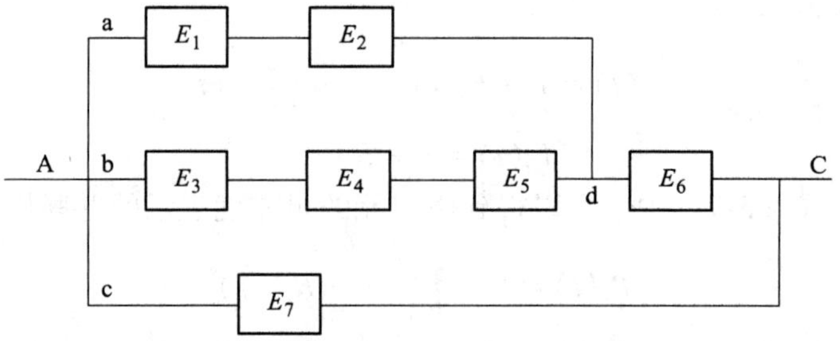


图 3-19　混合模型的系统可靠性框图

的不可靠度记为 $F_{s1}$，$F_{s1}$与 $R_6$ 单元串联之后的可靠度记为 $R_{s2}$，$R_{s2}$与 $R_7$ 并联后的可靠度是该混合模型的可靠度 $R_s$，该混合模型的不可靠度记为 $F_s$，则

$$R_{ad} = R_1R_2 = 0.72$$
$$R_{bd} = R_3R_4R_5 = 0.576$$
$$F_{s1} = F_{ad}F_{bd} = (1-0.72)\times(1-0.576) = 0.119$$
$$R_{s1} = 1-0.119 = 0.881$$
$$R_{s2} = R_{s1}R_6 = 0.881\times0.9 = 0.792$$

则该混合结构模型的不可靠度为：

$$F_s = F_{s2}F_7 = (1-0.792)\times(1-0.7) = 0.06$$

该混合模型的可靠度为

$$R_s = 1 - F_s = 0.94$$

**【例 3-9】**　一个混合模型的可靠性框图如图 3-20 所示，包含部分相同的单元应用于其中，其中单元 $E_i$ 的可靠度和不可靠度分别表示为 $R_i$ 和 $F_i$，求这个混合模型的可靠度。

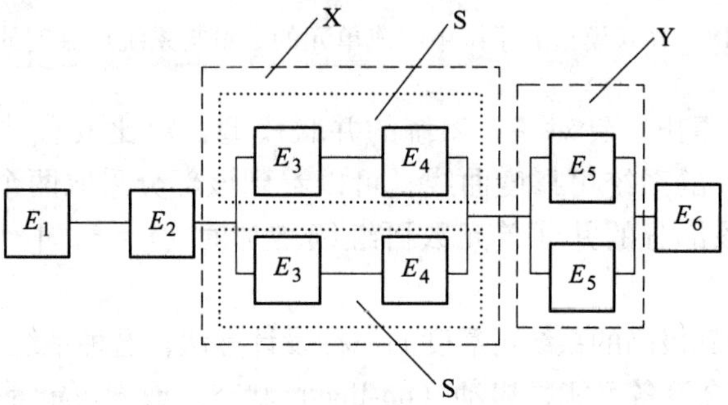


图 3-20　混合模型的可靠性框图

上述可靠性框图经过分析，可以简化为图 3-21 所示的形式。

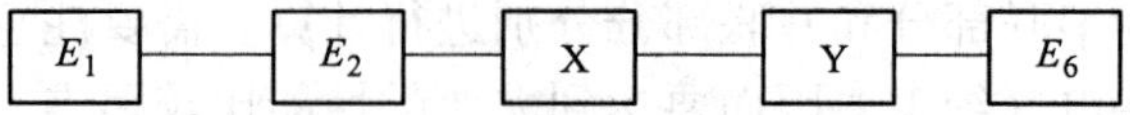


图 3-21　可靠性框图的简化形式

其中单元 X 和 Y 的可靠度分别记作 $R_X$ 和 $R_Y$，单元 $E_3$、$E_4$ 串联的可靠度记为 $R_{s1}$，则它们的可靠度分别为

$$R_X = 1 - (1 - R_{s1})^2 = 1 - (1 - R_3R_4)^2$$

$$R_Y = 1 - F_5^2 = 1 - (1 - R_5)^2$$

所以混合模型的可靠度为

$$R_s = R_1R_2R_6R_XR_Y = R_1R_2R_6[1 - (1 - R_3R_4)^2][1 - (1 - R_5)^2]$$

**【例 3-10】** 一个系统初步设计的可靠性框图如图 3-22 所示，已知各个部分的不可靠度分别为 $F_1=0.01$，$F_2=0.025$，$F_3=0.1$，$F_4=0.015$，求：

（1）系统的可靠度。

（2）如果第 3 部分由 2 个不可靠度为 0.1 的单元并联构成，系统的可靠度为多少？

（3）如果第 3 部分由 3 个不可靠度为 0.1 的单元并联构成，系统的可靠度为多少？

分别比较 1、2 系统的可靠度以及 2、3 系统的可靠度，能得出什么结论？

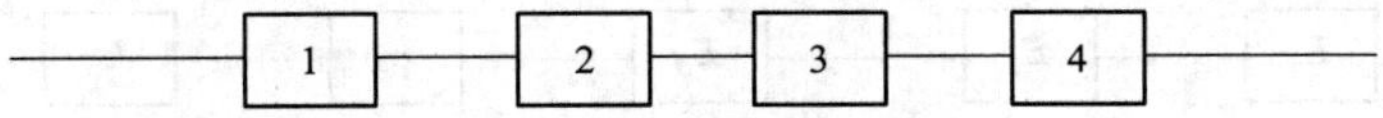


图 3-22 系统的可靠性框图

**解**：该系统为典型的串联模型，其系统的可靠度为：

$$\begin{aligned} R_s &= R_1R_2R_3R_4 \\ &= (1 - F_1)(1 - F_2)(1 - F_3)(1 - F_4) \\ &= 0.99 \times 0.875 \times 0.985(1 - F_3) \\ &\approx 0.951(1 - F_3) \end{aligned}$$

根据第 3 个单元的不同情况分别计算系统的可靠度：

（1）$F_3 = 0.1$，系统为串联模型，系统可靠度为：

$$R_s = 0.951(1 - F_3) = 0.951 \times (1 - 0.1) = 0.856$$

（2）$F_3 = 0.1^2 = 0.01$，由于系统的可靠度比较低，对可靠度最低的单元 3 进行了两个相同单元的并联处理，单元 3 的可靠度大幅增加，系统的可靠度为：

$$R_s = 0.951(1 - F_3) = 0.951 \times (1 - 0.01) = 0.941$$

（3）$F_3 = 0.1^3 = 0.001$，由于通过对单元 3 的并联处理大幅提高了系统的可靠度，故使用 3 个单元继续采取并联方式，系统的可靠度为：

$$R_s = 0.951(1 - F_3) = 0.951 \times (1 - 0.001) = 0.950$$

结论：对第 3 部分采取 2 个单元并联处理后，系统可靠度提高 0.085，但采取 3 个单元并联处理后，系统可靠度提高 0.009。这说明通过对可靠性低的单元进行并联处理，确实可以提高系统的可靠性，但一般采取 2 个单元并联效果明显。

**【例 3-11】** 建立如图 3-23 所示电路的可靠性模型并且估计其可靠性，需求的功能是当控制电压 $u_1$ 是高电平时 LED 必须亮。电路中的元器件参数分别为：

$u_1$：0.1 V 和 4 V

$V_{CC}$：5 V

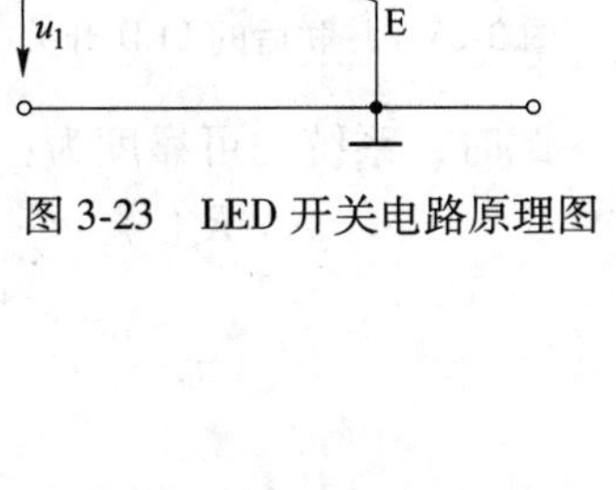


图 3-23 LED 开关电路原理图

LED：在电流为 20 mA 时电压为 1 V，最大电流 $I_{\max}=100$ mA

$R_C$：150 Ω，1/2 W，MF

$T_1$：Si，0.3 W，30 V；$\beta>100$

$R_{B1}$：10 k，1/2 W，MF

图中各组成部分在可靠性框图中对应的编号分别为：LED($E_1$)，$R_C(E_2)$，$R_{B1}(E_3)$，$T_1(E_4)$，电路连接的失效率为 $\lambda_5$，其编号记为 $E_5$。它们对应的失效率分别为：$\lambda_1\approx1.3\times10^{-9}\ \text{h}^{-1}$，$\lambda_2=\lambda_3\approx0.3\times10^{-9}\ \text{h}^{-1}$，$\lambda_4\approx3\times10^{-9}\ \text{h}^{-1}$，$\lambda_5\approx2\times10^{-9}\ \text{h}^{-1}$。

**解**：该电路的晶体管作为电子开关，当 $I_C\approx20$ mA 和 $I_\beta\approx0.33$ mA 时为导通状态，当 $u_1=0.1$ V 时为截止状态。因为所有的因素都参与了所需的功能，所以可靠性框图为如图 3-24 所示的串联模型。

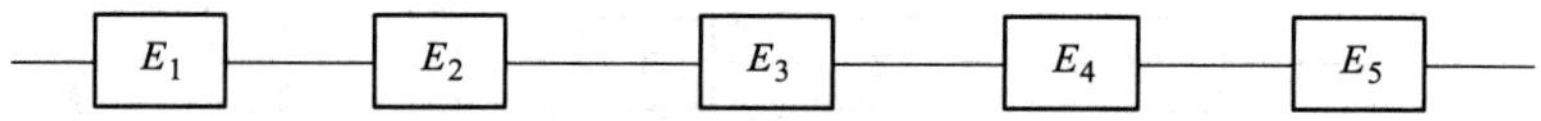


图 3-24　LED 开关电路可靠性框图

电子元器件服从指数分布，所以系统的可靠度为

$$R_s(t)=e^{-(\lambda_1+\lambda_2+\lambda_3+\lambda_4+\lambda_5)t}=e^{-(6.9\times10^{-9})t}$$

该电路如果连续工作 10 年，其系统可靠度>0.999。

如果对该电路的可靠性要求提高，从各元器件的失效率可以得知，晶体管 $T_1$ 的失效率最高，如果当时没有失效率更低的同类晶体管，应该对这个支路实施并联技术。假设晶体管的失效模式为其发射极和集电极之间短路，电阻的失效模式为开路，采取并联措施后，增加的晶体管 $T_2$ 和电阻 $R_{B2}$ 在可靠性框图中的编号分别为 $E_6$ 和 $E_7$，由于采取的分别是相同的电阻和晶体管，所以它们的失效率分别为：

$$\lambda_6=\lambda_4\approx3\times10^{-9}\ \text{h}^{-1}$$

$$\lambda_7=\lambda_3\approx0.3\times10^{-9}\ \text{h}^{-1}$$

则其相应的电路如图 3-25 所示，相应的可靠性框图如图 3-26 所示。

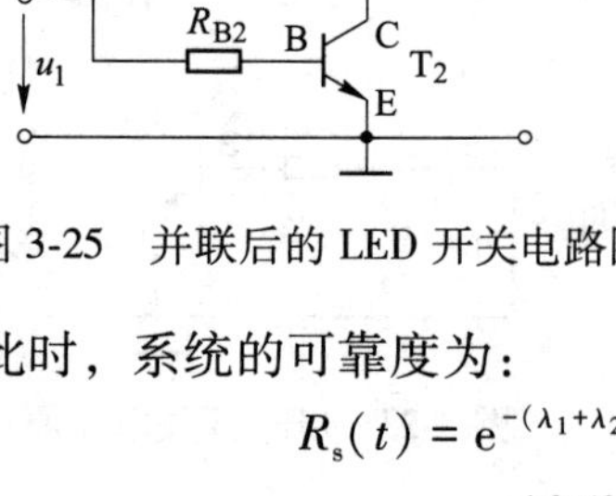


图 3-25　并联后的 LED 开关电路图

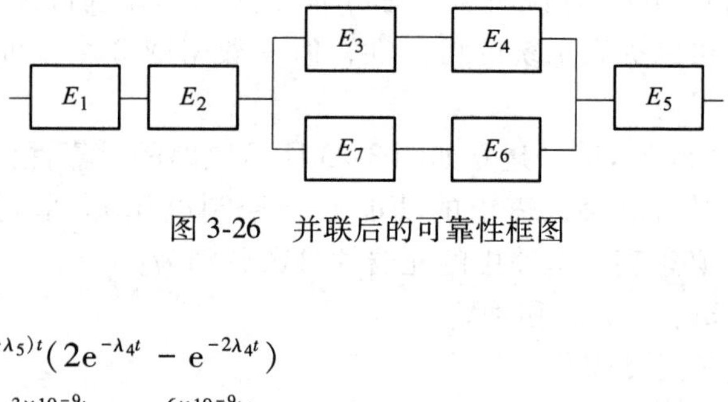


图 3-26　并联后的可靠性框图

此时，系统的可靠度为：

$$R_s(t)=e^{-(\lambda_1+\lambda_2+\lambda_3+\lambda_7+\lambda_5)t}(2e^{-\lambda_4 t}-e^{-2\lambda_4 t})$$
$$=e^{-4.2\times10^{-9}t}(2e^{-3\times10^{-9}t}-e^{-6\times10^{-9}t})$$

由于电子元器件的失效率很小，所以括弧中的指数函数在 $t < 10^6$ h 时，其值非常接近$e^0$，这样括弧中的值接近 1，此时系统的可靠度近似为

$$R_s(t) \approx e^{-(\lambda_1+\lambda_2+\lambda_3+\lambda_7+\lambda_5)t} = e^{-4.2\times10^{-9}t}$$

在上面可靠性近似值的表达式中，可靠性的值与失效率 $\lambda_4$ 无关。这表明，当该电路满足连续正常工作时间小于$10^6$ h 的条件时，该电路的可靠度函数与晶体管无关。

电子元器件的失效模式非常重要，不同的失效模式采取的提高系统可靠性的措施是不同的，如果图 3-25 中两个晶体管的失效模式为其发射极和集电极之间开路，则在图 3-26 的可靠性框图中，$E_4$ 和 $E_6$ 应该以串联的方式出现才正确，这种情况下采取并联措施是不正确的，会减小系统的可靠性。图 3-25 中的两个电阻 $R_{B1}$ 和 $R_{B2}$ 的处理方式是正确的，如果采取一个电阻与两个晶体管的基极同时相连的方法，或者采取两个电阻并联后再与两个晶体管基极相连都是错误的，因为这样处理后会因为晶体管 $T_2$ 的饱和电压而使电路功能降低。

可见，一个混合系统中针对某些容易出现故障的单元或者比较重要的、需要高可靠性的单元采用并联方式，而其他单元采用串联方式可以提高整个系统的可靠性。

### 3.3.3 *K/N* 模型

如果系统是由 $N$ 个部件或分系统组成的，而系统成功地完成任务只需要其中的 $K$ 个部件或分系统工作时，这种系统就叫做 $K/N$ 模型的系统，也称为表决系统。$N$ 中取 $K$ 系统是以电信、石油输送管道系统为背景于 1980 年提出的问题，之后很快发现这种系统应用在集成电路设计、卫星接力通信系统等方面。$K/N$ 模型的系统中，$K$ 小于 $N$，其可靠性框图如图 3-27 所示。某些空中交通管制系统就属于这种系统。该系统有 $N$ 个显示装置，其中必须有 $K$ 个显示装置工作才能符合系统可靠性要求。

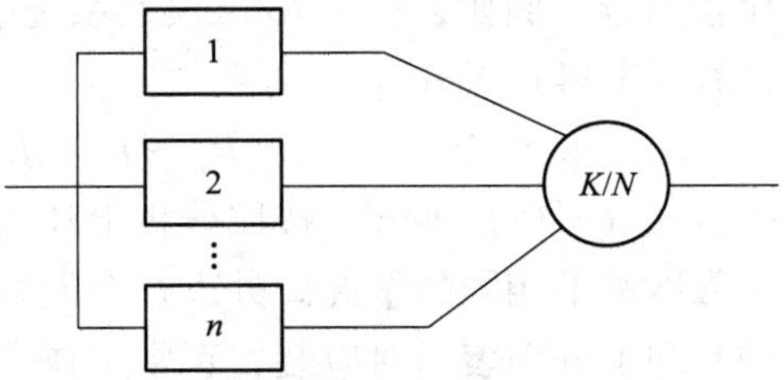

图 3-27　*K/N* 结构可靠性框图

为了简便起见，假设这些装置是相同的，它们都同时工作，而且在统计上各种故障互不相关。假设在规定的期间内，一个装置的可靠度为 $R$，不可靠度为 $F$，并且满足该装置的可靠度和不可靠度之和为 1，即：

$$R+F=1$$

对包含 $n$ 个装置的系统来说，其所有装置的可靠度和不可靠度之和都为 1，则：

$$(R+F)^n = R^n + nR^{n-1}F + \frac{n(n-1)}{2!}R^{n-2}F^2 + \cdots + F^n = 1 \tag{3-14}$$

这是常用的 $(R+F)^n$ 二项展开式，因此，符合下面条件的概率分别为

$$p\{至少有 (n-1) 个正常工作\} = R^n + nR^{n-1}F$$

$$p\{至少有 (n-2) 个正常工作\} = R^n + nR^{n-1}F + \frac{n(n-1)}{2!}R^{n-2}F^2$$

$$p\{至少有 1 个正常工作\} = 1 - F^n$$

以上概率对应的公式分别表示 $K/N$ 系统中，不同 $K$ 取值对应的系统的可靠度的计算

公式，下面通过例子加以说明。

**【例 3-12】** 一个系统中包含 4 台同样的发动机，如果在某一时刻每个发动机的可靠度是 0.9，那么在 4 台发动机中至少有 2 台工作的情况下，系统在 $t$ 时刻的可靠度应该是多少？

**解：** 这是一个 2/4 模型的系统，从式（3-14）可知：

$$(R+F)^4=R^4+4R^3F+6R^2F^2+4RF^3+F^4=1$$

上式 5 个加项分别表示 4 台发动机在不同情况下的概率，即

$$R^4=p\{4\text{ 台发动机都正常工作}\}$$
$$4R^3F=p\{3\text{ 台发动机正常工作}\}$$
$$6R^2F^2=p\{2\text{ 台发动机正常工作}\}$$
$$4RF^3=p\{1\text{ 台发动机正常工作}\}$$
$$F^4=p\{4\text{ 台发动机都出故障}\}$$

则系统中至少有 2 台发动机正常工作的概率为

$$R^4+4R^3F+6R^2F^2=1-4RF^3-F^4$$

这种情况下，系统的可靠度为

$$R_s=1-4RF^3-F^4=1-4\times0.1^3\times0.9-0.1^4\approx0.996$$

当 $K/N$ 模型中每个装置的可靠度各不相同，而且假设条件相同的情况下，进行分析就比较困难。例如，一个 $K/N$ 模型系统中包含 3 个装置，它们的可靠度分别为 $R_1$、$R_2$ 和 $R_3$，式（3-14）展开为：

$$(R_1+F_1)(R_2+F_2)(R_3+F_3)=1 \qquad (3\text{-}15)$$

将式（3-15）展开，按照分析上述组成装置为可靠度相同情况的方法来分析组成装置的可靠度都不相同的情况。处理这个问题常用的方法为布尔真值表法，如表 3-1 所示，表中的 0 和 1 分别表示对应装置正常工作和失效的状态，即：$R_i=1$，$F_i=0$。

**表 3-1 包含 3 个装置的布尔真值表**

| 装置对应的状态 | | |
|---|---|---|
| 装置 1 | 装置 2 | 装置 3 |
| 0 | 0 | 0 |
| 0 | 0 | 1 |
| 0 | 1 | 0 |
| 0 | 1 | 1 |
| 1 | 0 | 0 |
| 1 | 0 | 1 |
| 1 | 1 | 0 |
| 1 | 1 | 1 |

$F_1F_2F_3$ = 3 个装置都发生故障

$F_1F_2R_3$ = 第 1、第 2 个装置发生故障，第 3 个正常工作

$F_1R_2F_3$ = 第 1、第 3 个装置发生故障，第 2 个正常工作

$F_1R_2R_3$ = 第 1 个装置发生故障，第 2、第 3 个正常工作

$R_1F_2F_3$ = 第 2、第 3 个装置发生故障，第 1 个正常工作

$R_1F_2R_3$ = 第 2 个装置发生故障，第 1、第 3 个正常工作

$R_1R_2F_3$ = 第 3 个装置发生故障，第 1、第 2 个正常工作

$R_1R_2R_3$ = 3 个装置都正常工作

上述例子中，如果我们感兴趣的不是某一具体装置发生故障，就可以建立至少有 1 个、2 个或者 3 个正常工作的表达式。例如建立至少有 2 个装置正常工作的表达式为：

$$p\{\text{至少有 2 个装置正常工作}\} = R_1R_2R_3 + R_1R_2F_3 + R_1F_2R_3 + F_1R_2R_3$$

通过以上例子可以知道，$K/N$ 模型是由 $n$ 个单元组成的，若正常工作的单元数 $\geqslant k$ 时（$1 \leqslant k \leqslant n$），系统就不会发生故障。

如果组成 $K/N$ 模型的装置的可靠度相同，则系统的可靠度可以根据 $k$ 的值取公式（3-14）中的前几项之和。$K/N$ 结构的系统，其可靠度表达式为：

$$R_s(t) = \sum_{i=k}^{n} C_n^i (R(t))^i (1 - R(t))^{n-i} \tag{3-16}$$

式中 $R(t)$ ——各组成单元的可靠度。

当各单元的寿命都服从指数分布时，其失效率 $\lambda$ 都为常数，此时各单元的可靠度 $R(t)$ 为

$$R(t) = e^{-\lambda t}$$

则系统的可靠度为

$$R_s(t) = \sum_{i=r}^{n} C_n^i e^{-\lambda i t} (1 - e^{-\lambda t})^{n-i} \tag{3-17}$$

平均故障间隔时间的表达式为

$$MTBF = \int_0^{\infty} R_s(t)\,dt = \sum_{i=k}^{n} \frac{1}{i\lambda} \tag{3-18}$$

当系统组成的单元数 $n$ 为奇数时，设 $n=2k+1$，则只有系统正常工作的单元数大于等于 $k+1$ 时，系统才能正常工作，即正常工作的单元数要大于整个单元的一半，这种结构的系统称为多数表决系统，它是 $K/N$ 结构的一种特例。

最常用的多数表决系统是 3 取 2 系统。其可靠性框图和等效的可靠性框图分别如图 3-28 和图 3-29 所示。

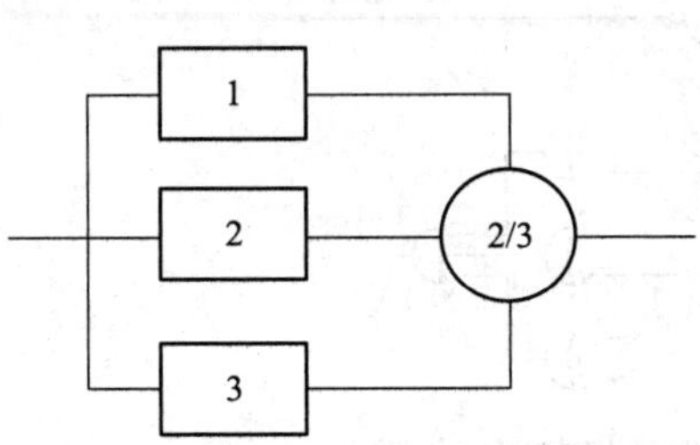


图 3-28　2/3 模型的系统的可靠性框图

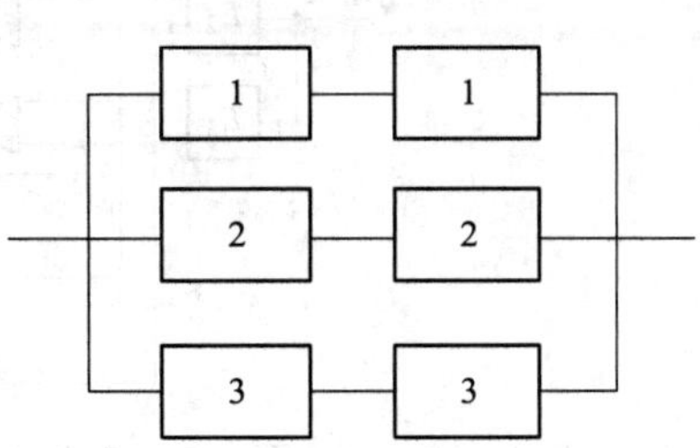


图 3-29　等效的可靠性框图

2/3 模型的系统可靠度表达式为

$$R_s = R^3 + 3R^2(1 - R) = 3R^2 - 2R^3$$

如果各单元的可靠度都为指数分布，2/3 模型的可靠度函数表示为：

$$R_s(t) = 3e^{-2\lambda t} - 2e^{-3\lambda t}$$

系统的平均故障间隔时间为

$$MTBF = \sum_{i=2}^{3} \frac{1}{i\lambda} = \frac{5}{6\lambda}$$

针对 $K/N$ 模型，有两种特殊情况。

第一种，$k=1$，包含 $n$ 个单元的 $1/N$ 模型成为典型的并联模型：

$$R_s(t) = 1 - (1 - R(t))^n$$

例如，$n=3$，$k=1$，若每个单元的可靠度为：

$$R(t) = e^{-\lambda t}$$

则系统的可靠度为

$$R_s(t) = 1 - (1 - e^{-\lambda t})^3$$

平均故障间隔时间为

$$MTBF = \sum_{i=1}^{3} \frac{1}{i\lambda} = \frac{1}{\lambda} + \frac{1}{2\lambda} + \frac{1}{3\lambda} = \frac{11}{6\lambda}$$

第二种，当 $k=n$ 时，包含 $n$ 个单元的 $N/N$ 模型成为典型的串联模型：

例如 $n=3$，则系统的可靠度为

$$R_s(t) = (R(t))^3 = e^{-3\lambda t}$$

平均故障间隔时间为

$$MTBF = \frac{1}{3\lambda}$$

从上面分析可以得到以下结论：$K/N$ 模型的系统，其平均故障间隔时间比并联模型系统的短，比串联模型系统的长；相同条件下，2/3 表决系统的可靠度高于两个或三个单元组成的串联系统，低于两个或三个单元组成的并联系统。

图 3-30 是 3 取 2 电路的例子。其中 $E_1$、$E_2$、$E_3$ 为输入信号，正常工作输出逻辑 1，失效输出逻辑 0，只要三个输入信号中至少有两个输入信号处于正常工作时，经过与非门后输出信号为逻辑 1，表示电路正常工作；当其中一个输入信号为失效状态时，通过异或门和或门组成的报警电路，输出报警信号。

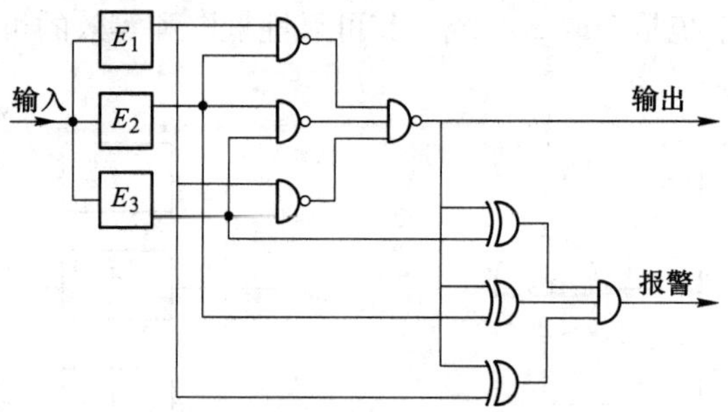


图 3-30 3 取 2 和首次失效报警逻辑电路

针对复杂的系统，建模的常用方法采用的是一种简化方法，即采用虚单元的方法。

虚单元指的是把一些独立的单元组合在一起，构成一个虚拟的单元，这样，以虚单元和其他具体单元构成的系统的可靠性框图比原来的系统的可靠性框图就可以简化很多。

构成虚单元需要三个条件，第一，虚单元内组成部分与外部相互独立；第二，虚单元只有一个入口和一个出口；第三，虚单元部分根据典型的可靠性结构的知识可以求出该部分的可靠度表达式。

**【例 3-13】** 一个混合系统的可靠性框图如图 3-31 所示，第 $i$ 个单元的可靠度为 $R_i$，求该系统的可靠度表达式。

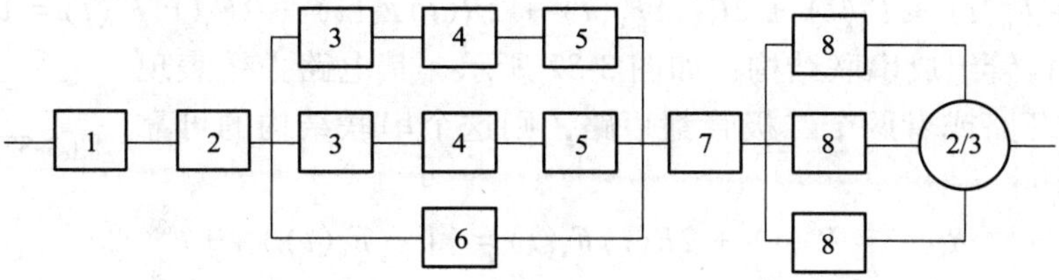


图 3-31 一个混合系统的可靠性框图

**解：**从可靠性框图可以看出，系统由串联模型、并联模型和 2/3 模型部分组成，系统的可靠度表达式为：

$$R_s = R_1R_2(1 - F_6F_{345}^2)R_7(3R_8^2 - 2R_8^3)$$

# 3.4 包含三态元器件的电子仪器可靠性模型

### 3.4.1 三态元器件概念

在前面的章节中，假定每个单元只有一个主要的失效机制，引起一个主要的失效模式，例如，金属间如果存在化合物，会引起短路；金属间如果产生腐蚀，则会引起开路。然而，实际应用中的集成电路，某些元器件可能有多种失效机制，这些元器件可能会以不同的方式失效。在考虑多种失效机制的情况时，可以简单地假设不同的失效机制相互独立，并且各自引起失效。在这种情况下，例如串联模型，可以为每种失效机理假设一个失效率。本节只讨论有两种失效机制的系统，即存在两种失效状态的系统，与系统正常工作的状态一起，称为三态系统。

三态系统在电子元器件构成的系统中比较常见，例如，电子元器件除正常工作状态外，可能还具有开路失效与短路失效的状态；一只开关也可能会有正常工作、合不上、断不开三种状态。

本节讨论的三态系统是指构成系统的单元是三态的，而系统仍然是两态的，并且以二极管作为分析的例子。关于系统具有多态的情况相当复杂，理论及实践上都尚待进一步探讨。

### 3.4.2 串联模型

半导体二极管的失效模式有开路失效和短路失效两种，是一个典型的三态单元。假设二极管的可靠度为 $R(t)$，不可靠度为 $F(t)$，开路失效引起的失效概率为 $F_o(t)$，短路失效引起的失效概率为 $F_s(t)$，下面公式成立：

$$F(t) = 1 - R(t) = F_o(t) + F_s(t) \tag{3-19}$$

对两个二极管串联的情况，如果两个元件同时正常，或一个元件正常一个元件短路，该结构都是正常可靠的。

普遍而言，两个相同的三态元件组成的串联结构，共有 $3^2$ 个状态，这些状态对应的概率和为1，其表达式为

$$\begin{aligned}&(R(t)+F_o(t)+F_s(t))^2\\&=R^2(t)+F_o^2(t)+F_s^2(t)+2R(t)F_o(t)+2R(t)F_s(t)+2F_o(t)F_s(t)=1\end{aligned} \tag{3-20}$$

由两个二极管组成串联结构，如图3-32所示，其电路失效表现为一个二极管开路或者两个二极管都短路，则这个串联结构的可靠度为

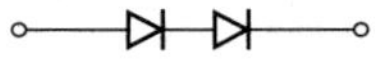

图3-32　二极管串联

$$R_s(t)=R^2(t)+2R(t)F_s(t)=(1-F_o(t))^2-F_s^2(t) \tag{3-21}$$

电路的开路失效概率为

$$F_{os}(t)=F_o^2(t)+2R(t)F_o(t)+2F_s(t)F_o(t)=1-(1-F_o(t))^2 \tag{3-22}$$

电路的短路失效概率为

$$F_{ss}(t)=F_s^2(t) \tag{3-23}$$

因此该串联结构的不可靠度为

$$F(t)=F_{os}(t)+F_{ss}(t)=2F_o(t)-F_o^2(t)+F_s^2(t) \tag{3-24}$$

### 3.4.3　并联模型

由两个二极管组成的并联结构如图3-33所示，这个并联结构发生失效的情况是两个二极管同时开路失效，或者至少有一个二极管短路失效。这种情况下，参考式（3-20），该并联结构的可靠度为：

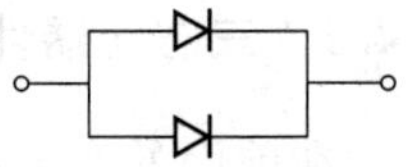

图3-33　二极管并联

$$R_s(t)=R^2(t)+2R(t)F_o(t)=(1-F_s(t))^2-F_o^2(t) \tag{3-25}$$

电路的开路失效概率为

$$F_{os}(t)=F_o^2(t) \tag{3-26}$$

电路的短路失效概率为

$$F_{ss}(t)=F_s^2(t)+2R(t)F_s(t)+2F_s(t)F_o(t)=1-(1-F_s(t))^2 \tag{3-27}$$

因此该并联结构的不可靠度为

$$F(t)=F_{os}(t)+F_{ss}(t)=F_o^2(t)+2F_s(t)-F_s^2(t) \tag{3-28}$$

二极管经常用于电源的整流电路，电源是电路中非常重要的部分，电源发生故障，则电路无法工作。为了使二极管构成的串联结构和并联结构更加可靠，如果二极管的开路失效模式发生的概率较大，使用图3-34进行保护；如果二极管的短路失效模式发生的概率大，使用图3-35方式进行保护。

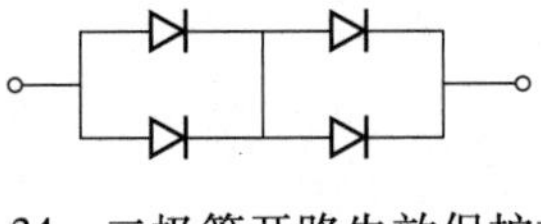

图3-34　二极管开路失效保护方式

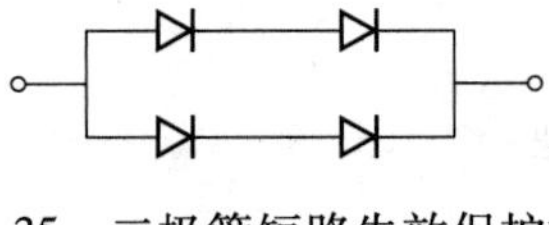

图3-35　二极管短路失效保护方式

采取两种保护方式后，其不可靠度分别为

开路失效保护电路：

$$F(t)=2F_o^2(t)-F_o^4(t)+(2F_s(t)-F_s^2(t))^2 \tag{3-29}$$

短路失效保护电路：

$$F(t)=2F_s^2(t)-F_s^4(t)+(2F_o(t)-F_o^2(t))^2 \tag{3-30}$$

推导过程略。

在实际使用过程中，根据不同的具体应用，某些电子元器件可能会有不同于常规应用的失效模式，在设计电路时需要考虑这些失效模式，采取相应的保护措施。

## 习　　题

3-1　有两个相同的单元，其寿命服从指数分布，失效率为 $\lambda = 0.001/\text{h}$，$t = 100$，当这两个单元分别构成串联结构和并联结构时，试建立其可靠性模型，并计算在 $t = 100$ h 时的可靠度和 *MTBF* 值并进行比较。

3-2　某种设备的寿命服从参数为 $\lambda$ 的泊松分布，假如其平均寿命为 3700 h。为了能够完成 3700 h 的试验任务，为此准备了 3 台该种设备，任务过程中一旦发生故障立即更换，不进行修复。试问能成功完成任务的概率有多大？

3-3　建立图 3-36 中系统的可靠性框图，该系统正常工作的条件是 $P_2$ 要求正常工作。$P_2$ 正常工作需要 $P_2$ 本身正常工作，同时其输入条件满足，输入条件都采取了冗余措施，图中 $E_i$ 分别是可靠性框图中的标识。通过列出系统正常运行的条件，分析这些条件之间的关系建立可靠性框图。

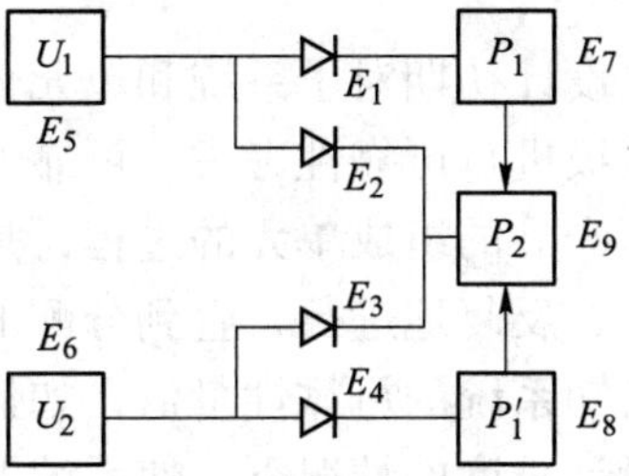


图 3-36　题 3-3 图

# 第 4 章　可靠性分配基础

**教学要求：**

掌握等分配法和再分配法；

熟悉 AGREE 分配法和拉格朗日乘子分配法；

熟悉服从指数分布的可靠性分配。

## 4.1 概　　述

对于复杂的设备和系统，在设计初期对子系统和单元分配可靠性目标非常重要。这有利于从组成系统和设备的每个等级进行可靠性考虑。可靠性分配是在产品设计过程中，合理地将规定的可靠性指标分配给产品的组成单元的过程，是一个演绎分解的过程。可靠性分配会随着设计阶段的不同多次、反复地进行，直到分配的比较合理，趋于完善。

系统的可靠性分配指的是已知系统的可靠性量值，如何将这个量值分配给系统的每一个单元，最终在不增加成本或设计难度的情况下，使系统的可靠性达到要求。

可靠性分配的方向是从系统的可靠性到各单元的可靠性，是一种自上而下，由大到小，从整体到局部，逐步分解、分配到各系统，分系统及设备、单元等的过程。这里的子系统可以是任何一种可以用标准数学模型或由标准数学模型组合而成的部分，也称为虚单元，或者简称为单元。

系统可靠性分配包括求解基本的不等式：

$$f(R_1,R_2,\cdots,R_n) \geqslant R_s^* \tag{4-1}$$

式中　$R_s^*$ ——系统的可靠性要求参数；

$R_n$ ——分配给第 $n$ 个单元的可靠性参数；

$f$——单元与系统的可靠性之间的函数关系。

对简单的串联系统来说，$R$ 代表在 $t$ 小时正常工作的概率，则式（4-1）成为：

$$R_1(t)\cdot R_2(t)\cdot\cdots\cdot R_n(t) \geqslant R_s^*(t) \tag{4-2}$$

理论上，如果对分配没有任何约束条件，式（4-1）可以有无数个解。可靠性分配需要确定能够产生唯一解或有限数量解的方法，以便按照所得到的解，将系统的可靠性指标合理地分配到每个单元。

可靠性分配过程是近似的分配过程。分配给分系统的可靠性参数被用作确定设计可行性的指南。如果在现有技术水平下，分配给某一特定分系统的可靠性是无法达到的，则应该更改系统设计并重新分配可靠性。这个过程要反复进行，直到所进行的分配能够满足系统要求及所有约束条件，并允许在现有的技术水平下设计分系统。

如果某个产品即使进行再分配，在现有的技术水平下，某些单元的可靠性要求也得不到满足，这时设计者应当采用下列一种或几种方法（假设它们互不排斥），以便达到预期的可靠性：采用更可靠的元器件；或者在不降低性能的基础上，通过采用更少的元器件进行简化设计；或者采用元器件降额技术，使故障降低到平均值以下。当以上三种方法都不宜采用时，应该采用余度技术。

在同等重要的前提下，符合下列情况的单元或模块，应该分配较低的可靠度：组成单元多，成本高的模块，提高其可靠性成本增加太大；技术上不成熟的单元，提高其可靠性会增加研制费用延长时间；那些在系统中重要的单元应该分配较高的可靠性指标。

可靠性分配的目的是根据系统各单元的可靠性要求，使系统的可靠度合理地分配到各单元中，实现在人力、物力、财力上用最经济的资源，做可靠性最高系统的目的。

## 4.2 等 分 配 法

等分配法采用的是给所有串联单元分配相同的可靠度。这种方法适用的情况是：一个系统由 $n$ 个单元构成，$n$ 个单元具有相似的复杂程度、重要性以及制造成本，各个单元之间的连接方式可以用标准的可靠性模型组合建立，但缺乏确定的系统信息。

等分配法采取的分配方法是给其中的每一个单元分配相等的可靠性指标。这种方法主要的缺点是不按照达到这些指标的难易程度来分配分系统指标。

如果 $n$ 个单元的连接方式为串联方式，其可靠性分配的公式为：

$$R_i = \sqrt[n]{R_s} \tag{4-3}$$

式中　$R_s$ ——规定的系统可靠度；

$R_i$ ——分配给第 $i$ 个单元的可靠度。

如果 $n$ 个单元的连接方式为并联方式，其可靠性分配的公式可以通过系统可靠度函数进行反推：

$$R_i = 1 - \sqrt[n]{1 - R_s} \tag{4-4}$$

等分配法无论单元采取的是串联结构和并联结构，采取的分配方法都是给每个组成单元分配相同的可靠度。对于混合系统，可以将系统分为串联部分和并联部分，分别利用式（4-3）和式（4-4）进行分配。

**【例 4-1】** 某系统的可靠性框图如图 4-1 所示，已知系统的可靠度为 $R_s$，其值为 0.92，使用等分配法对系统单元可靠度进行分配。

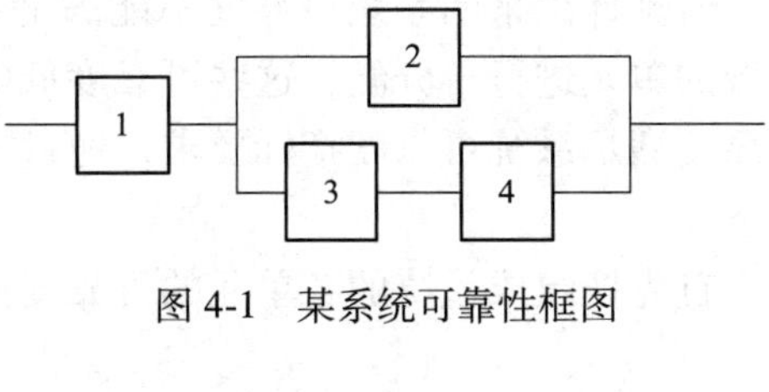

图 4-1　某系统可靠性框图

**解：**这是一个典型的可以用串联、并联模块组合的混合系统，第 $i$ 个单元的可靠度分配值记为 $R_i$，等分配过程为：

将单元 2、3、4 组成的模块记为 A，其可靠度分配值记为 $R_{SA}$，则该串联结构的分配值为：

$$R_1 = R_{SA} = \sqrt{R_s} = 0.96$$

将单元 3、4 组成的模块记为 B，其可靠度分配值记为 $R_{SB}$，则该串联结构组成的模块与单元 2 构成并联模型，该模块与单元 2 的不可靠度分配值为：

$$F_2 = F_{SB} = \sqrt{F_{SA}} = \sqrt{F_1} = \sqrt{1 - 0.96} = 0.2 \text{，则 } R_2 = 1 - 0.2 = 0.8$$

单元 3、4 组成的串联模型，其可靠度分配值为

$$R_3 = R_4 = \sqrt{R_{SB}} = \sqrt{1 - F_2} = \sqrt{1 - 0.2} = 0.89$$

最后该混合系统每个单元的可靠度分配值为：

$$R_1 = 0.96 \qquad R_2 = 0.8 \qquad R_3 = R_4 = 0.89$$

从上述例子的分配结果可知，等分配法只对纯串联或纯并联部分采取的是分配相同的可靠度，从整个系统的分配来讲是比较合理的，从分配结果来看，对单元 1 分配了较高的可靠度，对只参与冗余环节的单元 2 分配了比较低的可靠度是合适的。

**【例 4-2】** 有一个需要设计的通信系统，该系统由 3 个分系统组成，包括发射机（T）、接收机（R）及编码装置（C），其中每一个分系统都必须正常工作，系统才能正常工作。这些分系统都是分别研制的，分系统的其他资料不确定。试问要满足 0.729 的系统可靠度要求，给每一分系统分配的可靠度要求应该是多少？

**解**：这是一个串联系统的分配问题，每个分系统的可靠度分别记为 $R_T$、$R_R$ 和 $R_C$。按照串联模型的等分配法进行分配，分配结果如下：

$$R_T = R_R = R_C = \sqrt[3]{0.729} = 0.9$$

串联系统只在特殊情况下才能使用，大多数情况下，其组成单元不能使用等分配法；对并联系统，大多数情况下是由相同的单元构成的，非常适合使用等分配法。

## 4.3 再分配法

再分配法是针对首次对系统可靠度预计后，若不满足系统可靠性指标，则通过提高低可靠度单元的可靠度并按照部分等分配方法再分配的一种方法。这种方法针对的是串联系统，具体方法如下：

已知组成系统各单元可靠度的预计值 $\hat{R}_i$，则对于串联系统，系统的可靠度预计值可以计算出来，即：

$$\hat{R}_s = \prod \hat{R}_i \tag{4-5}$$

若预计出来的系统可靠度不能满足系统的可靠度指标，即 $\hat{R}_s < R_s$，必须对部分可靠度低的单元进行再分配，这些可靠度低的单元采取的分配方法是等分配。直到预计的系统可靠度满足系统可靠度指标要求，通过下述方法，再分配一次就可以满足要求。具体方法如下：

首先把组成系统的各单元的可靠度按照从低到高的顺序排列，如式（4-6）所示：

$$\hat{R}_1 < \hat{R}_2 < \cdots < \hat{R}_m < \hat{R}_{m+1} < \cdots < \hat{R}_n \tag{4-6}$$

系统一共包含 $n$ 个单元，假设其中前 $m$ 个单元的可靠度较低，在第一次分配后不能满足系统的可靠性指标，则总能找一个合适的可靠度值，记为 $R_0$，满足不等式

$$\hat{R}_m < R_0 < \hat{R}_{m+1}$$

令前 $m$ 个单元的可靠度都为 $R_0$，即

$\hat{R}_1 = \hat{R}_2 = \cdots = \hat{R}_m = R_0$，找出 $m$ 的值，满足式（4-6），即

$$R_0^m \times \hat{R}_{m+1} \times \cdots \times \hat{R}_n = R_s \tag{4-7}$$

这样就满足了系统的可靠性指标，从式（4-7）中可以算出 $R_0$ 的表达式如下

$$R_0 = \sqrt[m]{\frac{R_s}{\hat{R}_{m+1} \cdots \hat{R}_n}} \tag{4-8}$$

再分配的结果为：

$$R_1 = R_2 = \cdots = R_m = R_0 ,\ R_{m+1} = \hat{R}_{m+1} ,\ \cdots ,\ R_n = \hat{R}_n$$

经过这样再次分配后，满足等式 $\hat{R}_s = R_s$，这样分配的可靠度就满足了系统的可靠性指标要求。

**【例 4-3】** 一个系统由三个子系统串联构成，系统的可靠度最低要求为 0.7，三个子系统的可靠度预计值：$R_A = 0.9$，$R_B = 0.8$，$R_C = 0.85$。假设 3 个子系统的功能相同，如何分配可靠度才能达到系统可靠度的要求？

**解**：已知：$R_B = 0.8$，$R_C = 0.85$，$R_A = 0.9$，$R_B < R_C < R_A$，系统的可靠性预计值为：$R_s = R_A R_B R_C = 0.9 \times 0.8 \times 0.85 = 0.61$，该值低于 0.7，需要对可靠度低的单元进行再分配。

（1）$m=1$，只提高一个单元的可靠度来满足要求。

目标：$R_0 R_C R_A = 0.7$

$$R_0 = \frac{0.7}{0.9 \times 0.85} = 0.915$$

因为不满足 $R_C < R_0 < R_A$，所以这种情况无法使用再分配法。

（2）$m=2$，通过提高 2 个单元的可靠度来满足要求。

$R_B < R_C < R_0 < R_A$，目标：$R_0 R_0 R_A = 0.7$

$$R_0 = \sqrt{\frac{0.7}{0.9}} = 0.882$$

再分配后：$R_B$、$R_C$、$R_A$ 分别为：

$$R_B = R_C = 0.882,\ R_A = 0.9$$

系统可靠度估计值：0.7——满足要求。

即通过提高可靠度较低的 2 个单元 $R_B$ 和 $R_C$ 的可靠度实现系统设计要求。

## 4.4 AGREE 分配法

AGREE 分配法是由美国电子设备可靠性顾问团（American G R E E）提出来的。AGREE 分配法考虑了子系统、单元对系统的重要性和它们自身的相对复杂性，提出了两个概念：单元的重要度和复杂度，分配的原则是根据子系统、单元对系统的重要性和子系统、单元的相对复杂性进行分配。AGREE 分配法适用于各单元工作期间的失效率为常数的串联系统。

串联系统的可靠性框图由各子系统和单元串联组成，而子系统由不同的单元以串联、并联等组成混合模型。所以各种分配法总是以子系统或单元与总系统以串联方式进行推导。

### 4.4.1 重要度

重要度是指某个子系统或单元发生故障时对整个系统可靠性的影响程度。用 $W_i$ 表示，其数学表达式为

$$W_i = \frac{N_i}{r_i} \tag{4-9}$$

式中 $N_i$——由第 $i$ 个子系统或单元发生故障引起的系统故障次数；

$r_i$——第 $i$ 个子系统或单元发生的故障总数。

对串联系统而言，每个子系统或单元的每次故障都会引起整个系统发生故障，所以有：

$$N_i = r_i \tag{4-10}$$

从式（4-9）和式（4-10）中可以得到，对于串联系统而言，每个子系统或单元对整个系统的重要度都是相同的，即

$$W_i = 1 \tag{4-11}$$

对于有冗余子系统或单元的系统，式（4-11）不成立，各子系统或单元的重要度满足下列不等式：

$$0 < W_i < 1$$

若系统中有的单元或子系统失效时，不会引起整个系统失效或发生故障，如电控装置中的信号显示部件，则这样的子系统或单元的重要度为零。

若已知各个子系统和单元的重要度，在利用 AGREE 分配法时，重要度大的子系统或单元，表示其对系统很重要，分配的可靠性指标要高一些。

### 4.4.2 复杂度

复杂度是指某个子系统的元器件数与系统总元件数之比，这里的子系统也包括单元，记为 $k_i$，它的数学表达式为

$$k_i = \frac{n_i}{N} \tag{4-12}$$

式中 $n_i$——第 $i$ 个子系统的元器件数；

$N$——系统元器件总数。

系统元器件总数为

$$N = \sum_{i=1}^{n} n_i \tag{4-13}$$

式中 $n$——子系统数目。

当已知组成系统的各子系统的复杂度 $k_i$ 时，对于复杂度大的子系统，表示这个子系统的元器件数目多，复杂程度高，这样这个子系统要实现较高的可靠性指标比较困难，所以对这样的子系统分配的可靠性指标值要低一些。

若已知子系统的重要度和复杂度，就可以对各个子系统的失效率进行分配，分配原则是分配给第 $i$ 个子系统的相对失效率正比于该子系统的复杂度 $k_i$，反比于其重要度 $W_i$。

第 $i$ 个单元的失效率和系统失效率的比值称为相对失效率，其数学表达式为

$$\frac{\lambda_i}{\lambda_s} = \frac{n_i}{N} \times \frac{1}{W_i} \tag{4-14}$$

式中 $\lambda_i$——分配给第 $i$ 个单元的失效率；

$\lambda_s$——系统的失效率。

如果已知系统的失效率和子系统的复杂度和重要度，则第 $i$ 个子系统的失效率分配公式为：

$$\lambda_i = \frac{k_i}{W_i} \cdot \lambda_s \tag{4-15}$$

若系统可靠度分布为指数分布，子系统与总系统一般为串联方式，如果已知的是系统的可靠度值 $R_s$，则

$$R_s = \prod_{i=1}^{n} R_i \qquad R_s = e^{-\lambda_s t}$$

系统的失效率为：

$$\lambda_s = \frac{-\ln R_s}{t} \tag{4-16}$$

将式（4-12）和式（4-16）代入式（4-15）中，得出系统可靠度分布为指数分布，考虑了子系统的复杂度和重要度以后，分配给这个子系统的失效率：

$$\lambda_i = \frac{-n_i \ln R_s}{N W_i t} \tag{4-17}$$

平均故障间隔时间为：

$$MTBF_i = \frac{1}{\lambda_i} = \frac{-N W_i t}{n_i \ln R_s} \tag{4-18}$$

考虑了子系统的复杂度和重要度因素后，该子系统分配到的可靠度为：

$$R_i = e^{-\frac{n_i \ln R_s}{N W_i}} \tag{4-19}$$

由不同子系统串联构成的系统，任何一个子系统的失效都会导致整个系统失效，所以子系统的重要度一般都设定为 1。式（4-15）、式（4-17）和式（4-19）为 AGREE 分配法使用的分配公式。

**【例 4-4】** 由四个单元组成的串联系统，要求在连续工作 24 h 内具有 0.96 的可靠度，试用 AGREE 分配法求每个单元分配到的失效率。

**解：**

| 单元编号 $i$ | 组成件数 $n_i$ | 重要度 $W_i$ |
|---|---|---|
| 1 | 10 | 1.0 |
| 2 | 20 | 1.0 |
| 3 | 90 | 1.0 |
| 4 | 50 | 1.0 |

已知每个单元的组成件数，则元器件总数为：

$$N = \sum_{i=1}^{4} n_i = 170$$

将 $n_i$ 和 $N$ 代入式（4-12）中，得出每个单元的复杂度分别为：

$$k_1=\frac{10}{170}\qquad k_2=\frac{20}{170}\qquad k_3=\frac{90}{170}\qquad k_4=\frac{50}{170}$$

每个单元的重要度都为1，将复杂度 $k_i$，重要度 $W_i$，时间 $t=24$ h 及系统可靠度 $R_s=0.96$ 代入式（4-16）中可以计算出每个单元分配到的失效率分别为：

$$\lambda_1=0.101\times10^{-4}\ \text{h}^{-1}\qquad \lambda_2=0.202\times10^{-4}\ \text{h}^{-1}$$

$$\lambda_3=0.909\times10^{-4}\ \text{h}^{-1}\qquad \lambda_4=0.505\times10^{-4}\ \text{h}^{-1}$$

从失效率分配结果可以看出，第3个单元的复杂度最高，分配到的失效率值最大，其分配到的可靠度最低。

## 4.5 拉格朗日乘子分配法

拉格朗日乘子分配法是一种将约束最优化问题转换为无约束最优化问题的求优方法。具体实现方法为：引进一种待定系数，称为拉格朗日乘子，利用这种乘子将原约束最优化问题的目标函数和约束条件组合成一个新目标函数，这个目标函数称为拉格朗日函数，拉格朗函数的无约束最优解就是原目标函数的约束最优解。

若约束最优化问题为

$$\begin{cases}\min f(x)=f(x_1,x_2,\cdots,x_n) & \text{目标函数}\\ h_j(x)=0 & \text{约束条件}\end{cases}\tag{4-20}$$

式中，$j=1, 2, \cdots, p$。

则构造的拉格朗日函数为

$$L(x,\lambda)=f(x)-\sum_{j=1}^{p}\lambda_j h_j(x)\tag{4-21}$$

其中

$$x=[x_1,\ x_2,\ \cdots,\ x_n]^{\mathrm{T}}$$

$$\lambda=[\lambda_1,\ \lambda_2,\ \cdots,\ \lambda_p]^{\mathrm{T}}$$

式中 $n$——系统中约束对象的数目；

$p$——约束（条件）关系式的数目；

$\lambda_j$——待定因子。

变量为：$x_i$ 和 $\lambda_j$，此时拉格朗日函数存在极值的必要条件是：

$$\begin{cases}\dfrac{\partial L}{\partial x_i}=0,i=1,2,\cdots,n\\ \dfrac{\partial L}{\partial \lambda_j}=0,j=1,2,\cdots,p\end{cases}\tag{4-22}$$

求解方程组（4-22）即可求得原问题的约束最优解

$$\begin{cases}x^*=[x_1^*,x_2^*,\cdots,x_n^*]^{\mathrm{T}}\\ \lambda^*=[\lambda_1^*,\lambda_2^*,\cdots,\lambda_p^*]^{\mathrm{T}}\end{cases}\tag{4-23}$$

拉格朗日乘子法是用来解决在某个约束条件下，使目标函数最小的问题。

**【例 4-5】** 某一系统由 $n$ 个单元串联组成，第 $i$ 个单元的可靠度 $R_i$ 与其制造费用 $x_i$ 有如下关系：

$$R_i = 1 - e^{-\alpha_i(x_i-\beta_i)}$$

式中，$i = 1, 2, \cdots, n$；$\alpha_i$、$\beta_i$ 为常数。

已知系统可靠性指标为 $R_s$，试用拉格朗日乘子分配法将系统的可靠性指标分配给各单元，并使系统的费用为最小。

**解**：由题中可知，这是一个在串联系统中使制造费用最小的问题，具体而言，即在满足 $R_s = \prod_{i=1}^{n} R_i$ 的约束条件下，使 $f(x) = \sum_{i=1}^{n} x_i$ 最小的问题。

为此构造函数：

$$L(x,\lambda) = f(x) - \sum_{j=1}^{p} \lambda_i h_j(x) = \sum_{i=1}^{n} x_i - \lambda\left(R_s - \prod_{i=1}^{n} R_i\right) \tag{4-24}$$

因为

$$R_i = 1 - e^{-\alpha_i(x_i-\beta_i)}$$

则第 $i$ 个单元的制造费用计算公式为：

$$x_i = \beta_i - \frac{\ln(1 - R_i)}{\alpha_i} \tag{4-25}$$

将式（4-25）代入式（4-24），式（4-24）的变量为 $L(R_i, \lambda)$。

解方程组（共 $n$+1 个方程）

$$\frac{\partial L}{\partial R_i} = 0 \qquad i = 1,2,\cdots,n$$

$$\frac{\partial L}{\partial \lambda} = 0$$

即可求得系统费用最小条件下各单元的分配可靠度为 $R^* = [R_1^*, R_2^*, \cdots, R_n^*]^T$。

对本题要求而言，第二个方程不用求解。

## 4.6 服从指数分布的可靠性分配

如果一个系统没有冗余且服从指数分布，则其组成单元的失效率为常数，这样的系统进行可靠性分配非常容易。此时系统的失效率也是常数。这时，系统失效率 $\lambda_s$ 的分配过程为：将系统分为不同单元 $E_1$，$E_2$，…，$E_n$；为每个单元定义一个复杂因子 $k_i$，$k_i$ 为 0 到 1 之间的数，越复杂的单元可靠性越低，其失效率越高；所有单元的复杂因子之和为 1；为每个单元再定义一个工作时间因子 $d_i$，其值为第 $i$ 个单元的工作时间与系统工作时间的比值，比值越大，其工作时间长，失效率分配的越小。用式（4-26）将系统的失效率 $\lambda_s$ 分配到每个单元：

$$\lambda_i = \frac{\lambda_s k_i}{d_i} \tag{4-26}$$

如果所有的单元有相同的复杂因子和相同的工作时间因子，则：

$$k_i = 1/n$$

$$d_i = 1$$

式中，$i = 1, 2, \cdots, n$。

则系统的失效率分配公式简化为

$$\lambda_i = \lambda_s / n \tag{4-27}$$

除了考虑上述因素外，系统的成本、采用新技术风险以及失效影响也需要在进行可靠性分配时加以考虑。

如果系统包含冗余单元，并且包含不服从指数分配的单元，这样的系统在进行可靠性分配时不能使用该方法。

## 4.7 电子仪器可靠性分配案例

某系统由低压电路、高压变换器、触发电路、电容器放电（CDU）单元和高压输出接口等部分组成，可靠性框图为串联结构，使用 AGREE 分配法进行可靠性分配。

元件的复杂性可用组件以及它们之间的连接线路定义。组件可以是一个晶体管或集成电路。重要性因子可用特定分系统故障引起系统故障的概率来定义。重要性因子一般由数据统计或经验估计，如果各个分系统的重要性因子均为 1，相当于只考虑了系统的复杂性。可靠性指标分配公式如下：

$$F_i = \frac{1}{W_i}\left[1 - (1 - F)^{n_i/N}\right] \tag{4-28}$$

$$R_e i = 1 - W_i F_i \tag{4-29}$$

式中 $F_i$——第 $i$ 个分系统的失效概率；

$F$——系统总的失效概率，$F = 1 - R_e^0$；

$n_i$——第 $i$ 个分系统包含的元器件数量；

$N$——系统总的元器件数量；

$W_i$——重要性因子，$0 < W_i \leq 1$；

$n_i/N$——第 $i$ 个分系统的复杂性因子。

为了达到该产品要求的可靠度 0.998 的指标，其可靠度是按 0.999 进行分配，余量为 0.001，分配结果列于表 4-1 中。

**表 4-1 可靠性分配参数及结果**

| 序号 | 组件名称 | 参数 | | | | | |
|---|---|---|---|---|---|---|---|
| | | $n_i$ | $W_i$ | $R_e i$ | $F_i$ | $N$ | $F$ |
| 1 | 低压电路 | 6 | 0.85 | 0.9998 | 0.0002 | 25 | 0.001 |
| 2 | 高压变换器 | 5 | 0.95 | 0.9998 | 0.0002 | | |
| 3 | 触发电路 | 11 | 0.85 | 0.9995 | 0.0005 | | |
| 4 | CDU 单元 | 2 | 0.95 | 0.9999 | 0.0001 | | |
| 5 | 高压输出接口 | 1 | 0.95 | 0.99996 | 0.00004 | | |

## 习　　题

4-1　某一系统的可靠性逻辑图如图 4-2 所示，若要求该系统可靠度 $R_s^* = 0.80$ 时，各单元的可靠度分别为多少？

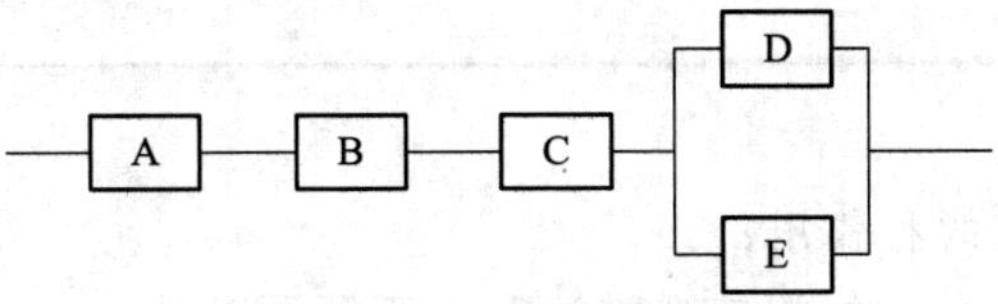


图 4-2　题 4-1 图

4-2　常用拉格朗日乘子分配法的例子中，已知系统由两个单元串联组成，即 $i=1, 2$，且已知 $R_s = 0.8$，$\alpha_1 = 0.9$，$\beta_1 = 4.0$，$\alpha_2 = 0.6$，$\beta_2 = 2.0$，求这两个单元的可靠度为多少时能够使得系统费用最小。

# 第5章　可靠性预计基础

**教学要求：**

了解可靠性预计的目的和作用；

掌握可靠性预计方法中的数学模型方法和上下限预计法；

熟悉元件计数方法和相似设备可靠性预计法；

了解电子元器件的可靠性预计方法；

熟悉电子仪器的可靠性预计。

## 5.1　可靠性预计的目的和作用

可靠性预计和分配是可靠性设计和可靠性分析中的两个重要内容，是产品达到设计的可靠性指标的一个保证环节。可靠性预计是在产品设计阶段对系统可靠性进行定量的估计，根据历史的产品可靠性数据，以往的工程经验、故障数据，结合当前的技术水平，以元器件、零部件的失效率作为依据，预计产品（元器件、零部件、子系统或系统）实际可能达到的可靠度。

产品在功能设计之前，应该对其可靠性进行定量规定。在规定了可靠性之后，功能设计和可靠性建模预计需要同时进行，这样可以保证产品设计完成后能够达到设计要求。电子产品可靠性的定量规定根据掌握的可靠性数据情况以及产品使用中的着重点可以规定为平均寿命或者平均故障间隔时间，也可以规定为在规定时间内正常工作的概率。

可靠性预计是根据组成系统的元器件、部件、系统的可靠性数据及模型，从元器件开始预计，然后到达由元器件组成的部件的可靠性预计，最后再对系统进行可靠性预计。而可靠性分配过程与可靠性预计的方向是相反的，可靠性分配首先对系统的可靠性进行分配，然后是组成系统的各个部件或单元，最后按照组成元器件的重要程度将单元的可靠度分配给组成该单元的元器件。

一个系统的可靠性预计与分配需要反复迭代，才能逐步达到设计要求。可靠性预计是衡量可靠性性能的基础。可靠性建模与预计是为了评估一个产品满足规定的可靠性要求的能力。

可靠性建模和预计应该在产品设计阶段尽早启动，以帮助评估设计的合理性，并且为产品的可靠性分配以及确定改进措施的优先次序提供依据。在设计产品的可用性、环境要求、应力数据、失效率数据或维护使用属性中，当其中一个因素有显著变化时，该产品的可靠性模型和预计就需要随之更新。

假如要分析的仪器已经完全确定了具体技术路线，即建模过程是标准的可靠性模型的组合，则可以根据第3章所述的串、并联公式进行计算和分析，但在设计的最初阶段，以上假设一般不成立。

可靠性预计是当系统的可靠性设计还在大概轮廓的时候，相对估计系统可靠度的方法，估计到适合的精确度即可，而可靠度绝对的精确度是不太重要的。

可靠性建模与预计的目的是评价系统是否能达到要求的可靠性指标，在可靠性设计的各个阶段都起作用。在方案论证阶段，通过预计比较不同方案的可靠性水平，为方案选择提供基础；在设计中通过预计发现影响系统可靠度的主要因素，指出薄弱环节，采取设计措施，提高系统的可靠度。可靠性预计也为可靠性分配奠定了基础。

可靠性建模与预计的作用体现在很多方面。在计划文件、初步设计规范和招标书中规定严格的可靠性要求，并确定所提出的可靠性要求的现实性；将确定的可靠性要求与技术水平的现实性进行比较，以便指导做出预算和安排进度的决策；为编制统一的建议书、进行评定和选择最后的承包商提供依据；根据在技术建议书中提出的预计和预约交易报告，估计可能的可靠性；确定可能存在的问题范围、对问题进行分类，并提出可能解决问题的建议；将可靠性要求分配给分系统和更低一级的产品；对建议的元器件、器材、装置和生产过程的选择进行评定；对在研制阶段的样机制造的设计进行有限制的估计；为权衡分析提供依据。

仪器是由元器件及由元器件构成的模块组成的，所以仪器系统的可靠性预计分为两个部分，首先是电子元器件的可靠性预计，其次是仪器系统的可靠性预计。

## 5.2 常用的可靠性预计方法

### 5.2.1 数学模型法

数学模型法是在可靠性预计中首先要考虑的方法，也是首选的方法。这时的可靠性模型是能够由各种标准模型组合构成的，其可靠性框图也是由典型模型的可靠性框图组合而成。满足这些条件的系统，其可靠度预计可以计算出精确值，也可以近似为一个大概值。

如果一个系统不能用数学模型法预计出其可靠度，则需采用下面的方法。

### 5.2.2 元件计数法

元件计数法在大多数情况下，计算的是系统的失效率值，这种方法预计的系统失效率值大于实际值，适用于已知组成该系统的元器件的种类和数量，可靠性框图未知的情况。

对于由电子元器件组成的系统，从以往的经验可以得知，电子仪器中每用一个晶体管，平均要用4个二极管和5个电阻，如果晶体管的失效率记为$\lambda_1$，二极管的失效率记为$\lambda_2$，电阻的失效率记为$\lambda_3$，这样包含一个晶体管模块的电路的失效率可以通过元件计数法进行预计：

$$\lambda_s' = \lambda_1 + 4\lambda_2 + 5\lambda_3 \tag{5-1}$$

其他类似的电路典型功能模块都可以使用该方法进行模块的可靠性预计。

**【例5-1】** 一个包含600个晶体管基本模块的仪器，其中组成晶体管模块的元器件失效率分别为：$\lambda_1 = 2\times10^{-7}\,h^{-1}$（晶体管），$\lambda_2 = 8\times10^{-7}\,h^{-1}$（二极管），$\lambda_3 = 2.5\times10^{-7}\,h^{-1}$（电

阻)，预计其系统的失效率和平均故障间隔时间。

**解**：一个晶体管模块的失效率预计为：

$$\lambda_s' = \lambda_1 + 4\lambda_2 + 5\lambda_3 = 4.65 \times 10^{-6}\ h^{-1}$$

则系统的失效率和平均故障间隔时间的预计值分别为：

$$\lambda_s = 600 \times \lambda_s' = 3.87 \times 10^{-3}\ h^{-1}$$

$$MTBF = \frac{1}{\lambda_s} = 258\ h$$

如果系统使用了集成电路，则系统可靠性估计的方法是：对所用集成电路片数计数，实现对可靠性的最初估计。即把集成电路看成另一种元件，给它们分配适当的失效率。

对于集成电路，由于若干年内生产的集成电路变化很少，根据使用它们的仪器的使用记录可得出其失效率；还可以通过加速寿命试验得到它的失效率，而一般的芯片均已获得了失效率数据。

在大多数情况下，使用集成电路的仪器比原先用分立元件组装的仪器更加可靠，因为使用集成电路，系统减少了元器件之间的焊接和连接数目，根据可靠性数据可以知道，使用集成电路的仪器，其平均失效率明显减少，表5-1列出了集成电路及晶体管的失效率的比较。

**表5-1 集成电路及晶体管的失效率的比较**

| | | |
|---|---|---|
| 晶体管 | 逻辑线路的最低数字 | $0.02\times10^{-6}\ h^{-1}$ |
| | 所有开关线路的平均值 | $0.065\times10^{-6}\ h^{-1}$ |
| 小规模数字集成电路 | 少于13个门 | $0.015\times10^{-6}\ h^{-1}$ |
| | 13~50个门 | $0.03\times10^{-6}\ h^{-1}$ |
| | 51~200个门 | $0.06\times10^{-6}\ h^{-1}$ |
| 线性集成电路 | | $0.1\times10^{-6}\ h^{-1}$ |

从表5-1可以看到，51~200个门的线路的失效率比小规模（小于13个门）集成电路大3倍，但内部的门数多10倍；所以对51~200个门的线路来说，系统的可靠性可以获得更多的改进。

对于严格要求的应用，可以给集成电路一个“老化”期，并进行额外的筛选，还要考虑设计时产生的故障，这部分主要是人的因素，以及软件编制时的故障。

### 5.2.3 相似设备法

相似设备法用于研制系列产品中的新产品时，新产品的可靠性预计采取与已知可靠性的相似设备进行比较的方法得出。

在采取相似设备法之前，首先需要根据设备类型，使用条件以及其他已知特性等确定新设备的定义；其次需要确定与新设备最相似的现有设备或设备种类；最后需要获得并分析在现有设备使用期间所产生的历史数据，以便尽可能近似地确定设备在规定的使用环境下其可靠度值。

以上的任务完成后，可以根据相似设备法对新设备可能具有的可靠性水平进行估计。估计结果假设相似设备具有相似的可靠性，并假设可靠性获得值将按顺序从上一代设备到下一代设备不断提高。可靠性预计值的精确度决定于历史数据的质量及现有设备和新设备的相似程度。如果所使用的预计方法以相似产品现场结果为基础，预计结果就会更有意义和更精确。

具体估计方法针对不同情况采取的方法不同。

第一种情况：新旧设备基本电路的种类完全相同，只是在各种电路的数量上有区别。

这种情况下，如果新设备由 $n$ 种电路组成，假设第 $i$ 种电路的失效率为 $\lambda_i$，数量为 $N_i$，新设备的失效率 $\lambda_{new}$，可以通过式（5-2）进行估计：

$$\lambda_{new} = \sum_{i=1}^{n} \lambda_i N_i \tag{5-2}$$

第二种情况：

（1）新旧产品其他部分相同，只在某一部分进行了改进，改进部分某个与可靠性相关的指标新旧之间的比例系数为 $K$，若已知旧产品的可靠度为 $R_{old}$，则新产品可靠度的估计值 $R_{new}$ 为：

$$R_{new} = K \times R_{old} \tag{5-3}$$

（2）满足新旧产品比例系数 $K$ 相同的情况下，根据离散情况失效率的定义可知：

$$\lambda = \frac{n_F}{n} = K \times n_F \tag{5-4}$$

式中 $n_F$——缺陷数；

$\lambda$——失效率。

由式（5-4）可知，对新旧产品，其失效率分别可以通过失效数与比例系数乘积求得：

$$\lambda_{old} = K \times N_{Fo} \tag{5-5}$$

$$\lambda_{new} = K \times N_{Fn} \tag{5-6}$$

式中 $N_{Fo}$——旧产品的缺陷数；

$N_{Fn}$——新产品的缺陷数；

$K$——比例系数。

如果比例系数 $K$ 的准确值未知，已知的是由于进行了可靠性设计和试验，提高了产品的可靠性，在这个过程中，已经排除的缺陷数为 $N_{F2}$，新增加的缺陷数为 $N_{F1}$，旧产品的缺陷数和失效率已知，则新产品的缺陷数为：

$$N_{Fn} = N_{Fo} + N_{F1} - N_{F2} \tag{5-7}$$

联立式（5-5）和式（5-6），得到新产品的失效率表达式为：

$$\lambda_{new} = N_{Fn}/N_{Fo} \times \lambda_{old} \tag{5-8}$$

将式（5-7）代入式（5-8）中，可以得出这种情况下，新产品的失效率计算公式为：

$$\lambda_{new} = (N_{Fo} + N_{F1} - N_{F2})/N_{Fo} \times \lambda_{old} \tag{5-9}$$

单元不同的失效方式对设计有不同的影响。一般来讲，对于短路失效的元件，采取的方法是串联重叠使用，而对于开路失效的元件，采取的方法是并联重叠使用。

### 5.2.4 上下限法

上下限法也称为边值法，是在没有典型的数学模型可以参考的情况下使用的一种预计方法，该方法不要求各个单元之间相互独立，既适用于各种储备系统，又适用于多种目标和多个阶段工作的系统，已知的是可靠性框图（非标）和每个单元的可靠度下限，无法直接计算其可靠度。上下限法的预测精度已被实践所证实。为了获得精确的预测结果，上下限法必须进行多次逼近，但是随着逼近次数的增多，计算量增加，该方法在估计过程中容易出错。图 5-1 为上下限法对系统可靠性值进行逼近的示意图。

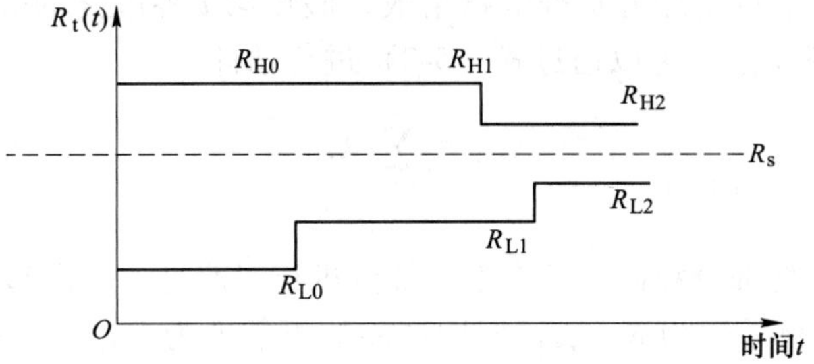


图 5-1　上下限法示意图

上下限法需要使用的两个公式为

$$1 - R_{Hi} \gg R_{Hi} - R_{Li} \tag{5-10}$$

$$R_s = 1 - \sqrt{(1 - R_{Hi})(1 - R_{Li})} \tag{5-11}$$

式中　$R_{Hi}$——考虑 $i$ 个非串联单元失效引起系统失效的情况下，系统的可靠度；

$R_{Li}$——考虑 $i$ 个非串联单元失效，系统仍能工作的情况下，系统的可靠度；

$R_s$——综合 $i$ 个非串联单元失效的情况，系统的可靠度估计值。

上下限法的预计过程如下：

（1）上限 1：只考虑系统中的串联单元，假定系统中的其他单元的可靠度为 1。这样计算出的可靠度是最高的，记为 $R_{H0}$；

（2）下限 1：假设系统中所有的单元作为串联单元处理，这样计算出的可靠度最低，记为 $R_{L0}$；

（3）将两个计算结果代入验算公式（5-10），或者系统可靠度的上下限估计差值要求，例如 $R_{Hi} - R_{Li} <$ 规定值，如果符合要求，代入估算公式（5-11）估算系统的可靠度；如果不符合要求，考虑系统的其他因素后，对上下限再进行逼近。

其他因素包括：

上限估算部分：考虑有 $n$ 个非串联单元失效引起系统失效，计算由于此种因素使可靠度上限降低的值 $R_H$。

下限估算部分：考虑非串联单元中有 $n$ 个单元失效，系统仍能工作，计算由于此种因素使可靠度下限增加的值 $R_L$。

考虑了以上因素后，逼近可靠度真值的上下限估算值分别为

$$R_{Hn} = R_{H(n-1)} - R_H\ ,\ R_{Ln} = R_{L(n-1)} + R_L\ ,\ n \geqslant 1$$

$n$ 值根据逼近程度是否满足要求决定是否递增。例如，$n = 1$ 时，上下限估算值表达式为：

$$R_{H1} = R_{H0} - R_H\ ,\ R_{L1} = R_{L0} + R_L$$

可以看到，考虑了 1 个其他因素后，可靠度上限估计值减少，下限的估计值增加，在

向可靠度的真值进行逼近，对（$R_{H1}$，$R_{L1}$）进行上下限预计的第（3）部分工作，如果仍不满足，则从（1）~（3）再进行逼近，直到结果满足要求，最终的上下限如果为（$R_{Hi}$，$R_{Li}$），使用式（5-11）估算系统的可靠度。

**【例 5-2】** 如图 5-2 中所示的系统，假设组成该系统各单元的可靠度分别为 $R_i$，$i=1, 2, \cdots, 6$。其中 $R_1=0.99$，$R_2=R_3=R_4=R_5=0.7$，$R_6=0.8$。用上下限法估计系统的可靠度。

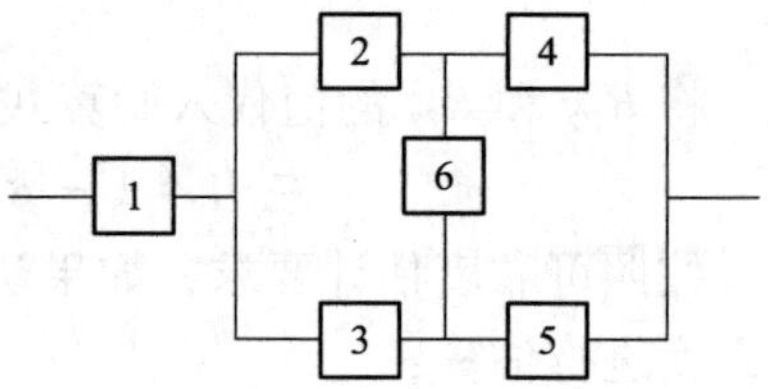

图 5-2 例 5-2 图

**解：**系统可靠性估计过程如下：

第一对：

上限：只考虑系统中的串联单元，即假设系统中的非串联单元的可靠度皆为 1。此时，系统的可靠度为

$$R_{H0}=R_1=0.99$$

下限：假设系统所有的单元都为串联关系，此时，系统的可靠度为

$$R_{L0}=\prod_{i=1}^{6}R_i=0.19$$

将 $R_{H0}$ 和 $R_{L0}$ 的值代入验算式（5-10）的两边：

$$\text{左边}=1-R_{H0}=0.01\text{，右边}=R_{H0}-R_{L0}=0.8$$

不满足 $1-R_{H0}\gg R_{H0}-R_{L0}$，需要继续估计。

第二对：

上限：只考虑子系统中一个非串联单元失效而引起系统失效的概率，此概率为 0，此时，系统可靠度上限为

$$R_{H1}=R_{H0}-0=0.99$$

下限：考虑子系统中有一个非串联单元失效，系统仍能正常工作的概率，这个概率对系统的可靠度贡献为

$$R_L=\prod_{i=1}^{6}R_i\left(\frac{F_2}{R_2}+\frac{F_3}{R_3}+\frac{F_4}{R_4}+\frac{F_5}{R_5}+\frac{F_6}{R_6}\right)=0.37$$

可靠度下限为

$$R_{L1}=R_{L0}+R_L=0.56$$

将 $R_{H1}$ 和 $R_{L1}$ 的值代入验算式（5-10）的两边：

$$\text{左边}=1-R_{H1}=0.01\text{，右边}=R_{H1}-R_{L1}=0.43$$

不满足 $1-R_{H1}\gg R_{H1}-R_{L1}$，需要继续估计。

第三对：

上限：只考虑子系统中两个非串联单元失效而引起系统失效的概率，此概率对系统可靠度的贡献为

$$R_H=F_2F_3R_1R_4R_5R_6+F_4F_5R_1R_2R_3R_6=0.07$$

此时可靠度上限为

$$R_{H2}=R_{H1}-R_H=0.92$$

下限：考虑子系统中有两个非串联单元失效，系统仍能正常工作的概率（5 个单元中取 2 个的可能性有 10 种，除去 $R_{H2}$ 中的两种，其他的 8 种）该概率对系统可靠度的贡献为

$$R_L = R_1F_2R_3(F_4R_5R_6 + F_5R_4R_6 + F_6R_4R_5) + R_1F_3R_2(F_4R_5R_6 + F_5R_4R_6 + F_6R_4R_5) + R_1F_4F_6R_2R_3R_5 + R_1F_5F_6R_2R_3R_4 = 0.22$$

则系统的可靠度下限为

$$R_{L2} = R_{L1} + R_L = 0.78$$

将 $R_{H2}$ 和 $R_{L2}$ 的值代入验算式（5-10）的两边：

$$左边 = 1 - R_{H2} = 0.08，右边 = R_{H2} - R_{L2} = 0.14$$

按照可靠度估计要求，如果认为满足，则可以将 $R_{H2}$ 和 $R_{L2}$ 代入式（5-11），对系统的可靠度进行估算：

$$R_s = 1 - \sqrt{(1 - R_{H2})(1 - R_{L2})} = 0.86$$

如果对系统可靠度估计要求高，认为不满足步骤（3），则仍然可以继续逼近。

从上述例子中可知，对上下限法，为了获得系统可靠度精确的预测结果，必须进行多次逼近，并随着逼近次数的增多，计算会越来越复杂，实际中经常规定上下限估计值的差小于某个阈值即可进行系统可靠性的估算。

针对这种情况，如果系统可靠度逼近程度许可的情况下，可以选择两种简化估计方法，以图 5-2 为例进行说明：

第一种方法：图 5-2 中的非串联单元数量为 5 个，对估计上限可靠度的情况进行如下假设：在考虑 2 个非串联单元失效的情况时，假设其他 3 个单元的可靠度为 1。经过这样的假设，系统的上限估计值的计算过程和分析过程简化为：

上限：2 个非串联单元失效（其他 3 个的可靠度假设为 1）引起系统失效

$$R_H = F_2F_3R_1 + F_4F_5R_1 = 0.18$$

可靠度上限： $$R_{H2} = R_{H1} - R_H = 0.81$$

下限估计过程不变，$R_{L2} = 0.78$，代入估算公式：

$$R_s = 1 - \sqrt{(1 - R_{H2})(1 - R_{L2})} = 0.80$$

注意：计算上限中减去项的值，对于非串联部分中没有贡献的单元，假设其可靠度都为 1，实际上其可靠度小于 1。即该减去项比实际值大，即上限偏小，故在某些系统的计算中可能会出现 $R_{Hi} < R_{Li}$ 的情况，如果出现这种情况，应采用前一步的上下限值估计系统的可靠度值，逼近终止。

第二种方法：如果所有支路的单元相互独立，没有相关性，则可以将关键单元的正常工作可靠度假设为 1，失效情况下，即不可靠度假设为 0，对非标准模型的可靠性框图进行分解，最后再合成，从而简化估计过程。

图 5-2 所示的可靠性框图满足条件，经过分析，以单元 6 的情况进行分解：

单元 6 为 $R$ 时，以 $R=1$ 简化，等效的可靠性框图如图 5-3 所示。图 5-3 的可靠度记为 $R_{s1}$，则：$R_{s1} = R_1(1 - F_2F_3)(1 - F_4F_5)$；

单元 6 为 $F$ 时，以 $R=0$ 简化，等效的可靠性框图如图 5-4 所示。

图 5-4 的可靠度记为 $R_{s2}$，则：

$$R_{s2} = R_1(1 - F_{24}F_{35}) = R_1(1 - (1 - R_2R_4)(1 - R_3R_5))$$

两种情况综合，计算系统的可靠度（$R_6 = 0.8$，$F_6 = 0.2$）：

$$R_s = R_6R_{s1} + F_6R_{s2} = 0.8024$$

从两种简化情况的估计结果来看，系统的可靠度估计结果基本相同。

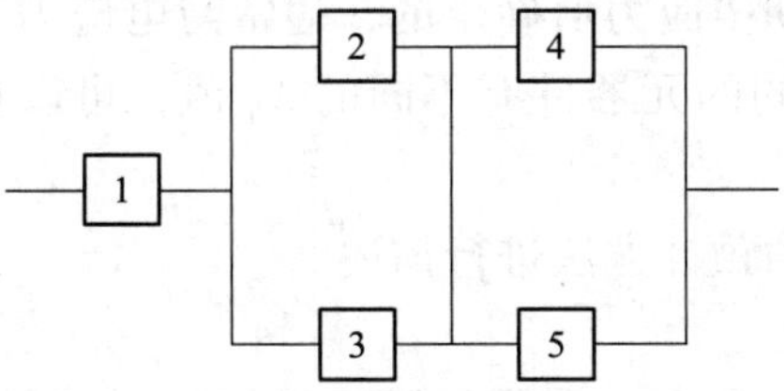

图 5-3 单元 6 可靠度为 1 的可靠性框图

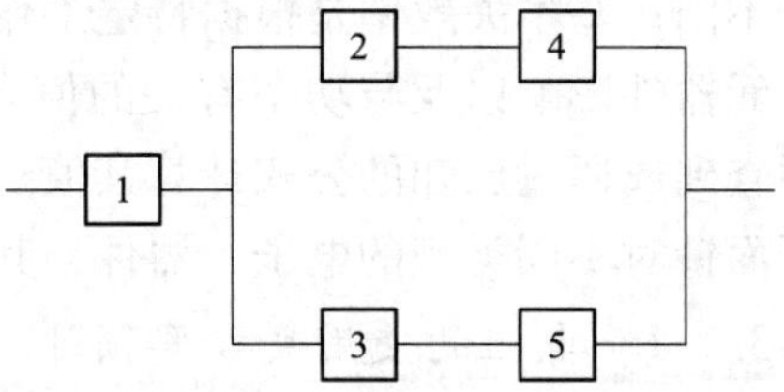

图 5-4 单元 6 可靠度为 0 的可靠性框图

# 5.3 电子仪器可靠性预计

进行电子仪器的系统可靠性预计之前，需要首先预计组成电子仪器的元器件的可靠性，由于电子仪器及其元器件服从指数分布，所以预计一般使用的特征量是失效率，首先预计其失效率，然后再进行可靠性的预计。

## 5.3.1 元器件的可靠性预计

进行元器件的可靠性预计，一般遵循的标准是 MIL-HDBK-217F。尽管人们对这一标准有争论，认为其跟不上电子设备及新型超大型集成电路的发展，但在进行电子元器件的可靠性预计时，仍然以 MIL-HDBK-217F 作为主要参考手册之一。

Telcordia SR-332 是继 MIL-HDBK-217F 之后的第二个电子可靠性预测标准。

Telcordia SR-332 于 2016 年推出最新版本（第 4 期），是修订次数最多的标准之一。

Telcordia SR-332 的一般方法与 MIL-HDBK-217F 非常相似，但它使用的参数较少。与 MIL-HDBK-217F 相比，Telcordia SR-332 每种组件类型最多仅使用 2 个组件特定参数。另外，这两个参数更容易确定（IC 中的晶体管或栅极的例外）。

使用可靠性预测软件，这些类似的方法使得将 MIL-HDBK-217F *MTBF* 数据转换为 Telcordia SR-332 *MTBF* 数据变得非常容易（反之亦然）。

Telcordia SR-332 与 MIL-HDBK-217F 共享相同的环境类型，但后者提供更多环境类型；Telcordia SR-332 使用与 MIL-HDBK-217F 相同的组件类别，但 MIL-HDBK-217F 提供更多组件类别。

传统的电子元器件一般包括电阻、电容、二极管、三极管等，在系统设计之初，需要预计其可靠性，为了方便，一般通过失效率表示。电子元器件的使用失效率值一般通过应力分析法得到，即通过元器件应力分析，得出与温度及负荷系数呈函数关系的基本失效率的数学模型，再引入各种因素的影响因子，与基本失效率相乘，得到不同电子元器件的使用失效率。

电子元器件的使用失效率预计模型的一般表达式用式（5-12）表示，单位为 $10^{-6}\ h^{-1}$。

$$\lambda_p = \lambda_b K \tag{5-12}$$

式中 $K$——不同因子的乘积，$K = \pi_T \pi_Q \pi_E \cdots$；

$\lambda_p$——使用失效率，是元器件失效率的预计值；

$\lambda_b$——基本失效率。

由于不同的元器件，影响其失效率的影响因子不同，所以不同类型的元器件，$K$ 的组成因子不同；基本失效率是根据特定工作温度和期望应力值确定的，通常与电应力和温度应力对元器件影响以及与功率有关的值有关，不同的元器件有不同的 $\lambda_b$ 值，可以在设计手册中查到或通过已知的公式计算其值。

下面针对不同类型的电子元器件，其失效率的预计方法进行描述。

5.3.1.1 电阻的使用失效率预计

电阻的使用失效率根据下面表达式进行预计。

$$\lambda_p = \lambda_b \pi_T \pi_P \pi_S \pi_Q \pi_E \tag{5-13}$$

式中 $\pi_T$——温度因子；

$\pi_P$——功率因子，与元器件的耗散功率有关；

$\pi_S$——功率应力因子；

$\pi_E$——环境因子；

$\pi_Q$——品质因子。

它们的值及 $\lambda_b$ 的值根据电阻的不同类型可以在手册中查到。

5.3.1.2 电容的使用失效率预计

电容的使用失效率中的组成因子如式（5-14）所示：

$$\lambda_p = \lambda_b \pi_T \pi_C \pi_V \pi_{SR} \pi_Q \pi_E \tag{5-14}$$

式中 $\pi_C$——电容因子；

$\pi_V$——电压应力因子，与工作电压有关；

$\pi_{SR}$——该因子只有在 CSR 类型钽电容中才考虑，其他类型电容，该因子的值为 1。

5.3.1.3 分立的半导体器件的失效率预计

二极管、三极管和光电子器件都属于分立的半导体器件，其特点是失效率随半导体结温的不同，某些因子取值不同，这些因子的值可以根据结温查阅手册得到。

A 低频二极管的失效率预计

低频二极管应用类型包括一般要求的模拟电路、开关、电源滤波、电流、电压整流以及参考电压等，其预计的失效率表达式为

$$\lambda_p = \lambda_b \pi_T \pi_S \pi_C \pi_Q \pi_E \tag{5-15}$$

式中 $\lambda_b$——基本失效率，根据二极管的不同应用类型，其取值不同；

$\pi_T$——其取值不仅与结温有关，而且也与二极管的应用类型有关；

$\pi_S$——其取值与二极管的应用类型和通过电压有关；

$\pi_C$——接触结构因子。

各种因子及 $\lambda_b$ 的值都可以在手册中查到。

B 高频二极管的失效率预计

高频二极管主要用于微波和射频，应用类型包括硅雪崩二极管、体效应二极管、PIN 二极管、肖特基二极管、变容二极管和快恢复二极管等。其失效率预计的表达式为

$$\lambda_p = \lambda_b \pi_T \pi_A \pi_R \pi_Q \pi_E \tag{5-16}$$

式中 $\lambda_b$——基本失效率，它的选择也需要根据不同应用类型进行。

各种因子的含义与低频二极管相比，需要说明的为 $\pi_A$ 和 $\pi_R$。$\pi_A$ 为应用因子，对于变容二极管用于电压控制时，其值为 0.5；用于倍频器时，其取值为 2.5。对于其他的高频二极管，其取值为 1.0。$\pi_R$ 为额定功率因子，PIN 二极管根据不同的额定功率选择不同的值，对于其他类型的二极管，其值为 1。

C 低频三极管的失效率预计

对于 PNP 和 NPN 三极管，频率不大于 200 MHz，其失效率的预计公式为

$$\lambda_p = \lambda_b \pi_T \pi_A \pi_R \pi_S \pi_Q \pi_E \tag{5-17}$$

需要说明的是，基本失效率 $\lambda_b$ 为 0.00074，$\pi_A$ 仍然称为应用因子，用于线性放大时，取值为 1.5，用于开关时，取值为 0.7；其他因子的含义同上。

对于硅场效应管，分为 N 沟道和 P 沟道，频率不大于 400 MHz 的情况，其失效率的预计公式为

$$\lambda_p = \lambda_b \pi_T \pi_A \pi_Q \pi_E \tag{5-18}$$

对于基本失效率 $\lambda_b$， MOS 型场效应晶体管取值为 0.012，对于结型场效应晶体管取值为 0.0045；其他因子的含义及取值方法同上。

D 高频晶体管失效率预计

高频晶体管包括双极型、微波、射频晶体管，应用频率大于 200 MHz。

当功率小于 1 W 时，其失效率的预计公式为

$$\lambda_p = \lambda_b \pi_T \pi_R \pi_S \pi_Q \pi_E \tag{5-19}$$

式（5-19）中等式右边的参数取值规则同上。

当平均功率大于等于 1 W 时，其失效率的预计公式为

$$\lambda_p = \lambda_b \pi_T \pi_A \pi_M \pi_Q \pi_E \tag{5-20}$$

式（5-20）中需要说明的是，基本失效率取值由输出功率和应用频率共同决定，$\pi_M$ 称为匹配网络因子，根据不同的匹配场合取值不同。

对于其他的类型的晶体管来说，其应用失效率的预计方法与此类似。

对于其他的离散型元器件，例如晶闸管和晶闸管开关器件、光电探测器、检波器、光隔离器、数字显示器、激光二极管等都可以按照 MIL-HDBK-217F 手册中建议的方法进行使用失效率预计。失效率预计值已知后，可以根据可靠度与失效率的关系式计算出该电子元器件的可靠度预计值。

对于电子系统中经常使用的微处理器、门阵列器件、COMS 器件等，可以结合可靠性预计手册和经验数据，预计出比较合理的可靠度值。

### 5.3.2 电子仪器的可靠性预计

组成电子仪器的元器件的失效率预计完成后，如果其可靠性框图为典型模型的可靠性框图的组合，选择数学模型法进行系统的可靠性预计；如果是系列产品，新仪器只是增加或减少了少数的功能，大部分结构没有变化，可以采用相似设备预计法；如果上述两种条件都不具备，那只能使用其他两种方法，其中上下限预计法比元件计数法得到的结果更准确一些。

无论采取哪种方法，尽量预计失效率，然后再进行可靠性的预计。

## 习　　题

5-1　已知某系统可靠性逻辑框图如图 5-5 所示，可靠度 $R_A=0.9$，$R_B=R_C=0.8$。分别用直接计算和上下限法预计该系统的可靠度，从而验证上下限法的准确性。

5-2　某一系统的可靠性逻辑图如图 5-6 所示，其中各单元的预测值为：$R_A=R_B=R_C=0.85$，$R_D=R_E=0.6$，求该系统的可靠度预计值（保留三位有效数字）。

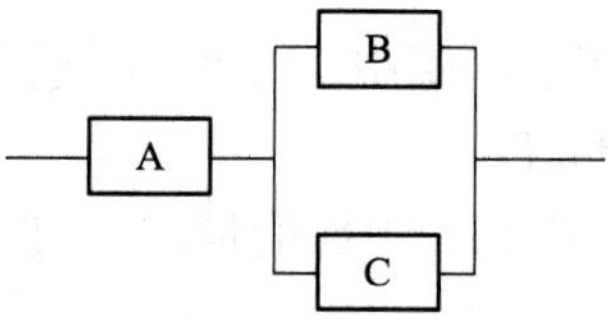


图 5-5　题 5-1 图

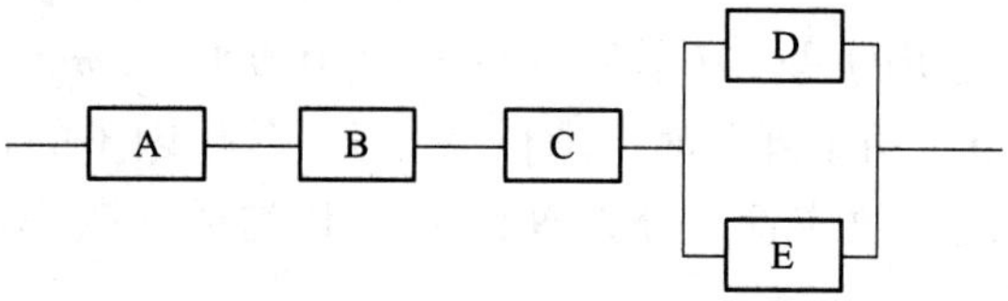


图 5-6　题 5-2 图

# 第 6 章　故障模式影响及危害性分析方法

**教学要求:**

了解故障模式影响及危害性分析中使用的基本术语;
熟悉故障模式影响分析的内容;
了解电子元器件的故障模式和失效机理;
掌握定性危害性分析的具体方法;
熟悉定量危害性分析的具体方法;
了解故障模式影响及危害性分析结果的组成内容。

## 6.1　概　　述

前面几章对失效率的分析并没有考虑故障模式影响。为了了解系统的失效机制，确定系统潜在的缺陷，需要对系统进行故障模式分析，以提高系统的可靠性水平。这样的分析称为故障模式影响及危害性分析。

故障模式影响及危害性分析（failure mode, effects and criticality analysis, FMECA）是在系统设计过程中，通过对系统的组成单元可能产生的故障模式及其对系统造成的所有可能影响进行分析，并且按照每一个故障模式产生影响的严重程度、检测的难易程度以及发生的频度加以分类，是一种归纳分析方法，属于单因素分析方法。FMECA 由故障模式影响分析（FMEA）和危害性分析（CA）组成。

一个 FMEA/FMECA 包括对故障模式、引起故障的原因、故障影响和危害性的系统分析，这些分析可能一次完成或者分几步完成（例如设计 FMEA/FMECA、过程 FMEA/FMECA 等），对于某些严重的情况，可能还需要分析如何避免故障发生或者降低可能发生的概率，或者提出相应的改进措施（或者预防措施）等，有些故障的发生对系统产生的影响很大，需要着重研究其产生的因素以及排除或尽量减少发生可能性的方法，有些故障的发生对系统的影响相对次要，可以次要考虑。这些故障影响程度的界定对有效的可靠性设计非常重要。

对系统进行故障模式影响及危害性分析的目的是从系统设计（功能设计、硬件设计和软件设计）、生产（可行性分析、工艺设计、设备设计与使用）和使用中发现各种影响系统可靠性的缺陷和薄弱环节，为进一步提高系统的质量和可靠性水平提供改进的依据。

FMEA 作为一种可靠性分析方法起源于美国。早在 20 世纪 50 年代初，美国格鲁门飞机公司在研制飞机主操纵系统时就采用 FMEA 方法，取得了良好的效果。到了 60 年代后期和 70 年代初期，FMEA 方法开始广泛地应用于航空、航天、舰船、兵器等军用系统的研制中，并逐渐渗透到机械、汽车、医疗设备等民用工业领域，取得显著的效果。国内在 20 世纪 80 年代初期，随着可靠性技术在工程中的应用，FMECA 的概念和方法也逐渐被接受。目前在航空、航天、兵器、舰船、电子、机械、汽车、家用电器等工业领域，FMEA 方法均获得了一定程度的普及，为保证系统的可靠性发挥了重要作用。这种方法经过长时间的发展与完善，已获得了广泛的应用与认可，成为进行系统可靠性分析的一种重要方法。

## 6.2 基本术语

在进行故障模式影响分析和危害性分析的过程中，需要对故障的模式及其影响程度和危害程度加以说明，需要用到以下的基本术语。

故障模式：故障模式是故障的表现形式，例如短路、开路、断裂、过度耗损等。

故障影响：故障影响指的是故障模式对系统的影响后果，例如影响了系统的功能、使用等。故障影响一般分为三级，分别称为局部影响、高一层次影响和最终影响。

故障模式影响分析（FMEA）：故障模式影响分析是在系统设计过程中，通过对系统各组成单元可能的各种故障模式及其对系统功能的影响进行分析，并且把每个可能的故障模式按照其严酷程度进行排序，提出可以采取的预防和改进措施，以提高系统可靠性的设计方法。

危害性分析（CA）：危害性分析是按照每一故障模式的严酷度类别（危险等级）和发生频率所产生的综合影响对其分类（危害程度），以便全面评价各种可能出现的故障模式的影响。危害性分析是故障模式影响分析的延伸，只有在进行故障模式影响分析的基础上才能进行。

故障模式影响及危害性分析（FMECA）：故障模式影响及危害性分析可以确定系统所有可能的故障模式，根据对故障模式的分析，确定每种故障模式对系统工作的影响，找出单点故障，并按照故障模式的严酷度及发生概率予以分类，确定其危害性。故障模式影响及危害性分析是一种从下而上的归纳分析方法。

约定层次：约定层次是根据分析的需要，按照系统的相对复杂程度或功能关系所划分的产品层次。这些层次按照从复杂到简单进行划分。

初始约定层次：初始约定层次是开始进行故障模式与影响分析时，总的、完整的系统所在的层次。

以上术语在故障模式影响及危害性分析过程中会经常使用。故障模式影响分析应该在系统的可靠性设计早期就开始进行，随着设计方案的更改，故障模式影响分析也要随着设计方案反复修改。对系统进行故障模式影响分析可以对设计的评审和安排系统改进措施的先后顺序提供依据，为确定可靠性关键部件或重要部件提供依据。

## 6.3 故障模式影响分析

在产品寿命周期内的不同阶段，FMEA 的应用目的和应用方法略有不同，详见表 6-1。

**表 6-1 不同阶段应用 FMEA 的方法和目的**

| 阶段 | 方案阶段 | 研制阶段 | 生产阶段 | 使用阶段 |
| --- | --- | --- | --- | --- |
| 方法 | 功能 FMECA | 硬件 FMECA<br>软件 FMECA | 工艺 FMECA<br>设备 FMECA | 统计 FMECA |
| 目的 | 分析研究系统功能设计的缺陷与薄弱环节，为系统功能设计的改进和方案的权衡提供依据 | 分析研究系统硬件、软件设计的缺陷与薄弱环节，为系统的硬件、软件设计改进和方案权衡提供依据 | 分析研究所设计的生产工艺过程的缺陷和薄弱环节及其对产品的影响，为生产工艺的设计改进提供依据。分析研究生产设备的故障对产品的影响，为生产设备的改进提高依据 | 分析研究产品使用过程中实际发生的故障、原因及其影响，为评估论证、研制、生产各阶段的 FMECA 的有效性和进行产品的改进、改型或新产品的研制提供依据 |

从表 6-1 中可以看出，在产品寿命周期的各个阶段有不同形式的 FMEA，它们从产品的设计（功能设计、硬件设计、软件设计）、生产（生产可行性分析、工艺设计、生产设备设计与使用）和使用角度等方面发现产品的各种缺陷和薄弱环节，从而提高产品的可靠性水平。

在实际工程中，FMEA 主要分为功能 FMEA（Function FMEA-FFMEA）、硬件设计 FMEA（Design FMEA-DFMEA）和工艺 FMEA（Process FMEA-PFMEA）。在本书中，如果没有特殊说明，FMEA 均指产品硬件设计的 FMEA。

FMEA 对各种可能的风险进行评价、分析，以便在现有技术的基础上消除这些风险或将这些风险减小到可以接受的水平。

FMEA 实际是一组系列化的活动，其过程包括：找出产品设计过程中潜在的故障模式；根据相应的评价体系对找出的潜在故障模式；进行风险量化评估；列出故障起因和机理，寻找预防或改进措施。

故障模式、故障影响和故障分析模块，其核心部分是对特定系统进行分析研究，确定怎样修改系统以提高整体可靠性，避免失效。

为了准确计算失效的危害性，在分析时，计算机 FMEA 软件提供了系统化的处理过程，自动编制 FMEA 任务，包括确定所有可能失效的零部件及其失效模式，确定每一种失效模式的局部影响、下一级别的影响以及对系统的最终影响，确定失效引起的危害性，确定致命失效模式以消除或减少发生的可能性或剧烈程度。

FMEA 具有以下特点：丰富的故障模式数据库；完善的企业 FMEA 规范定制功能；自动由 FMEA 生成原始的故障树（故障及其原因构成的逻辑图）。

进行系统的 FMEA 一般按照以下步骤进行：

（1）明确分析范围。根据系统的复杂程度、重要程度、技术成熟性、分析工作的进度和费用约束等，确定系统中进行 FMEA 的产品范围。

（2）系统任务分析。描述系统的任务要求及系统在完成各种任务时所处的环境条件。系统的任务分析结果一般用任务剖面来描述。

（3）系统功能分析。分析明确系统中的产品在完成不同的任务时所应具备的功能、工作方式及工作时间等。

（4）确定故障判据。制定与分析判断系统及系统中的产品正常与故障的准则。

（5）选择 FMEA 方法。根据分析的目的和系统的研制阶段，选择相应的 FMEA 方法，制定 FMEA 的实施步骤及实施规范。

（6）实施 FMEA 分析。FMEA 包括故障模式分析、故障原因分析、故障影响分析、故障检测方法分析与补偿措施分析等步骤。故障模式分析是找出系统中每一产品（或功能、生产要素、工艺流程、生产设备等）所有可能出现的故障模式。故障原因分析是找出每一个故障模式产生的原因。故障影响分析是找出系统中每一产品（或功能、生产要素、工艺流程、生产设备等）每一可能的故障模式所产生的影响，并按这些影响的严重程度进行分类。故障检测方法分析是分析每一种故障模式是否存在特定的发现该故障模式的检测方法，从而为系统故障检测与隔离设计提供依据。补偿措施分析是针对故障影响严重的故障模式，提出设计改进和使用补偿的措施。

（7）给出 FMEA 结论。根据故障模式影响分析和危害性分析的结果，找出系统中的缺陷和薄弱环节，并制定和实施各种改进与控制措施，以提高产品（或功能、生产要素、工艺流程、生产设备等）的可靠性（或有效性、合理性等）。FMEA 有助于对设计的评审和安排改进措施的先后顺序提供依据，可以为系统确定可靠性关键部件或重要部件提供依据，为确定可靠性试验和验证的程序、方法提供信息。所以在设计早期开始进行，随着设计的更改反复进行。

下面对 FMEA 过程进行详细说明。

### 6.3.1　故障影响分析

在进行故障影响分析前，应该完成三个方面的工作，首先需要对系统进行定义，定义系统的功能进行说明，其次需要绘制对应的功能框图和可靠性框图，最后需要确定系统以及接口设备包含的所有潜在故障模式。

故障影响分析方法分为硬件法和功能法，硬件法是通过列出系统各个硬件组件，并对它们可能出现的故障模式加以分析实现的；功能法是通过列出各个功能块的输出功能，并对它们进行分析实现的。对复杂系统，可以将这两种方法结合起来使用。

具体故障影响分析需要进行以下几个方面的工作。

#### 6.3.1.1　故障模式分析

故障是产品或产品的一部分不能或将不能完成预定功能的事件或状态（对某些产品如电子元器件、弹药等称为失效）。而故障模式是故障的表现形式，如短路、开路、断裂、过度耗损等。一般在研究产品的故障时往往是从产品的故障现象入手，进而通过现象（即故障模式）找出故障原因。故障模式是 FMEA 分析的基础，同时也是进行其他故障分析（如故障树分析、事件树分析等）的基础之一。

产品的故障与产品所属系统的规定功能和规定条件密切相关，在对具体的系统进行故障分析时，必须首先明确系统在规定的条件下丧失规定功能的判别准则，即系统的故障判据，这样才能明确产品的某种非正常状态是否为该产品的故障模式。

在进行故障模式分析时，应注意区分两类不同性质的故障，即功能故障和潜在故障。

功能故障是指产品或产品的一部分不能完成预定功能的事件或状态。即产品或产品的一部分突然、彻底地丧失了规定的功能。

潜在故障是指产品或产品的一部分将不能完成预定功能的事件或状态。潜在故障是一种指示功能故障将要发生的一种可鉴别（人工观察或仪器检测）的状态。例如，轮胎磨损到一定程度（可鉴别的状态），即发生爆胎故障（功能故障）。图 6-1 中给出了某金属材料的功能故障与潜在故障的示例，可以通过潜在故障显示的模式，预测功能故障出现的时间及可能的模式。

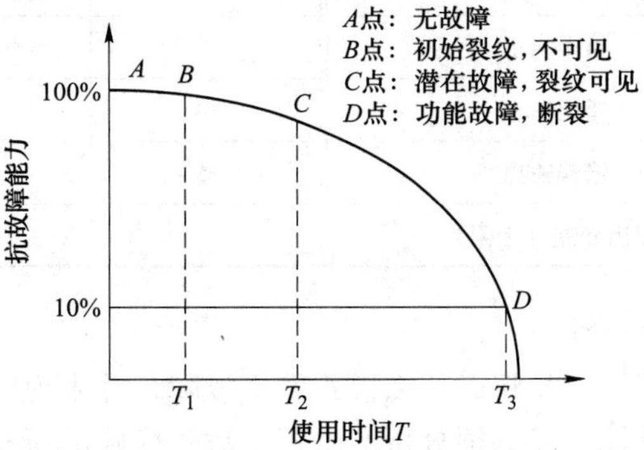


图 6-1　功能故障与潜在故障的关系

需要指出的是并不是所有的故障都经历潜在故障再到功能故障这一变化过程。在进行故障模式分析时，区分潜在故障模式与功能故障模式是十分必要的（如潜在故障模式可用于产品的故障监控与检测）。

在进行故障模式分析时还应注意，确定和描述产品在每一种功能下可能的故障模式。一个产品可能具有多种功能，而每一种功能又可能具有多种故障模式，分析人员的任务就是找出产品每一种功能全部可能的故障模式。

此外，复杂系统一般具有多种任务功能。在武器装备的研制中常用任务剖面描述不同的任务功能，而每个任务剖面又由多个任务阶段组成，产品在每一个任务阶段中又具有不同的工作模式。因此，在进行故障模式分析时，还要说明产品的故障模式是在哪一个任务剖面哪一个任务阶段的哪种工作模式下发生的。

在系统的寿命周期内，分析人员针对系统的不同阶段（例如方案阶段、研制阶段、生产阶段及使用阶段等），分别采用不同的 FMEA 方法对系统进行分析，即可掌握系统的全部故障模式，但首先遇到的问题是在系统研制初期如何分析各产品可能的故障模式。

一般可通过统计、试验或分析预测确定故障模式，即可遵循如下原则：

（1）对系统中直接采用的现有产品，可以该产品在过去使用中所发生的故障模式为基础，再根据该产品使用环境条件的异同进行分析修正，得到该产品的故障模式；

（2）对系统中的新产品，可根据该产品的功能原理进行分析预测，得到该产品的故障模式，或以与该产品具有相似功能的产品所发生的故障模式作为基础，分析判断该产品的故障模式。

表 6-2 中列出了常见的一些典型故障模式，这些故障模式基本上概括了大多数产品可能发生的故障现象。

表 6-2 典型故障模式

| 序号 | 故障模式 | 序号 | 故障模式 |
|---|---|---|---|
| 1 | （电的）漏泄 | 9 | 不能关机 |
| 2 | 超出允差（下限） | 10 | 不能开机 |
| 3 | 意外运行 | 11 | 不能切换 |
| 4 | 漂移性工作 | 12 | 无输入 |
| 5 | 错误指示 | 13 | 无输出 |
| 6 | 错误输入 | 14 | （电的）短路 |
| 7 | 错误输出 | 15 | （电的）开路 |
| 8 | 超出允差（上限） | | |

#### 6.3.1.2 故障原因分析

故障模式分析只说明了产品将以什么模式发生故障，并未说明产品为何发生故障。因此，为了提高产品的可靠性，还必须分析产生每一故障模式的所有可能原因。分析故障原因一般从两个方面着手，一方面是导致产品功能故障或潜在故障的产品自身的那些物理、化学或生物变化过程等直接原因；另一方面是由于其他产品的故障、环境因素和人为因素等引起的间接故障原因。直接故障原因又称为故障机理。

正确区分故障模式与故障原因是非常重要的。故障模式是可观察到的故障表现形式，而直接故障原因描述的是由于设计缺陷、质量缺陷、元部件误用和其他故障过程而导致故障的机理。例如，在晶体管内基片上有一个裂缝，可以导致集电极到发射极开路，在这里“集电极到发射极开路”是故障模式，而“晶体管内基片上有裂缝”是故障原因（机理）。

在 2018 年 5 月 6 日，俄航客机发生了一起严重的事故，导致 41 人死亡，发生事故的客观原因是：飞机在飞行过程中被闪电击中，导致部分电路短路，致使全机电源系统失效，飞机决定返航，下降过程也不顺利，直到第二次下降才成功，在此过程中导致飞机起落架折断，发动机起火；人为因素是商务舱乘客在这种情况下还要拿行李，耽误了逃生时间。通过这次的事故可以做出如下建议：当舱门紧急开启时，强制锁死行李舱，而且在飞机起飞前告知乘客；飞机上电力电子系统应该加强防雷击功能。

#### 6.3.1.3 故障影响分析

复杂系统通常具有层次性结构，随着系统设计的进展，系统的层次划分方式也是不同的。一般情况下在设计早期按系统的功能划分层次关系，随着设计的深入则既可按系统的功能也可按系统的结构划分层次关系，因此，FMEA 既可以基于功能层次关系进行，也可以基于结构层次关系进行。在进行 FMEA 之前，应首先规定 FMEA 从哪个产品层次开始到哪个产品层次结束，这种规定的 FMEA 层次称为约定层次。一般将最顶层的约定层次称为初始约定层次，最底层的约定层次称为最低约定层次。

约定层次的划分应当从效能、费用、进度等方面进行综合权衡。在系统的不同研制阶段内由于 FMEA 的目的或侧重点不同，因而约定层次的划分不必强求一致。即使在同一个研制阶段，由于组成系统的复杂性，在约定层次的划分上也不必完全相同，应依据组成系统的产品的实际情况确定约定层次。例如，对于由较多设计成熟，具有较好的继承性和经过了良好的可靠性、维修性和安全性验证的产品组成的系统，其约定层次可划分得粗而少；反之，对任何新设计的或虽有继承性但其可靠性、维修性和安全性水平未经验证的产品组成的系统，其约定层次要划分得多而细，并做认真详细的分析。此外，在确定最低约定层次时，可参照约定的或预定的维修/修理级别上的产品层次来确定，如维修时的最小可更换单元。当系统中某一产品的故障将直接引起灾难的或致命的后果时，则最低约定层次应至少划分到这一产品所在的层次。值得指出的是约定层次划分得越多越细，则进行 FMEA 的工作量越大。

故障影响是指产品的每一个故障模式对产品自身或其他产品的使用、功能和状态的影响。在分析系统中某产品的故障模式对其他产品的故障影响时，通常按预定义约定的层次结构进行，即不仅要分析该故障模式对该产品所在相同层次的其他产品造成的影响，还要分析该故障模式对该产品所在层次的更高层次产品的影响。通常将这些按约定层次划分的故障影响分别称为局部影响、高一层次影响和最终影响。

系统中各产品的故障模式产生的最终影响往往是不同的，为了划分不同故障模式产生的最终影响的严重程度，在进行故障影响分析前，一般需要对最终影响的后果等级进行预定义，从而对系统中各故障模式按其严重程度进行分级。在某些系统（一般为武器系统）中，最终影响的严重程度等级又称为严酷度（有时也称为严重度，系指故障模式所产生后果的严重程度）类别。严重程度等级（严酷度类别）定义应考虑到故障所造成的最坏的潜在后果，并根据最终可能出现的人员伤亡、系统损坏或经济损失的程度来确定。

应该注意，在进行最终影响分析时，当所分析的产品在系统设计中已采用了余度设计、备用工作方式设计或故障检测与保护设计时，应暂不考虑这些设计措施，即分析该产品的某一故障模式可能造成的最坏的故障影响。在根据这种最终影响确定该故障模式的严酷度等级时，应当指明系统中已采取的针对这种故障影响的设计措施，对于这种情况更详细的分析要借助于故障模式的危害性分析。

#### 6.3.1.4 严酷度定义

随着 FMEA 技术的推广和发展，各个国家、各个行业纷纷推出了 FMEA 要求和方法，并形成标准、规范或手册，《故障模式、影响及危害性分析指南》（GJB/Z 1391—2006）是我国 2006 年出版的国家标准，内容包括功能及硬件 FMEA、嵌入式软件 FMEA 及过程 FMEA 等，每种 FMEA 方法均包括目的、步骤、实施及注意事项，主要适用于军工产品，民用产品也可以作为参考。

在 GJB/Z 1391—2006 中，对 FMEA 的严酷度类别、故障概率等级、故障影响概率等分析项均进行了列举性定义。

汽车产品故障严重程度定义：

Ⅰ类（致命故障）：危及人身安全，引起报废；

Ⅱ类（严重故障）：主要零部件、组成严重损坏、不能用易损备件和随车工具在短时间内（30 min）修复；

Ⅲ类（一般故障）：不影响行车安全，能用易损备件和随车工具在短时间内（30 min）修复；

Ⅳ类（轻微故障）：不需要更换零件，可用随车工具在 5 min 内轻易排除。

### 6.3.2　电子元器件的故障模式、失效机理和故障分析

电子元器件典型的故障模式为开路、短路、漂移和功能故障，电子仪器中机械部件的典型故障模式为脆性断裂、蠕变、疲劳屈曲等。表 6-3 中列出了电子元器件故障模式发生的相对频率的平均值。

**表 6-3　电子元器件的故障模式发生的相对频率**　（%）

| 元器件类型 | 短路故障 | 开路故障 | 漂移故障 | 功能故障 |
|---|---|---|---|---|
| 双极型集成电路 | 50 | 30 | — | 20 |
| MOS 集成电路 | 20 | 60 | — | 20 |
| 线性集成电路 | — | 25 | — | 75 |
| 双极晶体管 | 85 | 15 | — | — |
| 场效应晶体管 | 80 | 15 | 5 | — |
| 通用型硅二极管 | 80 | 20 | — | — |
| 稳压二极管 | 70 | 20 | 10 | — |
| 晶闸管 | 20 | 20 | 50 | 10 |
| 光电器件（光电耦合器） | 10 | 50 | 40 | — |
| 固定电阻（薄膜电阻） | — | 40 | 60 | — |
| 可变电阻（金属陶瓷） | — | 70 | 20 | 10 |
| 薄膜电容 | 15 | 80 | 5 | — |
| 陶瓷电容 | 70 | 10 | 20 | — |
| 钽电容 | 80 | 15 | 5 | — |
| 铝电容 | 30 | 30 | 40 | — |
| 继电器 | 20 | — | — | 80 |
| 石英晶体 | — | 80 | 20 | — |

电子元器件的故障模式，受其应用场景的影响，会产生不同的故障模式，根据不同的故障模式应采取不同的措施（例如，短路故障模式应采取串联措施，开路故障模式应采取并联模式）。在关键位置的元器件或单元可以采取冗余结构，保证其中任何一个单元发生故障，电路仍然能够正常工作。

对电子元器件而言，物理的、化学的或者其他过程的失效机理都会引起电子元器件失效。其中一部分失效机制可以从物理方面进行解释，其他的失效机制经常凭经验判断。表 6-4 给出的集成电路的基本失效机理，并对其失效的原因进行了说明。

**表 6-4　集成电路的基本失效机理**

| 失效机理 | 说明 | 失效原因 |
|---|---|---|
| 焊接疲劳 | 热应力引起的焊接线和焊点的机械疲劳（或者密封装置在共振频率处振动） | 接触点金属的膨胀系数不同（对密封装置为线共振） |
| 表面电荷移动（转化为漏电流） | 电荷从金属横向或沿着隔离界面扩散，在扩散区外面导致逆温层，在两个扩散区域之间提供一个导电通道 | $Na^+$、$K^+$ 等离子污染，氧化层（MOS）太薄，封装材料失效 |

续表 6-4

| 失效机理 | 说明 | 失效原因 |
|---|---|---|
| 镀金属腐蚀 | 在湿度和离子污染的情况下会发生电化学反应 | 湿度、电压、污染，在钝化情况下产生断裂和小孔 |
| 金属迁移 | 发生金属原子迁移时，会在两个电极之间形成导电路径。发生金属原子迁移的情况包括存在化学反应，潮湿环境以及存在偏压等 | 湿度、电压、金属迁移、污密封剂染 |
| 电迁移 | 金属原子在电子方向流动，在结构中产生空穴或开路 | 电流密度（$>10^6$ A/cm$^2$）、温度梯度在镀金属过程的异常情况 |
| 与时间相关的介质击穿氧化 | 当聚集足够的电荷会使薄的氧化层突然击穿 | 高电压、薄的氧化物、氧化时有缺陷 |
| 离子迁移氧化 | 由于电场和结温，栅极中有载流子注入引起氧化，在 $SiO_2$/Si 界面上产生电荷 | 碱性离子污染、氧化或扩散缺陷 |
| 金属间化合物 | 金属和 Si 层之间形成网络 | 电路板模板缺陷、过热 |
| 热载子 | 由于高电场的原因，有电子注入 | 刨面扩散 |
| α 粒子 | α 粒子产生的电子-空穴对 | 包装材料、外部辐射 |
| 使用不当/处理不当 | 电子学的、热学的、机械的、……，或者环境过应力 | 应用、设计、操作、测试 |

电子元器件进行故障分析的目的是探讨失效机理并找到可能的故障原因。复杂集成电路的故障分析过程如图 6-2 所示，说明如下：

（1）故障检测和描述。这需要对故障进行详细的描述，对现场和发生故障时的工作条件进行观察记录；对集成电路本身的信息进行记录，例如类型、制造商、生产资料等；对使用该集成电路的情况、运行时间进行记录；有条件的话，可以提交报告，评价可能的损伤，例如静电放电引起的损伤。在较少情况下，如果可以证实明显的使用错误或操作错误，则故障分析过程就可以终止。

（2）非破坏性分析。非破坏性分析从外部视觉检测（机械损伤、裂缝、腐蚀、烧伤、过热等）开始，接着通过 X 射线检测明显的内部故障或损坏，非破坏性分析的结果是对外部故障模式和可能的故障原因和失效机制的详细描述。

（3）半破坏性分析。半破坏性分析从打开密封包装开始，使用光学显微镜完成内部的视觉检查，分析出芯片故障的位置。经过半破坏性分析，可以找出内部故障模式同时提出针对可能的失效原因和失效机制的改进措施。在有明显故障原因的情况下，故障分析过程可以终止。

（4）破坏性分析。如果前面的分析有满意的结果，则破坏性分析可以完成。当把钝化层和其他层移开后，使用扫描电子显微镜进行检查。然后，继续使用电子显微探针等进行分析。最后，破坏性分析可以识别原始的故障原因和失效机制。

（5）失效机理分析。这一步包含从步骤（1）到（4）的正确解释。某些情况下需要进行额外的调查，但与失效机制有关的问题仍然可以继续。一般情况下，在这一阶段给生产厂家的反馈是强制的。

（6）故障分析报告。故障分析报告的内容为（1）到（5）步骤中所有相关的结果，同时必须包含改正或补偿措施。

（7）改正措施。改正措施取决于故障原因的确定，为了准确确定某种故障原因，可能需要与 IC 生产者、设备设计师、设备生产者甚至用户进行沟通和讨论。

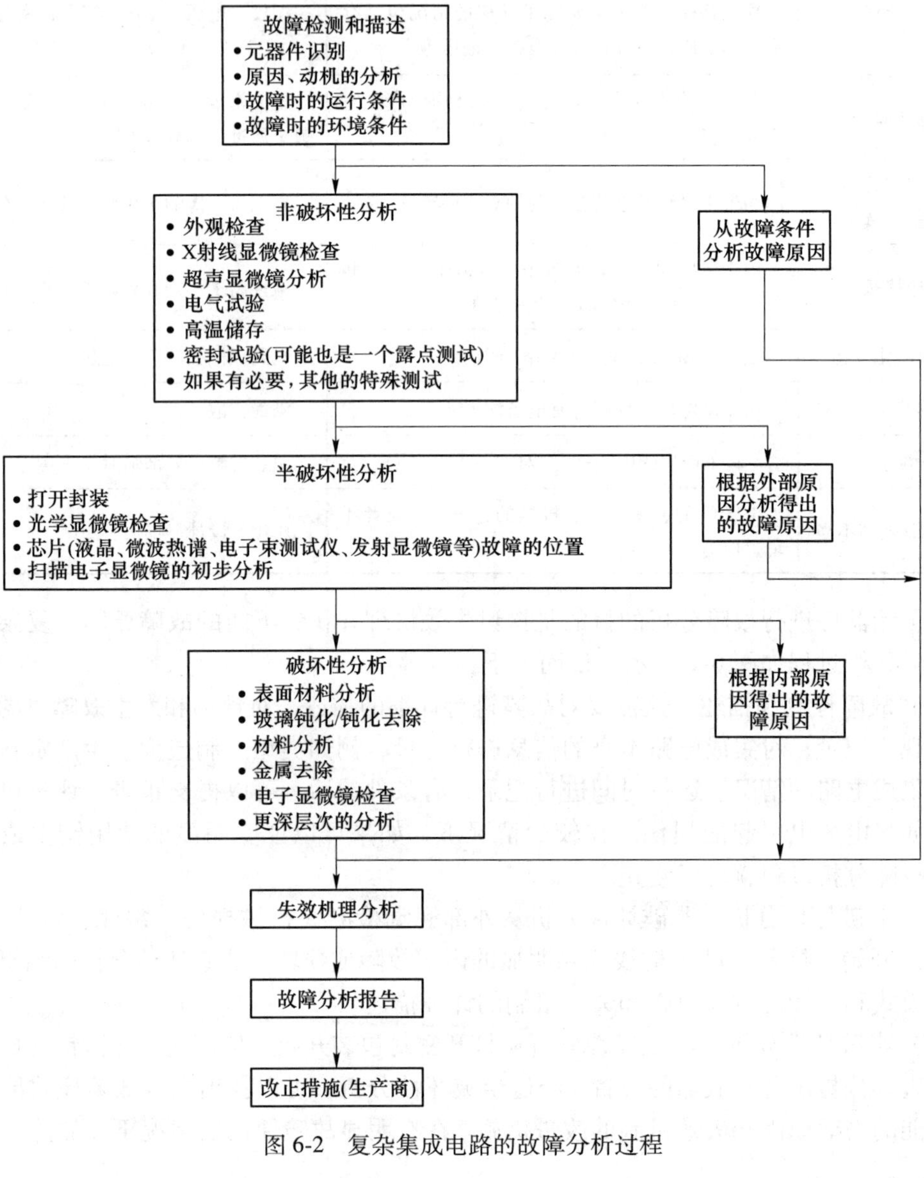


图 6-2 复杂集成电路的故障分析过程

本节描述的故障分析过程可以应用到其他电子或机械单元并扩展到印刷电路板以及部件或组件。

**【例 6-1】** 图 6-3 为隔离和执行器的典型电路原理图，对该电路进行故障模式分析。

**解：** 在对该电路进行故障模式分析前，先对其工作原理进行了解，经过对电路的分析，该电路的工作原理为：当 $V_{sig}$ 为 5 V 的时候，发光二极管不工作，齐纳二极管击穿，晶体管饱和，此时该电路的输出为 0（逻辑 0）；当 $V_{sig}$ 为 0 V 的时候，发光二极管工作，光耦合器内晶体管饱和，集电极电压为 0，齐纳二极管不会击穿，第二个晶体管处于切断状态，此时该电路的输出为 24 V（逻辑 1）。

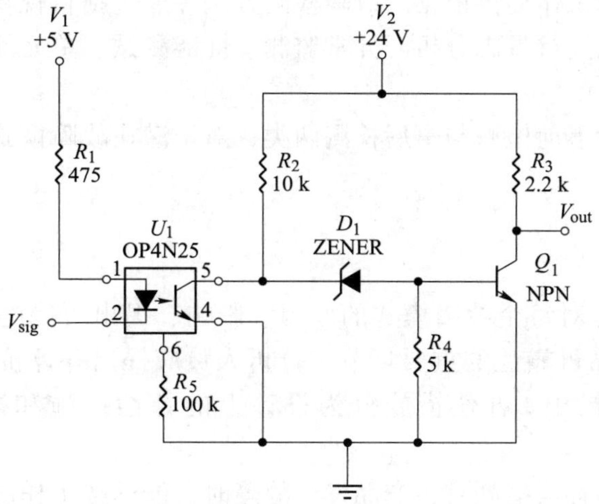


图 6-3 隔离和执行器的典型电路原理图

通过以上分析后，可以进入 FMEA 分析阶段。在这个阶段，首先需要找出各个单元的失效模式，然后每个单元分别假设失效情况对电路进行分析，并对电路进行模拟，以了解特定的故障模式是否会导致不正确的输出，或者对整个系统有没有影响。

利用相关软件对电路不同的故障模式进行仿真，主要针对下列三个故障模式：电阻 $R_1$(475 Ω) 短路失效、zener diode $D_1$短路失效和 $R_4$(5 kΩ) 开路失效模式。通过仿真可以得到，这三个故障模式导致电路的安全运行，视为安全模式失效，而所有其他故障模式都会使电路产生不必要的输出，包括电路中其他元器件的其他故障模式，它们的失效可能会损坏其他组件，视为非安全模式失效。

该电路包含的元器件有 8 个，每个元器件的失效模式分为短路、开路和其他，对电路的影响分为两类：即非安全模式失效和安全模式失效，为了直观比较，将这些信息列入表 6-5 中，后续可以使用 MIL-HDBK-217F 手册来确定每个元器件的失效率。

**表 6-5 图 6-3 电路所有组成元器件的失效模式对电路影响情况列表**

| 元器件名称 | 失效模式及对电路的影响 | | | 备注 |
| --- | --- | --- | --- | --- |
| | 开路 | 短路 | 其他 | |
| $R_1$ | 非安全 | 安全 | — | 475 Ω 金属薄膜，1/8 W，1% |
| $R_2$ | 非安全 | 非安全 | — | 10 kΩ 金属薄膜，1/8 W，1% |
| $R_3$ | 非安全 | 非安全 | — | 2.2 kΩ 金属薄膜，1/8 W，1% |
| $R_4$ | 安全 | 非安全 | — | 5 kΩ 金属薄膜，1/8 W，1% |
| $R_5$ | 非安全 | 非安全 | — | 100 kΩ 金属薄膜，1/8 W，1% |
| $D_1$ | 非安全 | 安全 | — | 24 V 齐纳二极管 SOT23 |
| $Q_1$ | 非安全 | 非安全 | — | 40 W 双极晶体管 2N2222 |
| $U_1$ | 非安全 | 非安全 | 非安全 | 光耦合器集成电路 4N25 |

### 6.3.3 故障检测方法分析

针对分析找出的每一个故障模式，分析其故障检测方法，以便为系统的维修性、测试性设计以及系统的维修工作提供依据。故障检测方法一般包括目视检查、离机检测、原位测试等手段，具体可以进行日志分析、异常监测、性能测试、单元测试、故障注入和人工排查等。

故障检测一般分为事前检测与事后检测两类，对于潜在故障模式，应尽可能设计事前检测方法。

### 6.3.4 补偿措施分析

补偿措施分析是针对每个故障模式的原因、影响、提出可能的补偿措施，这是关系到能否有效地提高产品可靠性的重要环节。分析人员应提出并评价那些能够用来消除或减轻故障影响的补偿措施。补偿措施分为设计上的补偿措施和操作人员的应急补偿措施。

设计上应该采取的补偿措施有：产品发生故障时，能继续工作的冗余设备，安全或保险装置（如监控及报警装置），可以替换的工作方式（如备用或辅助设备）以及可以消除或减轻故障影响的设计或工艺改进（如优选元器件、热设计、降额设计、环境应力筛选和工艺改进等）。

操作人员方面的补偿措施有：特殊的使用和维护规程，尽量避免或预防故障的发生和一旦出现某故障后操作人员应采取的最恰当的补救措施。

### 6.3.5 故障模式影响分析的实施

故障模式影响分析（FMEA）的实施通过填写 FMEA 表格实现。针对不同侧重点的分析，FMEA 表格形成的风格不同。例如可以基于硬件的或基于功能途径的侧重点，其中基于硬件的 FMEA 考虑的是实际硬件的失效模式；基于功能的 FMEA 指的是：当硬件产品不能唯一地被认定或在设计早期阶段硬件还没有完全确定时，可使用功能途径。此时考虑的是功能失效（例如无反馈），根据实际需求，还可以使用硬件和功能途径的组合进行。

在进行 FMEA 之前，必须明确分析的对象名称，该对象所在的系统名称，分析的对象完成的功能。在 FMEA 表格中，对象所在的系统名称填写在初始约定层次栏中，分析对象名称填写在约定层次栏中，对象完成的功能填写在任务栏中。

FMEA 是一个从下至上的分析迭代工作，对每一项任务写一个表格，内容包前面所作的所有工作。常用的 FMEA 表格如下：

初始约定层次______任务______ 审核______第______页 共______页

约定层次______分析人员______ 批准______填表日期______

| 代码 | 产品或功能标志 | 功能 | 故障模式 | 故障原因 | 任务阶段与工作方式 | 故障影响 | | | 故障检测方法 | 补偿措施 | 严酷度类别 | 备注 |
|---|---|---|---|---|---|---|---|---|---|---|---|---|
| | | | | | | 局部影响 | 高一层次影响 | 最终影响 | | | | |
| 1 | 2 | 3 | 4 | 5 | 6 | 7 | | | 8 | 9 | 10 | 11 |

栏目分析：

（1）第一栏（代码）：为了使每一故障模式及其与之相应的方框图内标志的系统功能关系一目了然，依照编码体系的要求，确定被分析产品的代码，填入表格第一栏。

（2）第二栏（产品或功能标志）：在分析表中记入被分析产品或系统功能的名称。原理图中的符号或设计图纸的编号可作为产品或功能的标志。

（3）第三栏（功能）：简要填写产品所需完成的功能，包括零部件的功能及其与接口设备的相互关系。

（4）第四栏（故障模式）：分析人员应确定并说明各产品约定层次中所有可预测的故障模式，并通过分析相应方框图中给定的功能输出来确定潜在的故障模式。应根据系统定义中的功能描述及故障判据中规定的要求，假设出各产品功能的故障模式。

为了确保进行全面的分析，至少应就下述典型的故障状态对每一故障模式和输出功能进行分析研究：提前运行；在规定的应工作时刻不工作；间断地工作；在规定的不应工作时刻工作；工作中输出消失或故障；输出或工作能力下降；在系统特性及工作要求或限制条件方面的其他故障状态。

（5）第五栏（故障原因）：针对所讨论的故障模式，分析人员应确定并说明与假设的故障模式有关的各种原因，包括直接导致故障或引起使品质降低进一步发展为故障的那些物理或化学过程、设计缺陷、零件使用不当或其他过程。在分析原因时，应考虑相邻层次的故障原因。例如在进行第二层次产品分析时，应考虑在第一层和第三层之间所存在的故障原因，并如实填入表中。

（6）第六栏（任务阶段与工作方式）：说明发生故障的任务阶段与工作方式。当任务阶段可以进一步划分为分阶段时，则应记录更详细的时间，作为故障发生的假设时间。

（7）第七栏（故障影响）：故障影响是指每个假设的故障模式对产品使用、功能或状态所导致的后果。应该评价这些后果并将其计入分析表中。除了被分析的产品层次外，所分析的故障可能会影响到几个约定层次。因此，应该评价每一故障模式对局部的、高一层次的和最终的影响。同时还应考虑任务目标、维修要求、人员及系统的安全。

1）局部影响。局部影响指所假设的故障模式对当前所分析约定层次产品的使用、功能或状态的影响。确定局部影响的目的在于为评价补偿措施及提出改进措施建议提供依据。局部影响有可能就是所分析的故障模式本身。

2）高一层次影响。指所假设的故障模式对当前所分析约定层次高一层次产品使用、功能或状态的影响。

3）最终影响。最终影响指所假设的故障模式对最初约定层次产品的使用、功能或状态的总的影响。最终影响可能是双重故障导致的后果。例如，只有在由一个安全装置所控制的主要功能超出了极限值，而且该安全装置也发生了故障的情况下，该安全装置的故障才会造成灾难的最终影响。这些由双重故障造成的最终影响应该计入 FMEA 表格中。

（8）第八栏（故障检测方法）：操作人员或维修人员用以检测故障模式发生的方法应计入分析表中。故障检测方法应指明是目视检查或者音响报警装置、自动传感装置、传感仪器或其他独特的显示手段，还是无任何检测方法。

（9）第九栏（补偿措施）：分析人员应指出并评价那些能够用来消除或减轻故障影响的补偿措施。它们可以是设计上的补偿措施，也可以是操作人员的应急补偿措施。

设计补偿措施包括：在发生故障的情况下能继续安全工作的冗余设备；安全或保险装置，如能有效工作或控制系统不致发生损坏的监控及报警装置以及可替换的工作方式，如备用或辅助设备。

(10) 第十栏（严酷度类别）：根据故障影响对产品的每一故障模式规定一个严酷度，将其类型填入表内，若被分析的产品故障对更高层次的影响不详，则应按其局部影响确定严酷度。

(11) 第十一栏（备注）：这一栏目主要记录与其他栏目有关的注释及说明，如对改进设计的建议、异常状态的说明及冗余设备的故障影响等。这种备注应包括特殊情况说明，特殊或特别关键的设计特点，附加的超出 FMEA 范围的评价和分析建议，以及有关参考资料等。

## 6.4 危害性分析

危害性分析（CA）是 FMEA 的补充或者扩展，是在 FMEA 基础上进行的。

### 6.4.1 定性危害性分析

定性分析法是在不能获得准确的失效率数据情况下采用的一种方法。定性分析法将每一个故障模式发生的可能性分成离散的级别，然后分析人员按照所定义的级别对每一种故障模式进行评定。危害性分析须在 FMEA 之后进行，是对 FMEA 的补充和扩展。在不能获得产品技术状态数据或失效率数据的情况下，选择定性的分析方法。

可以获得产品的技术状态数据及失效率数据时，以定量的方法计算并分析危害性。GJB/Z 1391—2006 中给出的故障概率等级定义见表 6-6。

表 6-6 故障概率等级划分

| 故障概率等级名称 | 发生频率 | 某一故障模式的发生概率占该期间内总的故障概率的比例 |
|---|---|---|
| A 级 | 经常发生 | >20% |
| B 级 | 有时发生 | >10%，<20% |
| C 级 | 偶尔发生 | >1%，<10% |
| D 级 | 很少发生 | >0.1%，<1% |
| E 级 | 极少发生 | <0.1% |

### 6.4.2 定量危害性分析

6.4.2.1 计算故障和产品模式的危害度

根据 GJB/Z 1391—2006，故障模式的危害度 $C_{mj}$ 为：

$$C_{mj} = \lambda_p \alpha_j \beta_j t \tag{6-1}$$

式中 $j$= Ⅰ、Ⅱ、Ⅲ、Ⅳ（严酷度等级）；

$\lambda_p$ ——通过可靠性预计得到的产品失效率，1/h；

$\alpha_j$ ——故障模式频数比，由试验或使用数据得到；

$\beta_j$ ——故障影响概率；

$t$ ——产品每次任务的工作时间，h。

故障影响概率是产品发生故障而导致系统任务丧失的条件概率，由分析人员根据经验判断得到；在不能确定某种故障模式肯定能产生一种最终影响，则要给出产生该故障影响的 $\beta_j$ 值，所以 $\beta_j$ 值的确定表示了分析人员对系统故障过程的掌握程度和分析人员的水平。

在工作时间 $t$ 内，产品的危害度为：

$$C_r = \sum C_{mj} \tag{6-2}$$

### 6.4.2.2 填写危害性分析表格

GJB/Z 1391—2006 中规定的 CA 工作表如下，下面描述各栏目的含义和填写方法。

初始约定层次______任务______ 审核______第______页 共______页

约定层次______分析人员______ 批准______填表日期______

| 代码 | 产品或功能标志 | 功能 | 故障模式 | 故障原因 | 任务阶段与工作方式 | 严酷度类别 | 故障概率或失效率数据源 | 失效率 $\lambda_p$ | 故障模式频数比 $\alpha_j$ | 故障影响概率 $\beta_j$ | 工作时间 $t$ | 故障模式危害度 $C_{mj}$ | 产品危害度 $C_r=\Sigma C_{mj}$ | 备注 |
|---|---|---|---|---|---|---|---|---|---|---|---|---|---|---|
| 1 | 2 | 3 | 4 | 5 | 6 | 7 | 8 | 9 | 10 | 11 | 12 | 13 | 14 | 15 |

（1）表头及第一至七栏的内容与 FMEA 表格中对应栏的内容相同，故可按 FMEA 表格中对应栏目的内容填入危害性分析表的第一至七栏。

（2）第八栏（故障概率或失效率数据源）：当进行定性分析时，即以故障模式发生概率来评价故障模式时，应列出故障模式发生概率的等级；当进行定量分析时，如果使用失效率数据来计算危害度，则应列出计算时所使用的失效率数据的来源；当进行定性分析时，则不考虑其余各栏内容，可直接绘制危害性矩阵。

（3）第九栏（失效率 $\lambda_p$）：失效率 $\lambda_p$ 可以通过可靠性预计得到。如果是从有关手册或其他参考资料查到的产品的基本失效率（$\lambda_b$），则可以根据需要使用应用系数（$\pi_A$）、环境系数（$\pi_E$）、质量系数（$\pi_Q$）以及其他系数来修正工作应力的差异，即：

$$\lambda_p = \lambda_b(\pi_A \pi_E \pi_Q) \tag{6-3}$$

同时应该列出计算 $\lambda_p$ 时所用到的各修正系数。

（4）第十栏（故障模式频数比 $\alpha_j$）：故障模式频数比 $\alpha_j$ 表示产品将以故障模式 $j$ 发生故障的百分比。

如果列出某产品所有 $N$ 个故障模式，则这些故障模式所对应的各 $\alpha_j(j=1，2，\cdots，N)$ 值的总和将等于 1。各个故障模式频数比可以根据失效率原始数据或试验及使用数据推出，如果没有可利用的故障模式数据，则 $\alpha_j$ 值可由分析人员根据产品功能分析判断得到。

（5）第十一栏（故障影响概率 $\beta_j$）：在 GJB/Z 1391—2006 中，$\beta_j$ 是分析人员根据经验判断得到的，它是产品以故障模式 $j$ 发生故障而导致系统任务丧失的条件概率。故障对系统任务的影响和相应的故障影响概率的值的关系表见表 6-7。

**表 6-7 故障对系统任务的影响和相应的故障影响概率的值的关系表**

| 故障影响 | $\beta_j$值 |
|---|---|
| 实际丧失 | $\beta_j=1$ |
| 很可能丧失 | $0.1<\beta_j<1$ |
| 有可能丧失 | $0<\beta_j\leqslant 0.1$ |
| 无影响 | $\beta_j=0$ |

（6）第十二栏（工作时间 $t$）：工作时间 $t$ 可以从系统定义导出，通常以产品每次任务的工作小时数或工作循环次数表示。

（7）第十三栏（故障模式危害度 $C_{mj}$）：填写故障模式危害度值。在 GJB/Z 1391—2006 中，$C_{mj}$是产品危害度的一部分，对给定的严酷度类别和任务阶段而言；产品的第 $j$ 个故障模式危害度 $C_{mj}$可由下式计算：

$$C_{mj}=\lambda_p\alpha_j\beta_j t \tag{6-4}$$

（8）第十四栏（产品危害度 $C_r$）：填写产品危害度值。在 GJB/Z 1391—2006 中，$C_r$是指预计将由该产品的故障模式造成的某一特定类型严酷度下，产品的故障概率。给定一严酷度类别，$C_r$是该产品在这一严酷度类别下的各故障模式危害度 $C_{mj}$的总和。$C_r$可按下式计算：

$$C_r=\sum_{j=1}^{n}C_{mj}=\lambda_p\alpha_j\beta_j t \tag{6-5}$$

式中 $n$——该产品在相应严酷度类别下的故障模式数。

（9）第十五栏（备注）：该栏记入与各栏有关的补充与说明、有关改进产品质量与可靠性的建议等。

### 6.4.3 危害性矩阵绘制

在 GJB/Z 1391—2006 中，危害性矩阵用来确定和比较每一故障模式的危害程度，进而为确定改进措施的先后顺序提供依据。

矩阵图的横坐标用严酷度类别表示，纵坐标用产品危害度 $C_r$ 或故障模式发生概率等级表示，如图 6-4 所示。

将产品或故障模式编码参照其严酷度类别及故障模式发生概率或产品的危害度标在矩阵的相应位置，这样绘制的矩阵图可以表明产品各故障模式危害性的分布情况。如图 6-4 所示，从原点开始，所记录的故障模式分布点所在的方格中心点在对角线上的投影点距离原点越远，其危害性越大，越需尽快采取改进措施。绘制好的危害性矩阵图应作为 FMECA 报告的一部分。

绘制危害性矩阵的目的在于比较每个故障模式的危害程度，这样可以按改进措施的先后次序提供依据。

从危害性矩阵可以看出，当故障模式分布在相同的严酷度等级时，其故障概率等级越高，危害性越大；反之亦然；当故障模式分布点的严酷度等级和故障概率等级都不相同时，判断故障模式危害度性大小的方法是：每个故障模式分布点所在的方格中心点都向矩阵中的对角线画垂线，在对角线上产生一个交点，这样每个故障模式分别对应对角线上的

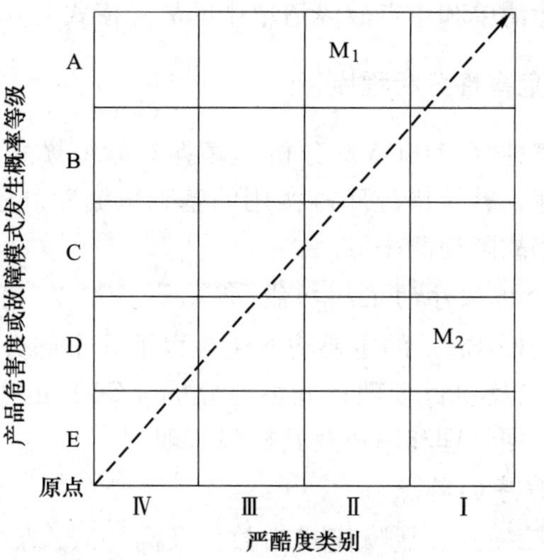


图 6-4　危害性矩阵示意图

一个点，这些点距离矩阵原点越远，该交点对应的故障模式危害性越大，图 6-4 中故障模式 $M_1$ 的危害性比 $M_2$ 大。

## 6.5　故障模式影响及危害性分析结果

故障模式影响及危害性分析（FMECA）的结果以 FMECA 报告的形式提供。其内容包括：系统的原理图、功能方框图、可靠性方框图、FMEA、CA 表格及危害性矩阵图等。

在 FMECA 报告中应包括为排除或降低故障影响已经采取的措施，对无法消除的单点故障和Ⅰ、Ⅱ类故障的说明，建议其他可能的补偿措施（如设计、工艺、检验、操作、维修等），以及预计采取所有措施后能取得效果的说明。为了更清楚地表述 FMECA 的结果，一般将 FMECA 结果汇总成各类故障清单，这些清单主要有：

（1）可靠性关键产品清单。可靠性关键产品是指危害性矩阵图中落在某一规定区域之内的产品。根据危害性矩阵图可提供一份可靠性关键产品清单，以便在设计、生产、使用中进行控制。

可靠性关键产品清单中包含的内容有：产品标志；减少该产品故障发生的设计特点的说明；为验证上述设计特点所做的试验；对有关特定设计或类似设计过程的说明；检测故障模式的方法；没有消除有关的故障模式的原因（在单点故障清单中列出每个单点故障的发生概率等级或危害度）等。

（2）严重故障模式清单。故障影响严重的故障模式是指严酷度为Ⅰ、Ⅱ类或故障影响严重程度较高的故障模式。这些故障模式有些可能已在可靠性关键产品清单中出现，但由于其故障后果的严重性，需要再单独列出并加以控制。

（3）单点故障模式清单。单点故障是指系统中的某一产品的某一故障模式发生后将直接导致系统的故障。如果系统已进行了定量的危害性分析，则那些故障影响概率 $\beta=1$ 的故障模式即为单点故障模式。所提供的单点故障清单需要同时注明故障影响的严重程度，对于同时出现在严重故障清单和单点故障清单中的故障模式尤其应加以控制。

### 6.5.1 故障模式影响及危害性分析程序

故障模式影响及危害性（FMECA）分析程序拥有故障模式库、故障原因库、测试方法库、最终影响严酷度库、补偿措施库等实用的基础数据库，还可以定量计算出失效率、故障最终影响条件概率和故障检测率等。

6.5.1.1 FMECA 分析程序的主要功能

故障模式影响分析（FMEA）的主要功能包含以下几个部分：故障原因分析、测试性分析、FMECA 图表输出以及项目管理；危害性分析（CA）的主要功能有最终影响分配、维修性信息管理、基础数据管理和用户及其权限管理

6.5.1.2 FMECA 程序的特点

FMECA 程序通过故障模式、故障模式频数比及高一层次影响概率数据，可以分析产品树各层节点的危害度及最终影响概率，程序预定义的产品故障模式、故障模式频数比故障原因数据库，可以在产品树建立时自动形成产品的故障模式等参数。

FMECA 程序可以自动生成分析对象的故障模式影响及危害性分析报表及危害性矩阵。用户可以根据工程实际需要输出最为重要的故障模式的危害性矩阵。

产品树、故障模式与高一层次影响以及故障模式与故障原因树的图形化表示，使得编辑和查找数据更加方便快捷。

6.5.1.3 计算机辅助 FMECA 工具

A FMECA 迭代机理

在完成了低层产品的 FMEA 后，对低层产品的上一层产品的故障模式和故障原因进行的是自下向上的迭代上一层故障模式：下一层次产品的故障影响（即对高一层次的影响）是上一层次产品的故障模式。把所有下层产品的高层影响综合到一起，归结为上一层次产品的故障模式。

上一层故障原因：这一层次产品的故障模式是上一层次产品的故障原因，将下一层次产品名称与其故障模式合并作为故障原因。

同理在使用时，针对不同的故障模式分析故障原因，可由下层故障模式检索生成故障原因数据库，成为一个自上而下的嵌套式数据链接表。

B 计算机辅助 FMECA 完成的功能

计算机辅助 FMECA 为用户提供了一个对装备进行 FMECA 的分析平台，并依据分析所得的数据库制定装备的预防性维修策略。其具体功能如下：

（1）提供人机交互的 FMECA 分析平台。针对不同级别的系统均有可靠度计算和 FMECA 分析两个功能键。FMECA 分析给所分析的系统自动建立 FMECA 分析数据库，用户可在 FMECA 分析界面中填入所定义系统的故障模式和分析故障原因，并自动计算该故障模式的危害度值。

（2）自动建立嵌套式数据库。根据 FMECA 分析所得的信息，系统自动检索各个故障模式、故障影响，生成以故障原因代码为索引的嵌套式数据库表格。该数据库不是封闭的，而是可以与可靠度预计以及故障树分析等方法相联系，形成一个功能更加强大的分析

平台。

（3）进行危害性分析和绘制危害性矩阵。即根据 FMECA 表中的数据综合危害度和严酷度等级生成危害度矩阵，并计算出每种故障模式在矩阵中分布的点距原点的距离，记为危害性参数，依此进行危害性排序。该危害性参数并无实际的物理意义，但在计算机辅助分析中为危害性的排序提供了可靠的依据，因此将其一并收入 FMECA 分析表中。

（4）进行故障模式的危害性排序和故障原因的排序。根据危害参数对故障模式进行降序排列，依此判断在故障发生前哪种故障模式是最先要预防的。在最底层（功能块级）故障原因依据可能发生故障的元件的失效率值进行排序，依此判断在故障后哪个部件是最可能的故障原因。在高层次的故障原因中可以先进行子级的可靠度排序，然后再进行故障模式危害度排序，综合考虑后确定故障原因序列。

**【例 6-2】** 如图 6-5 所示的分压器，其中，$R_1=30\ \Omega$，$R_2=70\ \Omega$，输入电压 $U_1=10$ V，输出电压 $U_2=7$ V。分析故障模式、故障原因和补偿措施。

**解**：故障模式 1：

$U_2=0$ V，故障原因为 $R_2$短路。

补偿措施：使用 2 个电阻串联代替 $R_2$。

故障模式 2：

$U_2=10$ V，故障原因为 $R_1$ 短路。

补偿措施：若用电负载不能承受 $U_2=10$ V 的高压，则在输出端增加一个限压二极管（稳压二极管），将输出电压 $U_2$限在低于 10 V 的某个值上。

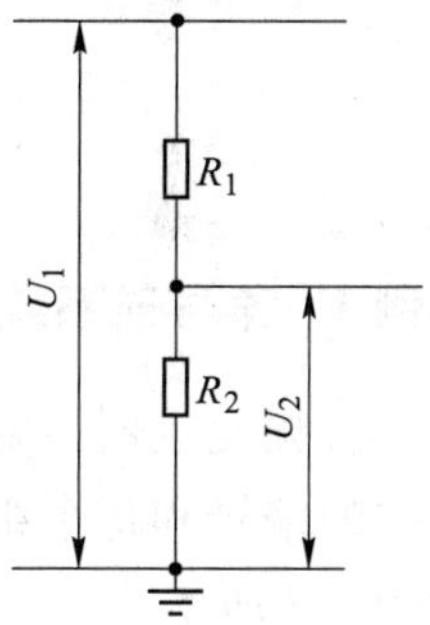


图 6-5 典型的分压器电路图

6.5.1.4 FMECA 的注意事项

在实施 FMECA 过程中，应注意以下问题：

（1）FMECA 工作应与产品的设计同步进行，尤其应在设计的早期阶段就开始进行 FMECA，这将有助于及时发现设计中的薄弱环节并为安排改进措施的先后顺序提供依据。

（2）对产品研制的不同阶段，应进行不同程度、不同层次的 FMECA。也就是说，FMECA 应及时反映设计、工艺上的变化，并随着研制阶段的展开而不断补充、完善和反复迭代。

（3）FMECA 工作应由设计人员负责完成，因为设计人员对自己设计的产品最了解。

（4）FMECA 分析中应加强规范化工作，以保证产品 FMECA 的分析结果具有可比性。开始分析复杂系统前，应统一制定 FMECA 的规范要求，结合系统特点，对 FMECA 中的分析约定层次、故障判据、严酷度与危害度定义、分析表格、失效率数据源和分析报告要求等均应作统一规定及必要说明。

（5）应对 FMECA 的结果进行跟踪与分析，以验证其正确性和改进措施的有效性。这种跟踪分析的过程，也是逐步积累 FMECA 工程经验的过程。一套完整的 FMECA 资料，是各方面经验的总结，是宝贵的工程财富，应当不断积累并归档，以备查考。

（6）FMECA 虽是有效的可靠性分析方法，但并非万能。它们不能代替其他可靠性分析工作。特别应注意，FMECA 一般是静态的单一因素分析方法，在动态分析方面还不完善，若对系统实施全面的分析还应与其他分析方法相结合。

### 6.5.2 故障模式影响及危害性分析报告

FMECA 报告中包括：产品定义、分析的产品层次、分析所用数据源及方法、分析表格、FMECA 总结（包括根据分析所做的结论和建议、为排除或降低故障风险已经采取或建议采取的措施的说明）以及可靠性关键产品清单（包括Ⅰ类和Ⅱ类故障模式清单和单点故障清单）。

最终报告应反映最终设计结果，并应明确指出那些无法通过设计排除的Ⅰ类和Ⅱ类故障模式及单点故障。必要时也可列出不可检测的故障模式的清单。

可靠性关键产品清单中每项产品的信息应包括：产品标志、减少该产品故障发生的设计特点的说明、为验证上述设计特点所做的试验、对有关特定设计或类似设计过程的说明、检测故障模式的方法以及没有消除有关的故障模式的原因（在单点故障清单中应列出每个单点故障的发生概率等级或危害度）。

## 6.6 案　　例

### 案例 1　某导航系统的音频发生器

音频发生器主要由电源、晶体振荡器、数字分频器和音频放大器组成，其在可靠性分析中的编号和每个组成部分的功能列于表 6-8 中，其功能框图如图 6-6 所示，可靠性框图如图 6-7 所示。

**表 6-8　音频发生器的组成**

| 序号 | 编号 | 设备名称 | 功能 |
|---|---|---|---|
| 1 | $A_1$ | 电源 | 供电 |
| 2 | $A_2$ | 晶体振荡器 | 提供频率信号 |
| 3 | $A_3$ | 数字分频器 | 产生需要的频率 |
| 4 | $A_4$ | 音频放大器 | 信号放大 |

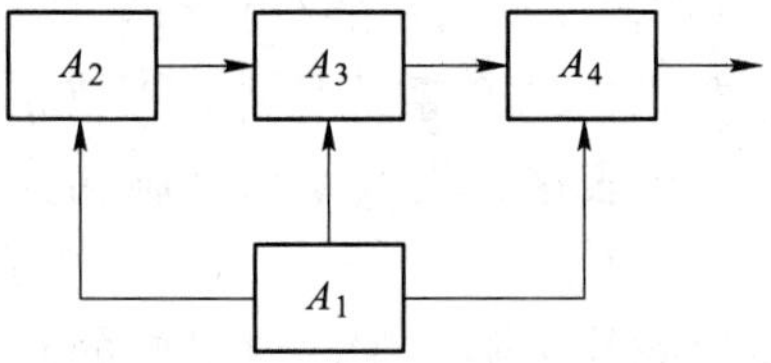

图 6-6　音频发生器的功能框图

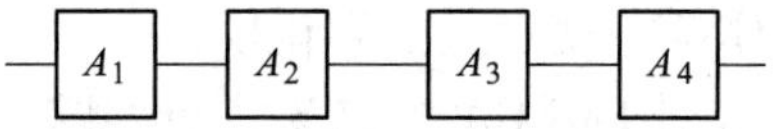

图 6-7　音频发生器的可靠性框图

根据音频发生器的各组成部分的功能和可靠性历史记录数据，通过对各故障模式进行分析，确定了每个故障模式的严酷度类别和故障概率，分别列于表 6-9 中。

相应的危害性矩阵如图 6-8 所示。

**表 6-9　音频发生器故障模式**

| 编号 | 设备功能 | 故障模式 | 严酷度类别 | 故障概率 |
|---|---|---|---|---|
| $A_{1\text{-}1}$ | 电源输出 | 无输出 | Ⅰ | E |
| $A_{1\text{-}2}$ | 电源输出 | 输出不稳定 | Ⅱ | D |
| $A_{2\text{-}1}$ | 晶体振荡器输出 | 无输出 | Ⅰ | C |
| $A_{2\text{-}2}$ | 晶体振荡器输出 | 输出错误 | Ⅰ | C |
| $A_{2\text{-}3}$ | 晶体振荡器输出 | 间歇输出 | Ⅱ | D |
| $A_{3\text{-}1}$ | 数字分频器输出 | 无输出 | Ⅰ | D |
| $A_{3\text{-}2}$ | 数字分频器输出 | 间歇输出 | Ⅱ | D |
| $A_{3\text{-}3}$ | 数字分频器输出 | 分频错误 | Ⅰ | C |
| $A_{4\text{-}1}$ | 音频放大器输出 | 无输出 | Ⅰ | D |
| $A_{4\text{-}2}$ | 音频放大器输出 | 增益不达标 | Ⅱ | C |

根据危害性矩阵可知，编号为 $A_{2\text{-}1}$、$A_{2\text{-}2}$ 和 $A_{3\text{-}3}$ 的危害性最大，这三个故障模式对应的设备功能电路需要着重考虑，提高其可靠性；对晶体振荡器是设计和数字分频器的设计要采取高可靠性的器件和连接电路。图 6-9 和图 6-10 分别是经过考虑的电路框图。其中晶体振荡器采用的是集成的晶振，数字分频器主要由可编程逻辑器件 EPF10K10LC84-4，存储器 EPC2PC20 和两个晶体管 9013 构成，音频放大器主要由 AD7528 程控放大器和 4 个运算放大器 LF412 构成。

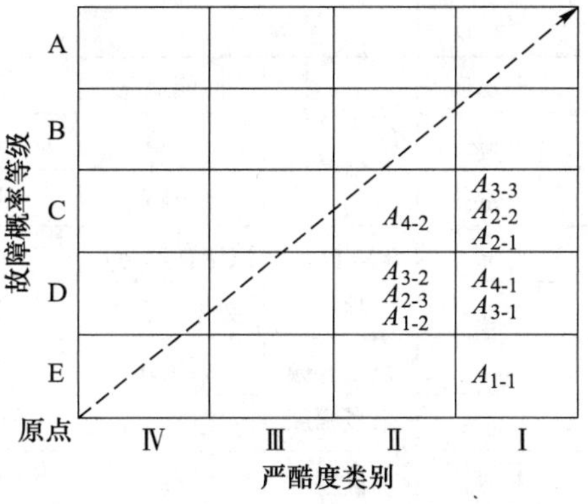


图 6-8　音频发生器危害性矩阵

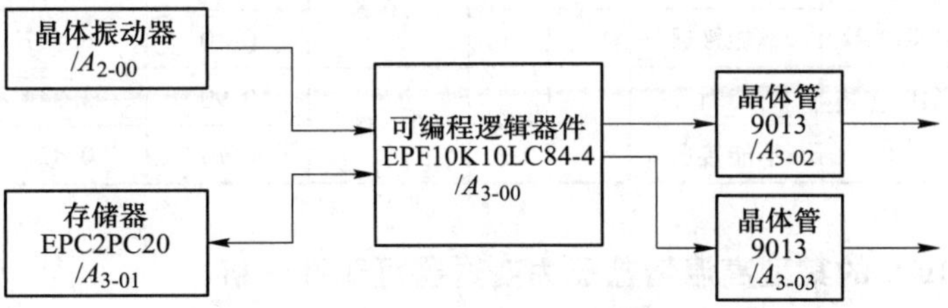


图 6-9　数字分频器构成框图

从表 6-10 中“设备危害度”一栏可以看出，以设备危害度值从大到小的顺序排列，音频发生器的关键设备分别是：可编程逻辑器件 EPF10K10LC84-4、晶体振荡器和晶体管。晶体振荡器的“开路”和“无振荡”故障模式，晶体管 9013 的“不能断开”和“不能接通”故障模式以及可编程逻辑器件 EPF10K10LC84-4 的“断路”和“短路”故障模式都将导致非常严重的系统故障，需要在设计时重点考虑。在 FMECA 报告的醒目位置需要对高危害性的器件提出建议。

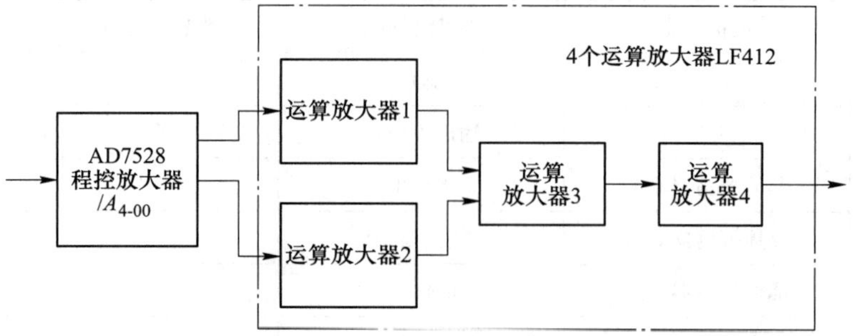


图 6-10　音频放大器构成框图

**表 6-10　音频发生器 FMECA**

初始约定层次：导航系统　　任务：产生音频信号　　约定层次：音频发生器

| 编号 | 设备功能标志 | 功能 | 故障模式及原因 | 严酷度类别 | 故障率 $\lambda_p$ ($10^{-3}$/h) | 故障模式频数比 $\alpha_i$ | 故障模式危害度 $C_{mj}$($10^{-3}$) | 设备危害度 $C_r=\sum C_{mj}$($10^{-3}$) |
|---|---|---|---|---|---|---|---|---|
| 1 | $A_{3\text{-}00/1}$ | 产生音频信号 | 性能退化 | Ⅱ | 0. 130 | 0. 60 | 5. 125 | 8. 541 |
| 2 | $A_{3\text{-}00/2}$ | | 断路 | Ⅰ | | 0. 25 | 2. 135 | 3. 416 |
| 3 | $A_{3\text{-}00/3}$ | | 短路 | Ⅰ | | 0. 15 | 1. 281 | |
| 4 | $A_{3\text{-}01/1}$ | 存储 FPGA 程序 | 数据存储缓慢 | Ⅱ | 0. 035 | 0. 79 | 1. 817 | 1. 817 |
| 5 | $A_{3\text{-}01/2}$ | | 数据位丢失 | Ⅰ | | 0. 21 | 0. 483 | 0. 483 |
| 6 | $A_{4\text{-}00/1}$ | 控制音频信号幅度 | 无输出 | Ⅰ | 0. 042 | 0. 9 | 2. 460 | 2. 460 |
| 7 | $A_{4\text{-}00/2}$ | | 电压增益降低 | Ⅱ | | 0. 1 | 0. 273 | 0. 273 |
| 8 | $A_{2\text{-}00/1}$ | 提供工作频率 | 开路 | Ⅰ | 0. 21 | 0. 89 | 12. 279 | 13. 797 |
| 9 | $A_{2\text{-}00/1}$ | | 无振荡 | Ⅰ | | 0. 11 | 1. 518 | |
| 10 | $A_{3\text{-}02/1}$ | 1 kHz 音频信号开关 | 不能断开 | Ⅰ | 0. 065 | 0. 90 | 3. 844 | 4. 271 |
| 11 | $A_{3\text{-}02/2}$ | | 不能接通 | Ⅰ | | 0. 10 | 0. 427 | |
| 12 | $A_{3\text{-}03/1}$ | 3 kHz 音频信号开关 | 不能断开 | Ⅰ | 0. 065 | 0. 90 | 3. 844 | 4. 271 |
| 13 | $A_{3\text{-}03/2}$ | | 不能接通 | Ⅰ | | 0. 10 | 0. 427 | |

**案例 2　基于 FMEA 的某型高温熔盐压力变送器可靠性分析**

针对高温熔盐开发的高温熔盐变送器面临着比在普通实验室等温和条件下工作的仪表更加恶劣的使用工况，由于高温和强腐蚀的作用，仪表在多应力条件下产生更为复杂的损伤失效机理。

通过使用故障模式及影响分析将系统自上而下地分解成不同的约定层次，然后逐个地分析故障模式、故障原因及故障影响的方式，能够有效地找出影响高温熔盐压力变送 器可靠性的关键因素和薄弱环节。

高温熔盐压力变送器的结构如图 6-11 所示，由传感器部件、信号调理板、抗干扰板、主板、液晶板、电子壳体部件、引压部件和远传装置 8 个部分组成。

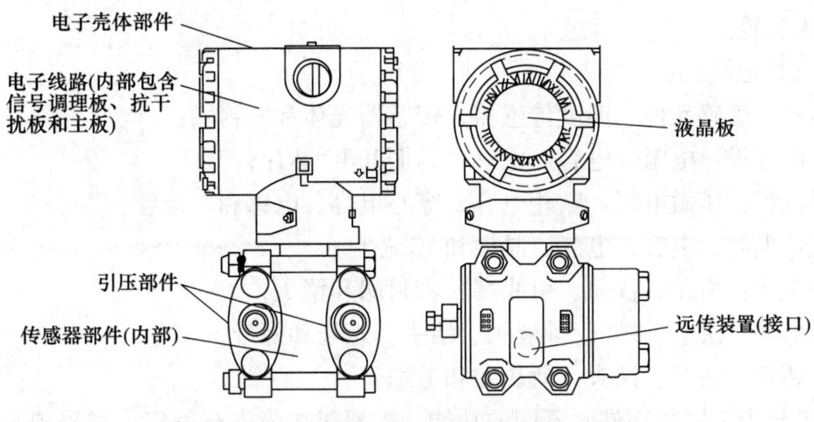


图 6-11　高温熔盐压力变送器的结构图

图 6-12 为高温熔盐压力变送器的工作原理框图，从图中可以知道，当压力直接作用在传感器内的测量膜片表面时，会使膜片产生微小的形变；然后，测量膜片上的高精度电路将这个微小的形变变换成为与压力成正比的高度线性、与激励电压也成正比的电压信号；最后，采用专用芯片将这个电压信号转换为工业标准的 4~20 mA 电流信号。

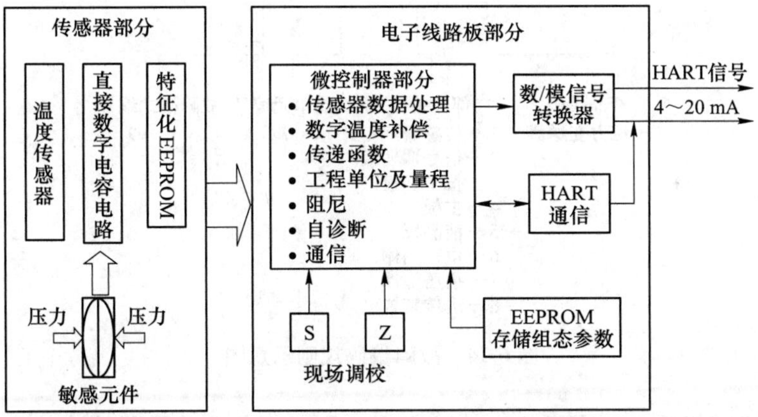


图 6-12　高温熔盐压力变送器的工作原理框图

根据高温熔盐压力变送器的结构组成和工作原理可以建立该变送器的任务可靠性框图，如图 6-13 所示。图 6-13 中 $E_1$表示传感器；$E_2$表示信号调理板；$E_3$表示抗干扰板；$E_4$表示主板；$E_5$表示电子壳体；$E_6$表示引压部件；$E_7$表示远传装置；$E_8$表示液晶板。

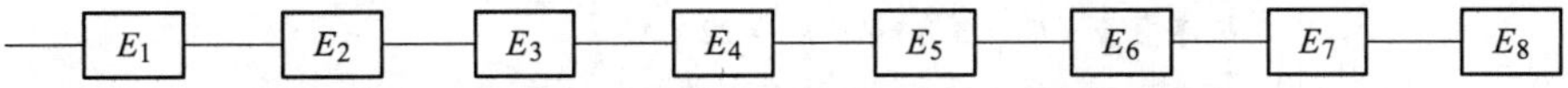


图 6-13　高温熔盐压力变送器的可靠性框图

本次 FMEA 所采用的方法为硬件分析法，下面进行层次约定。

(1) 初始约定层次：压力变送器。

（2）第二约定层次：传感器、信号调理板、抗干扰板、主板、液晶板、电子壳体、引压部件和远传装置。

（3）最低约定层次：

1）传感器：敏感元件、温度传感器、传感器壳体和密封圈；

2）信号调理板：电阻、电容、电感、晶振和 IC 芯片；

3）抗干扰板：压敏电阻、贴片电容、穿心电容、电感和二极管；

4）主板：电阻、电容、电感、晶振和 IC 芯片；

5）电子壳体：窗盖、盲盖、引线塞、密封圈和堵头；

6）引压部件：法兰、排气/排液阀、堵头、螺栓和螺母；

7）远传装置：法兰、探头、散热腔和毛细管。

由于故障分为不同的部件、不同的功能，需要对故障进行编码。编码规则为：由该级的数字编码加故障代码组成，定义该型压力变送器为初始约定层次，压力变送器的下层部件为第二约定层次，功能单元为最低约定层次，如图 6-14 所示。如故障编码为 1. 8-1，表示为压力变送器中远传装置部分的第一个故障模式，此处无功能单元编号，功能单元编号在最低约定层次那里。最后一位是故障模式编号，即故障代码。

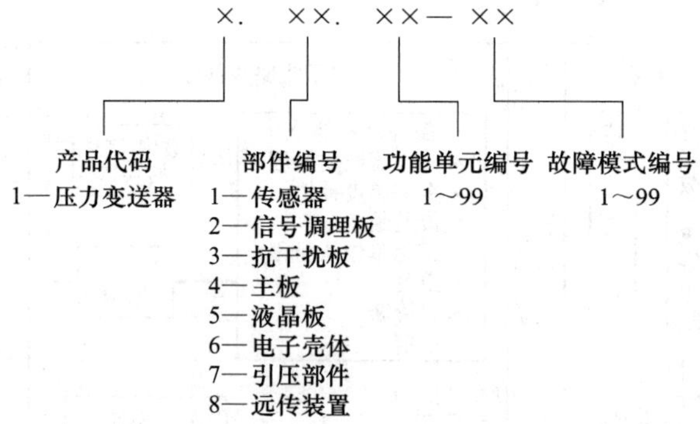


图 6-14　故障编码规则示意图

故障编码规定好后，还需要规定故障判据，用于判断该单元是故障状态还是正常工作状态，表 6-11 列出不同对象对应的故障判据。

**表 6-11　变送器不同对象对应的故障判据**

| 产品对象 | 故障判据 |
|---|---|
| 高温熔盐压力变送器 | 输出为无穷大<br>故障报警（$I_{out}=3.8$ mA，$I_{out}=22$ mA）<br>输出异常（输出固定、输出异常波动）<br>输出超差，精度下降<br>显示异常<br>通信异常（无信号） |

续表 6-11

| 产品对象 | 故障判据 |
| --- | --- |
| 传感器 | 密封性能丧失<br>无输出<br>输出超差 |
| 信号调理板 | 输出异常（电容信号差比和超出 15%~95%，电压信号偏高或偏低）<br>输出超差 |
| 抗干扰板 | 浪涌保护功能丧失<br>电磁兼容保护功能丧失<br>浪涌保护功能衰减<br>电磁兼容保护功能衰减 |
| 主板 | 无输出<br>通信功能丧失<br>输出电流信号异常（$I_{out}$在 3.8~22 mA 范围以外）<br>输出超差，精度下降 |
| 液晶板 | 无显示<br>显示异常 |
| 电子壳体 | 密封性能丧失<br>绝缘性能丧失<br>绝缘性能下降 |
| 引压部件 | 无法有效地传递压力信号<br>排气、排液功能失效 |
| 远传装置 | 密封性能丧失<br>介质压力传递失常 |

根据该型压力变送器的每个功能故障模式对系统的最终影响程度，确定其严酷度。严酷度类别及其定义如表 6-12 所示，故障概率等级和某一故障模式的发生概率占该期间内总的故障概率的比例如表 6-13 所示。

**表 6-12 故障模式严酷度类别及定义**

| 严酷度类别 | 定 义 |
| --- | --- |
| Ⅰ | 引起压力变送器仪表的主要或关键功能全部丧失，或对环境、人员造成危害 |
| Ⅱ | 引起压力变送器仪表主要或部分关键功能丧失，或造成被监控、测量、调节系统设备的损坏 |
| Ⅲ | 引起压力变送器仪表部分关键性能降低，影响其主要功能的执行 |
| Ⅳ | 引起压力变送器仪表轻度损伤，但不影响主要功能的执行，可能导致非计划性的维护或修理 |

**表 6-13　故障概率等级和发生概率表**

| 等级 | 发生概率 |
|---|---|
| A | $>10^{-3}$（高概率） |
| B | $10^{-4}\leqslant p\leqslant 10^{-3}$（中等概率） |
| C | $10^{-5}\leqslant p\leqslant 10^{-4}$（不常发生） |
| D | $10^{-6}\leqslant p\leqslant 10^{-5}$（不大可能发生） |
| E | $\leqslant 10^{-6}$（近乎为零） |

有了上面的规定和定义，就可以进行故障模式及影响分析了，这里只列举典型的 4 个故障模式作为例子，如表 6-14 所示。为了直观得到危害性比较大的故障模式列表，将所有的故障模式按照其不同的严酷度类别和故障概率等级，画出危害性矩阵，如图 6-15 所示。

**表 6-14　部分故障模式的 FMEA 表**

初始约定层次：高温熔盐压力变送器　　约定层次：传感器和信号调理部分

| 编号 | 功能 | 故障编码 | 故障模式 | 故障原因 | 严酷度类别 | 故障影响 | | 故障模式发生概率等级 | 设计改进措施 |
|---|---|---|---|---|---|---|---|---|---|
| | | | | | | 局部影响 | 最终影响 | | |
| 1.1 | 感受介质压力/差压信号，输出电容变化量；感受环境温度，输出电压信号 | 1.1-1 | 密封性能丧失 | 敏感元件结构变形、表面腐蚀；密封圈泄漏 | Ⅰ | 传感器密封性丧失 | 输出异常（输出固定、输出异常波动） | B | 使用更高性能的耐腐蚀材料 |
| | | 1.1-2 | 无输出 | 敏感元件引线断路 | Ⅲ | 传感器无输出 | 故障报警（$I_{out}$ = 3.8 mA，$I_{out}$ = 22 mA） | B | |
| | | 1.1-3 | 输出超差 | 敏感元件输出异常；温度传感器失效 | Ⅲ | 传感器输出超差 | 输出超差，精度下降 | A | |
| 1.2 | 采集传感器部件的敏感元件压力信号，采集温度传感器的温度信号，分别输出频率和电压信号 | 1.2-1 | 输出异常（电容信号差比和超出 15%～95%，电压信号偏高或偏低） | 配置电阻开路；滤波电容短路；去耦电容短路；去耦电容开路；芯片 U1～U8 失效 | Ⅲ | 信号调理板输出异常 | 故障报警 | C | 选用高等级元器件 |
| | | 1.2-2 | 输出超差 | 配置电阻，芯片 U6 参数漂移 | Ⅲ | 信号调理板输出超差 | 输出超差，精度下降 | C | 选用高等级元器件 |

从图 6-15 可以得出，最终确定 4 个重点研究对象，故障模式编号分别为 1.1-1、1.5-1、1.6-2、1.7-2。

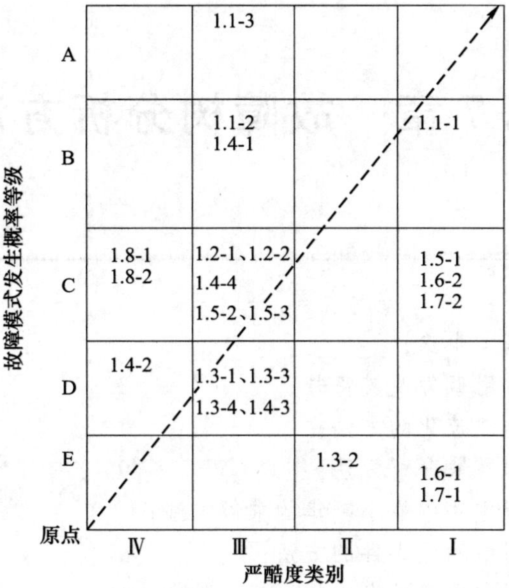


图 6-15　变送器危害性矩阵

从两个案例可以看出，对一些特殊应用场合下的设备进行可靠性 FMEA 分析是很有必要的，针对不同的设备类型，其 FMEA 表格的重点和形式也稍有不同。

## 习　　题

6-1　一个系统包含 6 个故障模式，根据对其故障模式影响及危害性分析的结果，绘出其危害性矩阵如图 6-16 所示，列出对系统可靠性影响较大的三个故障模式。

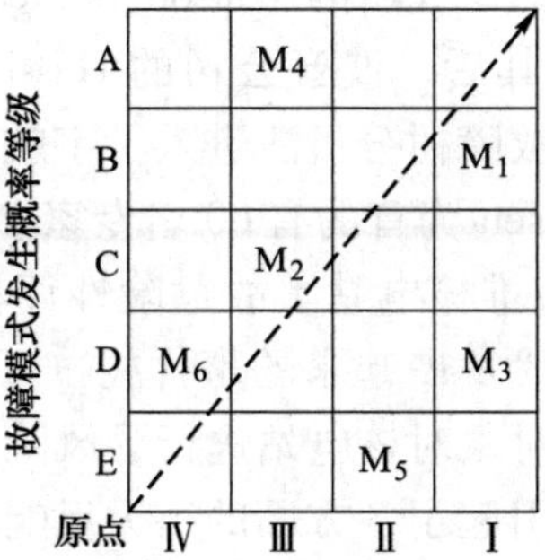


图 6-16　题 6-1 图

6-2　单点故障模式有什么特点？

# 第 7 章　故障树分析方法

**教学要求：**

熟悉建立故障树的基本步骤；
了解建立故障树时常用事件及其符号；
掌握故障树的建立和规范化的方法；
掌握故障树的简化和模块分解方法；
掌握故障树定性分析方法中最小割集的求解方法；
掌握定性评定故障树中的底事件的方法；
熟悉故障树定量分析中顶事件发生的概率估计方法；
掌握故障树中的底事件的结构重要度的计算方法；
熟悉故障树中的底事件的概率重要度和关键重要度的计算方法。

## 7.1　故障树建立方法

故障树分析是一种根据系统可能发生的事故或已经发生的事故结果，去寻找与该事故发生有关的原因、条件和规律，同时辨识出系统中可能导致事故发生的危险源。

故障树分析法由美国贝尔电话研究所的 Watson 和 Mearns 于 1961 年首次提出并应用于分析民兵式导弹发射控制系统。其后，波音公司的 Hasse、Schroder、Jackson 等人研制出故障树分析法计算程序，标志着故障树分析法进入了宇航领域。1974 年，美国原子能委员会发表了以麻省理工学院 Rasmussen 为首的有 60 名专家参与的安全组进行了两年研究编写的长达 3000 页的“商用轻水反应堆核电站事故危险性评价”报告，该报告采用了美国国家航空和管理部于 20 世纪 60 年代发展起来的事件树（Event Tree，ET）和故障树分析方法，以美国 100 座核电反应堆为对象对核电站进行了风险评价，使故障树（FTA）的应用得到很大发展。这一报告的发表引起了各方面的很大反响，被称为 FTA 发展进程中的一个重要里程碑，推动了故障树分析法从宇航、核能进入电子、化工和机械等工业领域。

故障树分析是通过对可能造成产品故障的硬件、软件、环境、人为因素进行分析，从而确定产品故障原因的各种可能组合方式和（或）发生概率。

## 7.2　故障树分析的目的和基本概念

故障树分析的目的是：对复杂系统的功能逻辑分析；分析同时发生的非关键事件对顶事件的综合影响；评价系统可靠性与安全性；确定潜在设计缺陷和危险；评价采用的纠正

措施；简化系统故障查找。

在进行故障树分析之前，必须具备设计基础报告、安全分析报告（确定性）、技术报告（测试和维修信息）和历史记录等资料，以及为了得到故障或维修数据而保存的一些与安全相关的不寻常的事件报告。

故障树分析包含 4 个部分，分别是建立故障树、故障树的规范化、简化和模块分解、故障树的定性分析和故障树的定量分析。

### 7.2.1 故障树概念

在系统设计过程中通过对可能造成系统失效的各种因素（包括硬件、软件、环境、人为因素）进行分析，画出逻辑框图（故障树），从而确定系统失效原因的各种可能组合方式或其发生概率，即计算系统故障概率，采取相应的纠正措施，以提高系统可靠性的一种设计分析方法。

故障树分析是以故障树作为模型对系统进行可靠性分析的一种方法。

故障树分析把系统最不希望发生的故障状态作为逻辑分析的目标，在故障树中称为顶事件，继而找出导致这一故障状态发生的所有可能直接原因，在故障树中称为中间事件，如果这个直接原因不需要或不可能再有直接原因，则直接为底事件，负责这些中间事件再跟踪找出导致这些中间故障事件发生的所有可能直接原因，同样这些直接原因有可能是中间事件或不可再分的底事件。用相应的代表符号及逻辑门把顶事件、中间事件、底事件连接成树形逻辑图，则称此树形逻辑图为故障树。

故障树分析方法与故障模式影响和危害性分析相辅相成，其分析过程包括：以系统不希望发生的一个事件（顶事件）作为分析目标，逐层向下推溯所有可能的原因，每层推出直接原因，找出系统内可能存在的元件实效、环境影响，人为失误以及程序处理等硬件和软件因素（各种底事件）与系统失效（顶事件）之间的逻辑关系，并用倒立树状图形表示出来。

故障树建立之后，定性分析可以得到顶事件发生的各种原因，各底事件对顶事件发生影响的组合方式和传播途径，识别可能的系统故障模式，定量分析可以计算这种影响的轻重程度，最后估算出致使顶事件发生的概率。

顶事件发生可能与硬件故障、软件错误、人为错误或其他因素有关。故障树中的逻辑门可以表示出高一层事件发生所需的相关事件的关系。

故障树分析方法可以预测、诊断故障，分析系统薄弱环节，指导使用和维修，实现系统设计的最优化。

**【例 7-1】** 图 7-1 为电动机工作原理简图，当开关合上时，如果电源部分正常工作，电动机理论上会正常工作。如果假设顶事件为开关合上后电动机不工作，开关的可靠度为 1，找出顶事件发生的原因以及它们与对应事件的属性和逻辑关系。

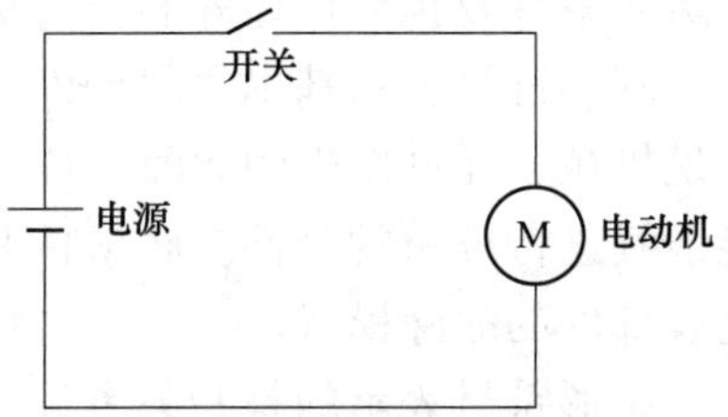

图 7-1 电动机工作原理简图

**解：** 由图 7-1 可知，开关合上后电动机不工作的直接原因有两个，第一个直接原因是电动机本身故障导致，第二个直接原因是开关合上后无电源信号导致，这两个直接原因之间的逻辑关系为或。如果电动机故障不再细分电动机哪个部件故障，则第一个直接原因为底事件，该分支的分析到此为止；第二个直接原因，开关合上后无电源信号，有可能是电源故障，也有可能是线路故障，这两个故障如果也不再细分，则第二个直接原因为中间事件，它对应的两个直接原因：电源故障和线路故障为底事件，它们之间的逻辑关系为或的关系。

从例 7-1 可以得知，故障树表达的是引起该故障发生的所有原因以及这些原因之间的逻辑关系。发生的原因称为事件，它们之间的关系通过逻辑门表达，逻辑门把事件联系起来，表示事件之间的逻辑因果关系。

故障树分析方法的特点：故障树分析方法是一种图形演绎法，是故障事件在一定条件下的逻辑推理方法，可针对某一故障事件，作层层追踪分析（自上而下）；这种图形化的方法清楚易懂，使人们对所描述事件之间的逻辑关系一目了然，而且便于对各种事件之间复杂的逻辑关系进行深入的定性和定量分析；由于故障树将系统故障的各种可能因素联系起来，可有效找出系统薄弱环节和系统的故障谱，在系统设计阶段有助于判明系统的隐患和潜在故障，以便提高系统的可靠性；故障树可作为管理和维修人员的一个形象的管理、维修指南，可用于培训使用、维修和管理人员，可用来制订维修计划和检修排故方案。

### 7.2.2　故障树常用事件及其符号

故障树是一种特殊的倒立树状逻辑因果关系图，它用事件符号、逻辑门符号和转移符号描述系统中各种事件之间的因果关系。

故障树分析是一种严密的逻辑过程分析，分析中所涉及的各种事件、原因及其相互关系，需要运用一定的符号予以表达。故障树分析所用符号有三类，即事件符号、逻辑门符号、转移符号。

#### 7.2.2.1　故障树的事件符号

故障树的事件符号如图 7-2 所示，以下分别予以介绍。

(a)　(b)　(c)　(d)

图 7-2　故障树的事件符号

（a）矩形符号；（b）圆形符号；（c）屋形符号；（d）菱形符号

矩形符号表示顶事件或中间事件，即需要继续进行展开的事件。一般用字母标识后，在故障树的备注栏内将事件全称进行说明。顶事件是指不希望发生的显著影响系统技术性能、经济性、可靠性和安全性的故障事件，可由 FMECA 分析确定；中间事件是指故障树中除底事件及顶事件之外的所有事件。

圆形符号表示基本原因事件，或者称为底事件。底事件可能是人为产生的差错，也可能是机械、元件发生的故障，或者环境不良因素引起的故障等。底事件表示最基本的、不能继续进行分析的事件。底事件是元件、部件在设计的运行条件下发生的随机故障事件，代表部件的故障模式。

屋形符号表示的是开关事件（外部事件、触发事件），也位于故障树底部，起开关作用，表示在正常条件下必然发生或者必然不发生的特殊事件。

菱形符号表示省略事件，主要用于表示不必进一步剖析的事件和由于信息不足，不能进一步分析的事件。

7.2.2.2 故障树的逻辑门符号

故障树的逻辑门符号如图7-3所示，其中逻辑与门表示仅当所有输入事件都发生时，输出事件才发生的逻辑关系，如图7-3（a）所示，式（7-1）表示其输入输出的逻辑关系；逻辑或门表示至少有一个输入事件发生，输出事件就发生的逻辑关系，如图7-3（b）所示，式（7-2）表示其输入输出的逻辑关系；表决门表示仅当 $n$ 个输入事件中有 $m(m \leqslant n)$ 个或 $m$ 个以上事件同时发生时，输出事件才会发生，如图7-3（c）所示；顺序与门表示输入事件既要都发生，又要按一定的顺序发生，输出事件才会发生的逻辑关系，如图7-3（d）所示，图中顺序条件比如：要求 $B_3$ 先于 $B_2$ 发生。

$$A = B_1 \cap B_2 \cap B_3 \cdots \cap B_n \tag{7-1}$$

$$A = B_1 \cup B_2 \cup B_3 \cdots \cup B_n \tag{7-2}$$

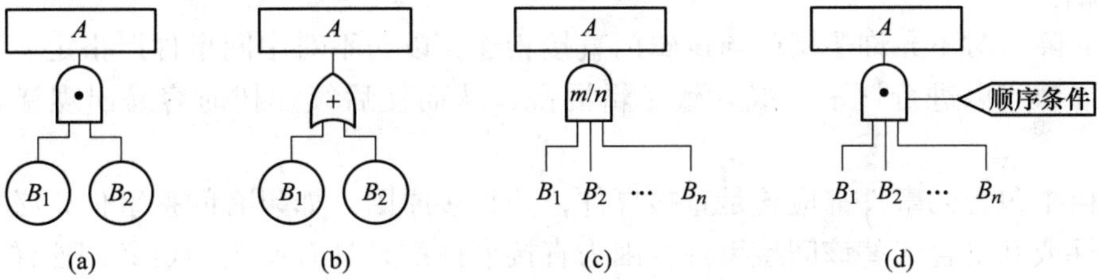


图7-3 故障树逻辑门符号

（a）逻辑与门；（b）逻辑或门；（c）表决门；（d）顺序与门

## 7.3 故障树的建立

### 7.3.1 原始故障树的建造

在建立故障树之前，首先必须熟悉系统，了解系统的构造、性能、操作、工艺、元件之间的关系及人、软件、硬件、环境的相互作用和系统工作原理等；掌握系统的设计资料（如说明书、原理图、结构图）、试验资料（试验报告、试验记录等）、使用维护资料以及用户信息等。其次需要收集、调查系统的已有事故资料和类似系统的事故资料，这样才能确定准确的顶事件，并对顶事件发生的直接原因和间接原因进行准确定位。

顶事件是系统最不希望发生的故障状态。根据对系统已掌握的资料，在分析系统一类危险源的基础上，确定系统事故类型作为顶事件；顶事件发生与否要求有明确定义，能进一步分解，能定量度量。

顶事件确立后，需要从各方面调查分析影响顶事件发生的所有原因。要求建树者对于系统及其组成部分有充分的了解，由设计人员、使用维修人员、可靠性安全性工程技术人员共同研究完成。建树是一个多次反复、逐步深入完善的过程。具体方法为：首先分析顶事件发生的直接原因，将顶事件作为逻辑门的输出事件，将所有引起顶事件发生的直接原因作为输入事件，根据它们之间的逻辑关系用适当的逻辑门连接起来；其次对每一个中间事件用同样方法，逐级向下分析，直到所有的输入事件都不需要继续分析为止（此时故障机理或概率分布都是已知的）。

对于复杂系统，建树时应按系统层次从顶事件开始，由上而下，逐级进行分析。准确写出故障事件方框图的说明，说明故障是什么，在何种条件下发生。

建树前应对分析做出合理的假设。本节中主要针对硬件功能故障进行分析，暂不考虑人为造成的故障、软件造成的故障以及模块之间连接部分造成的故障，这是为了突出主要考虑的因素，减少故障树的规模。

对故障事件的定义要严格，因为如果故障事件定义不严格，是否出故障界限不明确，这样将难以得到正确的故障树。复杂系统的 FTA 工作往往由许多人共同完成，如定义不统一，将会建出不一致的故障树。

建立故障树的正确顺序是从上向下逐级建立故障树，这样可以有效防止建立故障树时发生事件的遗漏。故障树建立时，上一级必须完成后才能再对下一级进行操作，要避免“跃进”操作。

建立故障树时不允许逻辑门与逻辑门直接相连，以防不对中间事件严格定义就仓促建树，从而导致难以进行评审，或导致逻辑混乱，从而使后续建树时容易出现错误的现象发生。

故障树中包含的事件都应该是直接事件，即直接原因，如果有间接事件，必须用等效的直接事件或其组合代替该间接事件，因为直接事件都是具有明确的定义，这样便于进一步向下一级发展。故障树中事件与事件之间必须有逻辑门加以相隔。

共同的故障原因会引起不同的部件故障甚至不同的系统故障，共因事件对系统故障发生概率影响很大，故建树时必须妥善处理共因事件；若某个故障事件是共因事件，则故障树的不同分支中出现该事件必须使用同一事件符号。

故障树主要由事件和逻辑门构成，图中的事件用来描述系统或元部件的故障状态，逻辑门把事件联系起来，表示事件之间的逻辑因果关系。

建立初始故障树有以下几个步骤：

（1）定义目标、顶事件和故障树分析的范围。目标是由设计者和管理者共同确定的，具体就是要确定系统的故障界定。顶事件是指对系统影响最大的系统故障，是系统最不希望发生的事件，或是指定进行逻辑分析的故障事件。将造成系统故障的原因逐级分解为中间事件，直至底事件，即不能或不需要分解的基本事件，构成一张树状的逻辑图，即故障树。

如果顶事件有一个以上，则需要为每一个顶事件分别建立故障树。

故障树分析的范围指的是哪些故障和因素包含在分析中，主要包括分析的边界条件。边界条件包括子系统的初始状态和系统的假定输入。由于很多电路的输入范围与该电路的供电电源有关系，所以系统的电源部分经常包括在故障树分析范围中。

（2）分析顶事件。寻找引起顶事件发生的直接的必要和充分原因，对它们的逻辑关系进行分析。将顶事件作为输出事件，将所有直接原因作为输入事件，并根据这些事件实际的逻辑关系用适当的逻辑门相联系。

（3）分析与顶事件直接相联系的输入事件。确定所有顶事件直接原因的具体情况，如果该事件还能进一步分解，则将其作为下一级的输出事件（该事件为中间事件）。

（4）分析最底端的中间事件。对这部分中间事件的直接原因和它们之间的逻辑关系进行分析，重复上述步骤，直到所有的输入事件不能再分解或不必要再分解为止，开始绘制故障树。

除了以上步骤，原始故障树的建造过程中还需要注意：

（1）在故障树建立之前要做出合理的假设，例如假设连接线部分不会发生故障，暂不考虑人为的故障和假设软件运行过程中不会发生故障等，这种假设应该建立在 FMEA 的基础上，将不重要的因素舍去，认为其不会发生故障，以减少故障树的规模，突出重点。

（2）需要严格定义故障事件，因为复杂系统的故障树分析工作是由许多技术人员共同完成，定义需要统一。

（3）为了防止故障树建立过程中发生事件的遗漏，对下一级操作之前，上一级必须先完成，不要“跃进”，即要求从上向下逐级完成故障树的建立工作。

（4）为了防止不对中间事件严格定义就仓促建立故障树，导致逻辑混乱使后续故障树的建立过程中出错，在建立故障树的过程中不允许出现逻辑门与逻辑门直接相连的现象。

### 7.3.2 故障树的规范化

规范化的故障树是指只包含顶事件、中间事件、基本事件；只含与门、或门、非门的故障树，这样的故障树进行定性和定量分析都很方便，所以在对故障树进行分析之前应首先对故障树进行规范化处理，使之成为规范化故障树。这样就需要对故障树中的特殊事件和特殊逻辑门进行处理和变换。

针对一些特殊事件，如开关事件，一般将其当作基本事件处理，而对于条件事件，由于其总是与特殊门联系在一起的，处理规则在特殊门的等效变换规则中加以介绍。

特殊门的规范化原则如下：

（1）顺序与门变换为与门。具体规范化方法如图 7-4 所示，即顺序与门的输出不变，顺序与门变为与门，其余输入不变，顺序条件事件作为一个新的输入事件即可。

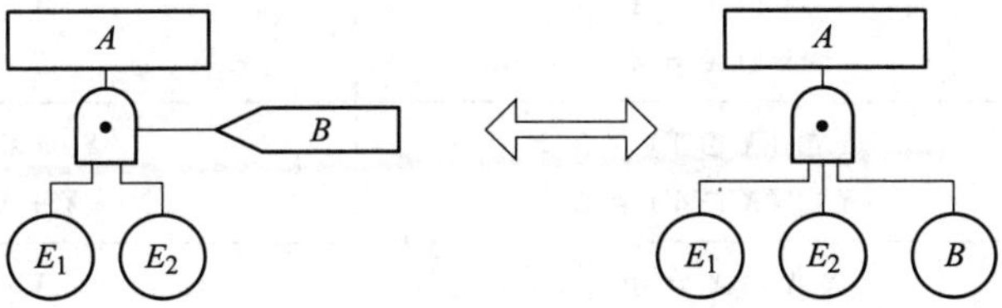


图 7-4　顺序与门变换为与门（图中 $B$ 为顺序条件事件）

（2）表决门变换为或门和与门的组合。具体规范化方法如图 7-5 所示，图中以最常用的 3 取 2 表决门为例加以说明，即将表决门中所有可以使 $A$ 发生的可能性都作为中间事件，这些中间事件以或门的关系与事件 $A$ 相连。

### 7.3.3 故障树的简化和模块分解

故障树的简化和模块分解并不是故障树分析的必要步骤。对故障树不作简化和模块分解，或简化和模块分解不完全，并不会影响以后定性分析和定量分析的结果。然而，对故障树尽可能地简化和模块分解，可以有效减少故障树的规模，从而减少分析工作量。

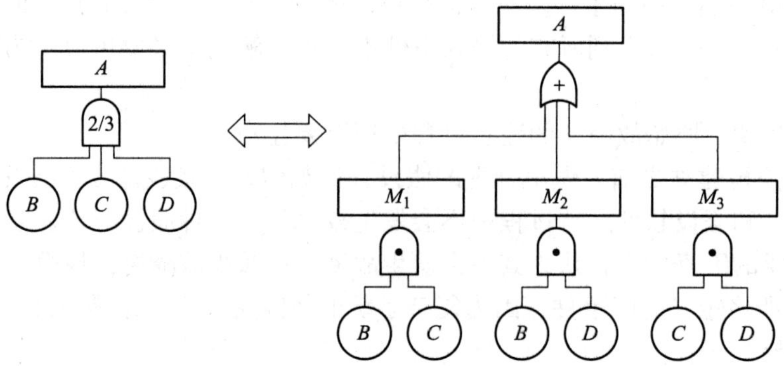


图 7-5　3 取 2 表决门规范化图例

#### 7.3.3.1　故障树的简化

故障树在建立的时候要用相同转移符号表示相同子树，用相似转移符号表示相似子树；在简化过程中使用的方法是用布尔代数法简化，去掉明显的逻辑多余事件和明显的逻辑多余门；其中用得最多的简化规律是吸收率。表 7-1 是布尔代数中的简化规律表。

**表 7-1　常用的布尔代数化简规律**

| 名称 | 数学符号 | 工程符号 |
|---|---|---|
| 交换律 | $X \cap Y = Y \cap X$<br>$X \cup Y = Y \cup X$ | $X \cdot Y = Y \cdot X$<br>$X + Y = Y + X$ |
| 结合律 | $X \cap (Y \cap Z) = (X \cap Y) \cap Z$<br>$X \cup (Y \cup Z) = (X \cup Y) \cup Z$ | $X \cdot (Y \cdot Z) = (X \cdot Y) \cdot Z$<br>$X + (Y + Z) = (X + Y) + Z$ |
| 分配律 | $X \cap (Y \cup Z) = (X \cap Y) \cup (X \cap Z)$<br>$X \cup (Y \cap Z) = (X \cup Y) \cap (X \cup Z)$ | $X \cdot (Y + Z) = (X \cdot Y) + (X \cdot Z)$<br>$X + Y \cdot Z = (X + Y) \cdot (X + Z)$ |
| 幂等律 | $X \cap X = X$<br>$X \cup X = X$ | $X \cdot X = X$<br>$X + X = X$ |
| 吸收律 | $X \cap (X \cup Y) = X$<br>$X \cup (X \cap Y) = X$ | $X \cdot (X + Y) = X$<br>$X + X \cdot Y = X$ |
| 互补法 | $X \cap \overline{X} = \Phi$<br>$X \cup \overline{X} = \Omega = 1$<br>$\overline{\overline{X}} = X$ | $X \cdot \overline{X} = \Phi$<br>$X + \overline{X} = \Omega = 1$<br>$\overline{\overline{X}} = X$ |
| 狄·摩根定理 | $(\overline{X \cap Y}) = \overline{X} \cup \overline{Y}$<br>$(\overline{X \cup Y}) = \overline{X} \cap \overline{Y}$ | $(\overline{X \cdot Y}) = \overline{X} + \overline{Y}$<br>$(\overline{X + Y}) = \overline{X} \cdot \overline{Y}$ |
| 用 $\Phi$ 和 $\Omega$ 运算 | $\Phi \cap X = \Phi$，$\Phi \cup X = X$<br>$\Omega \cap X = X$，$\Omega \cup X = \Omega$<br>$\overline{\Phi} = \Omega$，$\overline{\Omega} = \Phi$ | $\Phi \cdot X = \Phi$，$\Phi + X = X$<br>$\Omega \cdot X = X$，$\Omega + X = \Omega$<br>$\overline{\Phi} = \Omega$，$\overline{\Omega} = \Phi$ |
| 常用关系式 | $X \cup (\overline{X} \cap Y) = X \cup Y$<br>$\overline{X} \cap (X \cup \overline{Y}) = \overline{X} \cap \overline{Y} = (\overline{X \cup Y})$ | $X + \overline{X} \cdot Y = X + Y$<br>$\overline{X} \cdot (X + \overline{Y}) = \overline{X} \cdot \overline{Y} = (\overline{X + Y})$ |

【例 7-2】 简化图 7-6 所示的故障树。

**解**：利用结合律：$(X_1 \cup X_2) \cup X_3 = X_1 \cup X_2 \cup X_3$，对原故障树进行化简，化简后的故障树如图 7-7 所示，化简后的故障树减少了一个或门和一个中间事件。

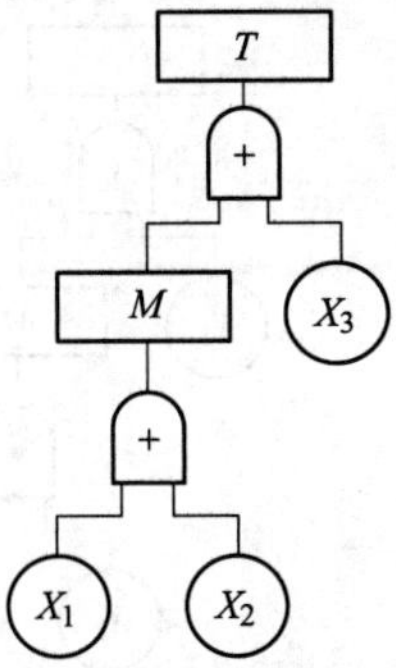

图 7-6 简化前的故障树

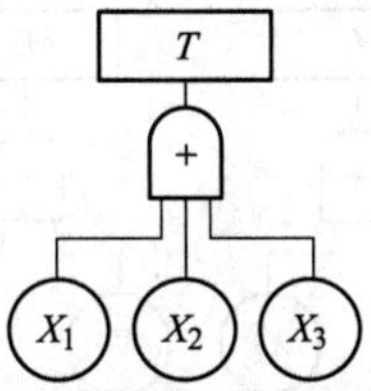

图 7-7 简化后的故障树

【例 7-3】 简化图 7-8 所示的故障树。

**解**：利用结合律：$(X_1 \cap X_2) \cap X_3 = X_1 \cap X_2 \cap X_3$，对原故障树进行化简，化简后的故障树如图 7-9 所示，化简后的故障树减少了一个与门和一个中间事件。

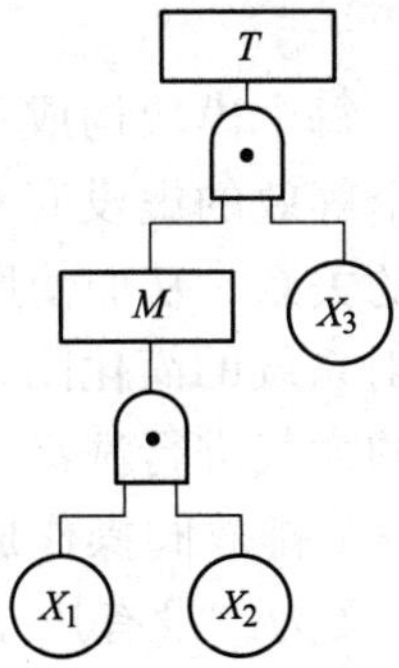

图 7-8 简化前的故障树

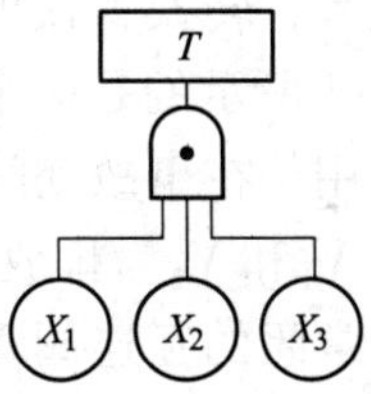

图 7-9 简化后的故障树

【例 7-4】 简化图 7-10 所示的故障树。

**解**：利用分配律：$(X_1 \cap X_2) \cup (X_1 \cap X_3) = X_1 \cap (X_2 \cup X_3)$，对原故障树进行化简，化简后的故障树如图 7-11 所示，化简后的故障树减少了一个与门和一个中间事件。

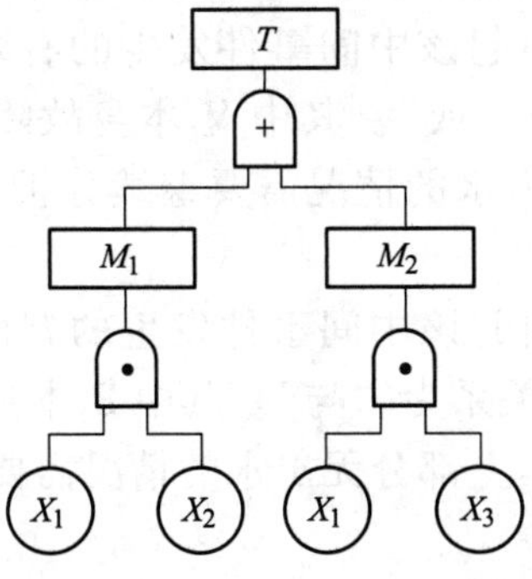

图 7-10 简化前的故障树

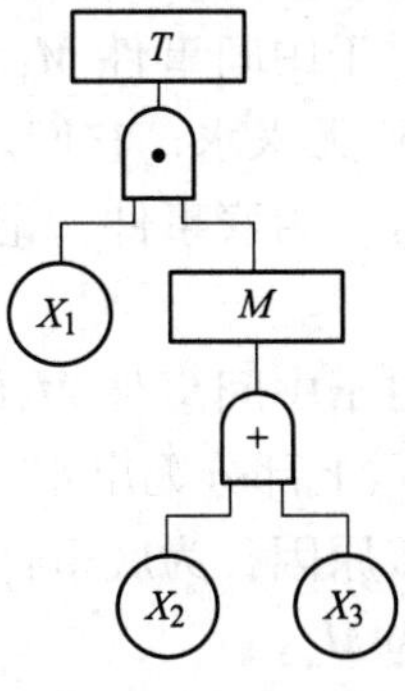

图 7-11 简化后的故障树

【例 7-5】 简化图 7-12 所示的故障树。

**解**：利用分配律：$(X_1 \cup X_2) \cap (X_1 \cup X_3) = X_1 \cup (X_2 \cap X_3)$，对原故障树进行化简，化简后的故障树如图 7-13 所示，化简后的故障树减少了一个或门和一个中间事件。

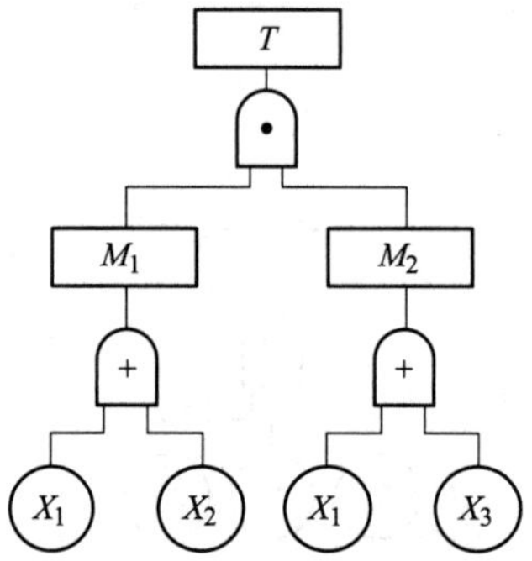


图 7-12 简化前的故障树

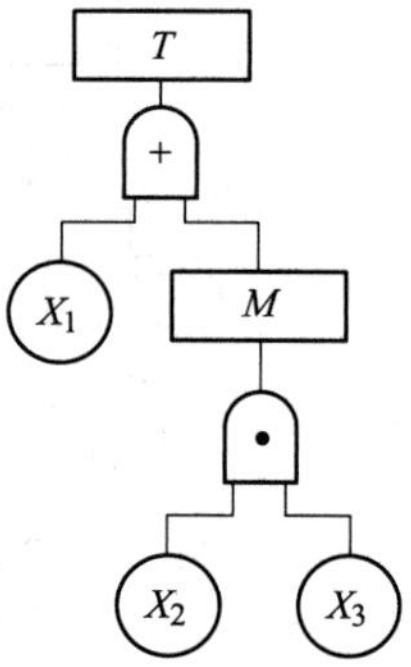


图 7-13 简化后的故障树

7.3.3.2 故障树的模块分解

故障树中的模块指的是故障树中至少两个底事件的集合，向上可到达同一逻辑门，而且必须通过此门才能到达顶事件。

按照模块的定义，找出故障树中尽可能大的模块，每个模块构成一个模块子树，可单独地进行定性分析和定量分析；对每个模块子树用一个等效的虚设底事件来代替，将顶事件与各模块之间的关系，转换为顶事件与底事件之间的关系，从而使原故障树得以简化。

【例 7-6】 图 7-14 所示的是一个核电站安全壳喷射系统的简化图，实际系统将包含更多阀门数量。该系统用于在事故期间对核反应堆周围的大气进行洗涤和冷却。简化图中的 $P_1$ 和 $P_2$ 为动力系统，$V_1$ 和 $V_2$ 为排放阀，泵中的任何一个排放阀操作成功即可。为了提高可靠性，增加了一个常闭的互连阀 $V_3$。如果顶事件定义为：没有用于冷却的水，建立该顶事件的故障树，如果需要并加以简化。

**解**：从图 7-14 可以看出，该简化系统包含两个分支，只要有一个分支成功就可以完成系统功能。

第一步：导致顶事件发生的直接原因有两个：$V_1$ 和 $V_2$ 分支没有出水，它们之间的逻辑关系为“与”。这两个直接原因记为：$V_1$ 无出水记为 $M_1$，$V_2$ 无出水记为 $M_2$。

第二步：对于中间事件 $M_1$ 继续进行分析：引起该中间事件发生的有两个直接原因，$V_1$ 本身故障和 $V_1$ 无入水，它们之间的逻辑关系为“或”。其中 $V_1$ 本身故障不需要再继续分析其直接原因，为底事件，记为 $X_{V1}$，而 $V_1$ 无入水的情况需要继续分析，为中间事件，记为 $M_3$。

第三步：对于中间事件 $M_3$ 继续进行分析：引起该中间事件发生的有两个直接原因：$P_1$ 本身故障和 $V_3$ 上部分无出水，它们之间的逻辑关系为“与”。其中 $P_1$ 本身故障不需要再继续分析其直接原因，为底事件，记为 $X_{P1}$，而 $V_3$ 上部分无出水的情况需要继续分析，为中间事件，记为 $M_4$。

第四步：对于中间事件 $M_4$ 继续进行分析：引起该中间事件发生的有两个直接原因：$P_2$ 本身故障和 $V_3$ 本身故障，它们之间的逻辑关系为“或”。由于这两个直接原因都是设备本身故障，都不需要再继续分析其直接原因，为底事件，分别记为$X_{P2}$和$X_{V3}$，到此，$V_1$分支的分析完成。

由于这两个分支的情况相类似，$V_2$分支的分析过程省略。根据$V_1$分支的分析过程，对该喷淋系统的设备故障原因，根据其为中间事件和底事件分别进行了标记，如图 7-15 所示。$V_1$分支的故障树部分如图 7-16 所示，完整的故障树如图 7-17 所示。

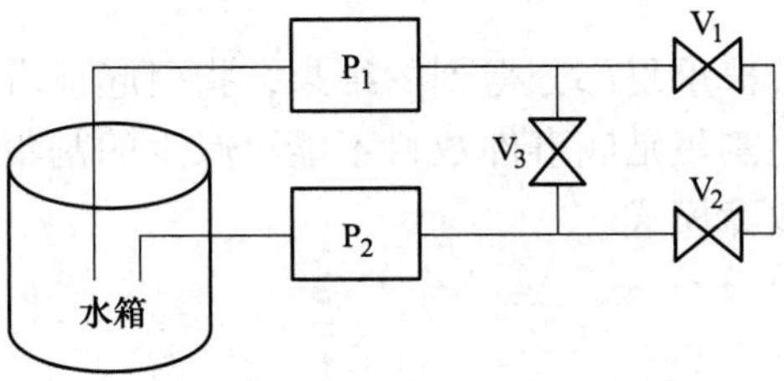


图 7-14　喷射系统的简化图

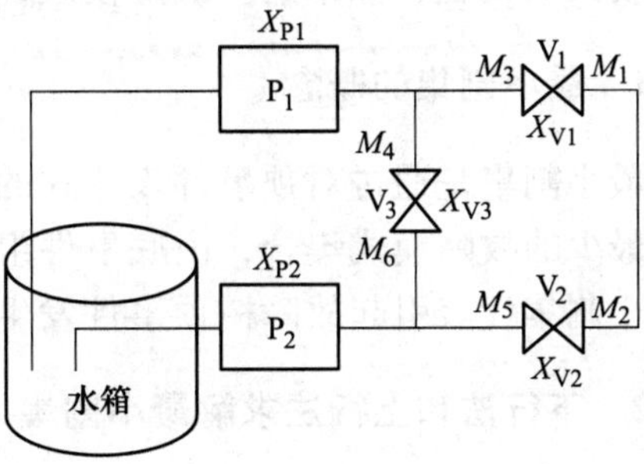


图 7-15　添加设备标记的喷射系统的简化图

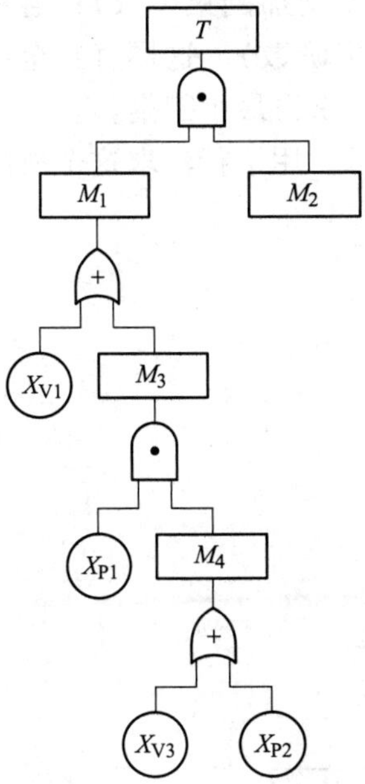


图 7-16　$V_1$分支的故障树部分

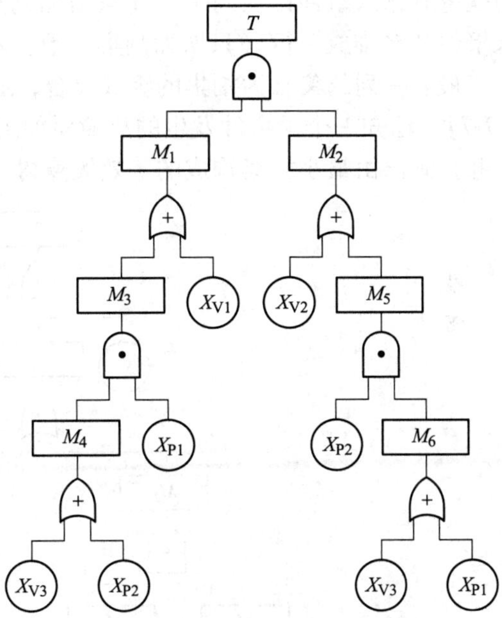


图 7-17　喷射系统完整的故障树

## 7.4　故障树定性分析方法

定性分析的目的是弄清系统（或设备）出现某种故障（即顶事件）的可能性有多少，分析系统的某个故障由哪些因素引起。即故障树定性分析指的是寻找出导致顶事件发生的所有可能的故障模式，也称为求故障树的所有最小割集的过程。此时，即使在基本事件的概率规律及原始数据并不十分清楚的情况下，也能判定系统可靠性最薄弱的环节，比较不同系统（当这些系统的故障树的基本事件情况相似条件下）的可靠性程度。

故障树定性分析比定量计算更具有实用性。因为最常见的情况是底事件可靠性数据不全或不准确以及人为因素难以定量等。

研究最小割集可以找出故障树的薄弱环节。割集是故障树若干底事件的集合，也就是故障模式的集合，如果这些故障模式都发生，则顶事件必然发生。

### 7.4.1 最小割集的概念

最小割集是通过对顶事件表达式的化简，去掉重复部分得到的结果，指引起顶事件发生的最少的故障模式集合，由底事件组成。最小割集是底事件数目不能再减少的割集，一个最小割集代表引起故障树顶事件发生的一种故障模式。

### 7.4.2 下行法和上行法求解最小割集

7.4.2.1 下行法

下行法的具体思路是：根据故障树的实际结构，从顶事件开始，逐级向下寻查，其中遇到与门就将其输入事件排在同一行（只增加割集阶数，不增加割集个数）；遇到或门就将其输入事件各自排成一行（只增加割集个数，不增加割集阶数）。这样直到全部换成底事件为止，最右一列的集合为割集的组成集合，通过化简，求得最小割集。

**【例 7-7】** 已知一个顶事件发生的故障树如图 7-18 所示，用下行法求这个故障树的最小割集，并且画出由最小割集构成的等效故障树。

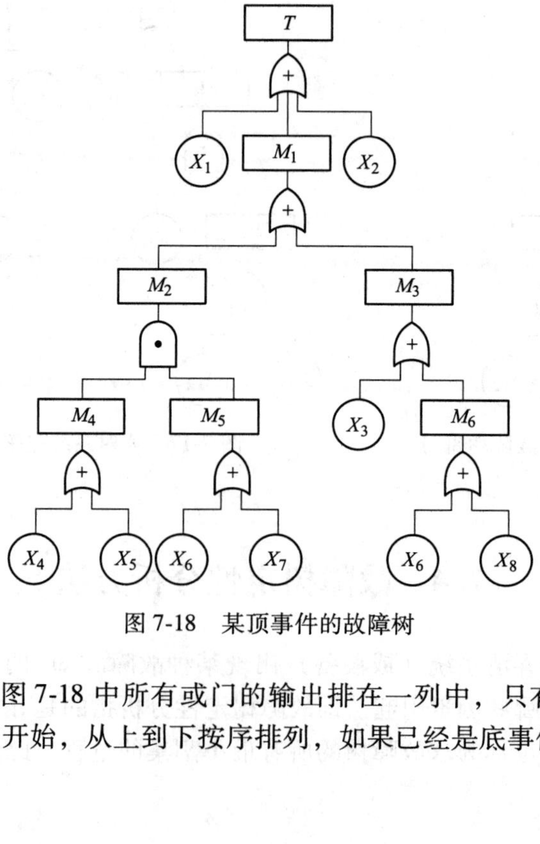


图 7-18 某顶事件的故障树

**解：**按照下行法，图 7-18 中所有或门的输出排在一列中，只有一个与门，其输出排在一行中，从顶事件 $T$ 开始，从上到下按序排列，如果已经是底事件，则在下一列展开时不变，直到一列中的事件都是底事件为止（即如下式中的第 7 列），表示如下：

| | | | | | | |
|---|---|---|---|---|---|---|
| $T$ → | $X_1$ → | $X_1$ → | $X_1$ → | $X_1$ → | $X_1$ → | $X_1$ |
| | $M_1$ | $M_2$ | $M_4$，$M_5$ | $M_4$，$M_5$ | $X_4$，$M_5$ | $X_4$，$X_6$ |
| | $X_2$ | $M_3$ | $M_3$ | $X_3$ | $X_5$，$M_5$ | $X_4$，$X_7$ |
| | | $X_2$ | $X_2$ | $M_6$ | $X_3$ | $X_5$，$X_6$ |
| | | | | $X_2$ | $M_6$ | $X_5$，$X_7$ |
| | | | | | $X_2$ | $X_3$ |
| | | | | | | $X_6$ |
| | | | | | | $X_8$ |
| | | | | | | $X_2$ |
| | 或门 | 或门 | 与门 | 或门 | 或门 | 或门 |

从上面式中的最后一列可以知道，该故障树的割集共有 9 个，即：$\{X_1\}$，$\{X_4, X_6\}$，$\{X_4, X_7\}$，$\{X_5, X_6\}$，$\{X_5, X_7\}$，$\{X_3\}$，$\{X_6\}$，$\{X_8\}$，$\{X_2\}$，每个割集的发生都会引起顶事件的发生，即该故障树顶事件发生可能由 9 种故障造成。为了排除不同割集代表同一种故障原因的可能性，对这些割集进行简化：

由吸收律可知：$X_6 + X_4X_6 = X_6$，$X_6 + X_5X_6 = X_6$，消掉 $X_5X_6$ 和 $X_4X_6$，简化后得到的最小割集为：$\{X_1\}$，$\{X_4, X_7\}$，$\{X_5, X_7\}$，$\{X_3\}$，$\{X_6\}$，$\{X_8\}$，$\{X_2\}$。

从以上最小割集的组成可以得出：$X_1$、$X_2$、$X_3$、$X_6$、$X_8$ 为单点故障，需要首先考虑；其次，$X_7$ 在割集中出现两次，为比较重要的故障，也需要加以注意。

已知最小割集画等效故障树如图 7-19 所示。

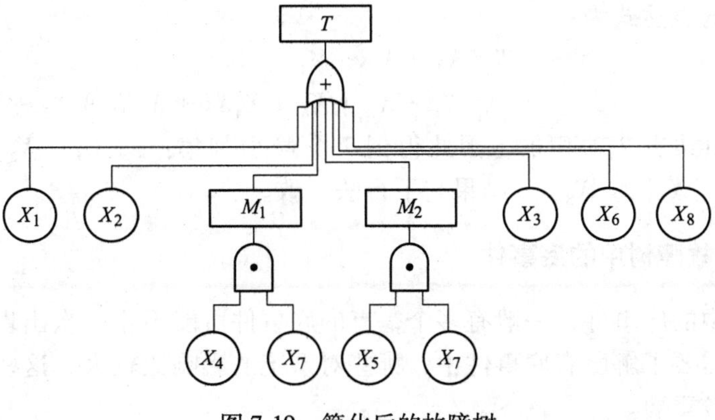


图 7-19 简化后的故障树

从图 7-19 的故障树可以得出：如果一个故障树的最小割集已知，其简化的故障树有如下特点，割集之间的逻辑关系为或，割集内部的逻辑关系为与。即顶事件下面的逻辑门为或门，该或门的输入为所有的割集，割集内部如果包含两个或以上的底事件，则这些底事件和所在割集的逻辑关系为与。

#### 7.4.2.2 上行法

上行法是另外一种常用的求故障树割集的方法，具体过程为：从故障树的底事件开始，自下而上逐层地进行事件集合运算：将“或门”输出事件用输入事件的并（布尔和）代替；将“与门”输出事件用输入事件的交（布尔积）代替，即故障树中或门的输出为其输入事件的和；故障树中与门的输出为其输入事件的积。这样得到的顶事件表达式，为所有割集相加的形式。同样经过化简，得到每一个乘积项对应于故障树的一个最小割集，全部乘积项即是故障树的所有最小割集。

上行法仍然以图 7-18 中所示的故障树为例加以说明。从故障树的最底层中间事件开始，逐层展开到顶事件：

最底层的中间事件有 $M_4$、$M_5$和 $M_6$，其表达式分别为：

$$M_4 = X_4 + X_5$$
$$M_5 = X_6 + X_7$$
$$M_6 = X_6 + X_8$$

在上一层的中间事件有 $M_2$和 $M_3$，其表达式分别为：

$$\begin{aligned} M_2 &= M_4 M_5 \\ &= (X_4 + X_5)(X_6 + X_7) \\ &= X_4X_6 + X_4X_7 + X_5X_6 + X_5X_7 \end{aligned}$$

$$\begin{aligned} M_3 &= X_3 + M_6 \\ &= X_3 + X_6 + X_8 \end{aligned}$$

在上一层的中间事件只包含 $M_1$，其表达式为：

$$\begin{aligned} M_1 &= M_2 + M_3 \\ &= X_4X_6 + X_4X_7 + X_5X_6 + X_5X_7 + X_3 + X_6 + X_8 \\ &= (X_4X_6 + X_6 + X_5X_6) + X_4X_7 + X_5X_7 + X_3 + X_8 \\ &= X_6 + X_4X_7 + X_5X_7 + X_3 + X_8 \end{aligned}$$

因此顶事件的表达式为：

$$\begin{aligned} T &= X_1 + X_2 + M_1 \\ &= X_1 + X_2 + X_6 + X_4X_7 + X_5X_7 + X_3 + X_8 \end{aligned}$$

$T$ 的表达式中共有 7 项相加，因此得到 7 个最小割集：$\{X_1\}$，$\{X_2\}$，$\{X_6\}$，$\{X_4, X_7\}$，$\{X_5, X_7\}$，$\{X_3\}$，$\{X_8\}$，结果与下行法一致。

### 7.4.3 定性评定故障树中的底事件

一个故障树中的底事件，一般有多个，有的底事件可能不止一次出现在故障树中。故障树分析的结果需要了解所有底事件中，哪些对系统的影响比较大，这些影响大的底事件对于系统来说比较重要。

为了方便比较，定义最小割集所含底事件的数目，称为该最小割集的“阶数”，底事件的定性评定可以利用最小割集比较得出结果，定性评定故障树中的底事件包含两个方面：

第一方面，对于相同失效概率的元件组成的系统，可以比较系统的失效概率的大小，比较的原则是：系统所包含的最小割集的最小阶数值越小，系统的失效概率越高；系统所包含最小割集的最小阶数如果相同，则该阶数的最小割集的个数越多，该系统的失效概率越高。

第二方面，比较底事件的重要性，容易引起系统失效的程度，底事件失效越容易引起系统失效，该底事件越重要，即重要性越大。

假设各个底事件发生概率比较小，它们之间的差别不大，阶数值越小的最小割集的重要性越大；在不同的最小割集中重复出现的次数越多的底事件，其重要性也越大；在阶数值小的最小割集中出现的底事件比在阶数值大的最小割集中出现的底事件重要。

例 7-7 中 $\{X_1, X_2, X_3\}$ 阶数值为 3；$\{X_1\}$ 阶数值为 1，最小割集 $\{X_1\}$ 最重要。

总之，故障树定性分析是以单一故障模式作为分析对象（顶事件）建立故障树，故障树分析的结果可以求出顶事件发生的最小割集，最小割集与顶事件之间的关系为“或”，而最小割集分析目的是找到比较重要的底事件，给出这些重要的底事件包含的故障模式不发生需要采取措施的建议。

## 7.5 故障树定量分析

故障树定量分析的目的是得到在底事件互相独立和已知其发生概率的条件下，顶事件发生概率和底事件重要度等定量指标（参考文件 GJB 768）。定量分析常用的指标有顶事件发生的概率、底事件重要度等。

通过故障树的定量分析，可以计算或估计顶事件发生的概率，即输入底事件的失效概率，求出系统的失效概率；可以求出各单元（底事件）的结构重要度、概率重要度和关键重要度。最后根据关键重要度的大小排序，找出最佳障故诊断和修理顺序，同时也可作为首先改善相对不可靠的单元，依据其进行改进。

定量分析时假设：底事件之间相互独立；底事件和顶事件都只考虑两种状态，即发生或不发生，也就是说元部件和系统都是只有两种状态，正常或故障。一般情况下，故障分布都假定为指数分布。

### 7.5.1 顶事件发生的概率估计

#### 7.5.1.1 直接计算法

已知以某系统失效作为顶事件建立的故障树，其有 $n$ 个最小割集，记为：$K_1$，$K_2$，…，$K_n$，则系统失效的概率记为 $P(T)$

$$P(T) = P(K_1 \cup K_2 \cup K_3 \cup \cdots \cup K_n) \tag{7-3}$$

用布尔代数简化后，代入各单元失效概率算出。

当 $K_i$ 之间不相交时，系统失效的概率为：

$$P(T) = \sum_{i=1}^{n} P(K_i) \tag{7-4}$$

当 $K_i$ 之间相交时，系统失效的概率为：

$$P(T) = \sum_{i=1}^{n} P(K_i) - \sum_{1 \leqslant i < j \leqslant n} P(K_iK_j) + \sum_{1 \leqslant i < j < k \leqslant n} P(K_iK_jK_k) + \cdots + (-1)^{m-1}P(K_iK_j\cdots K_n) \tag{7-5}$$

**【例 7-8】** 已知某系统的故障树的最小割集为：$\{X_1, X_2\}$，$\{X_1, X_3\}$，$\{X_2, X_3\}$，$\{X_3, X_4, X_5\}$，其中 $X_1 \sim X_5$ 的故障概率均为 0.1，计算该顶事件发生的概率。

**解**：首先进行割集不交化过程的计算，设顶事件为 $T$，则有：

$P(T) = P(X_1X_2 \cup X_1X_3 \cup X_2X_3 \cup X_3X_4X_5)$

$$= P(X_1X_2 + \overline{X_1X_2} \cdot X_1X_3 + \overline{X_1X_2} \cdot \overline{X_1X_3} \cdot X_2X_3 + \overline{X_1X_2} \cdot \overline{X_1X_3} \cdot \overline{X_2X_3} \cdot X_3X_4X_5)$$

顶事件的表达式为 4 项之和，分别推导第 2、3、4 项：

第 2 项：$\overline{X_1X_2} \cdot X_1X_3 = (\overline{X}_1 + \overline{X}_2) \cdot X_1X_3 = \overline{X}_1X_1X_3 + \overline{X}_2X_1X_3 = \overline{X}_2X_1X_3$

第 3 项：$\overline{X_1X_2} \cdot \overline{X_1X_3} \cdot X_2X_3 = (\overline{X_3X_1} \cdot X_3X_2)\,\overline{X_1X_2} = \overline{X}_1X_3X_2(\overline{X}_1 + \overline{X}_2) = \overline{X}_1X_2X_3$

第 4 项：

$$\begin{aligned}
\overline{X_1X_2} \cdot \overline{X_1X_3} \cdot \overline{X_2X_3} \cdot X_3X_4X_5 &= \overline{X_1X_2} \cdot \overline{X_1X_3}(\overline{X}_2 + \overline{X}_3) \cdot X_3X_4X_5 \\
&= \overline{X_1X_2} \cdot \overline{X_1X_3} \cdot \overline{X}_2X_3X_4X_5 \\
&= \overline{X_1X_2} \cdot (\overline{X}_1 + \overline{X}_3) \cdot \overline{X}_2X_3X_4X_5 \\
&= \overline{X_1X_2} \cdot \overline{X}_1\overline{X}_2X_3X_4X_5 \\
&= (\overline{X}_1 + \overline{X}_2) \cdot \overline{X}_1\overline{X}_2X_3X_4X_5 \\
&= \overline{X}_1\overline{X}_2X_3X_4X_5
\end{aligned}$$

$$P(T) = P(X_1X_2 + X_1\overline{X}_2X_3 + \overline{X}_1X_2X_3 + \overline{X}_1\overline{X}_2X_3X_4X_5)$$

因为所有的底事件发生的概率都相等，对上式进行化简求出顶事件发生的概率：

$$\begin{aligned}
P(T) &= P(X_1X_2 + X_1\overline{X}_2X_3 + \overline{X}_1X_2X_3 + \overline{X}_1\overline{X}_2X_3X_4X_5) \\
&= P(X_1X_2 + 2X_1\overline{X}_2X_3 + \overline{X}_1\overline{X}_2X_3X_4X_5) \\
&= P(X_1X_2 + 2X_1(1 - X_2)X_3 + (1 - X_1)(1 - X_2)X_3X_4X_5) \\
&= P(X_1X_2) + P(2X_1(1 - X_2)X_3) + P((1 - X_1)(1 - X_2)X_3X_4X_5) = 0.02881
\end{aligned}$$

#### 7.5.1.2 递推化法

递推化法是从各个割集的表达式中由左到右逐步进行展开，实现割集的不交化过程，这样就免去了用布尔代数进行大量化简的过程。

以顶事件包含 3 个割集为例，其递推公式为

$$P(T) = P(K_1 \cup K_2 \cup K_3) = P(K_1 + \overline{K}_1K_2 + \overline{K}_1\overline{K}_2K_3) \tag{7-6}$$

当顶事件包含的割集数为 $N$ 时，使用递推化法的一般通式为

$$\begin{aligned}
P(T) &= P(K_1 \cup K_2 \cup \cdots \cup K_{N_i}) \\
&= P(K_1 + \overline{K}_1K_2 + \overline{K}_1\overline{K}_2K_3 + \cdots + \overline{K}_1\overline{K}_2\overline{K}_3\cdots\overline{K}_{N_i-1}K_{N_i})
\end{aligned} \tag{7-7}$$

从式（7-6）和式（7-7）都可以求出顶事件发生的概率。

当最小割集之间完成不交化之后，顶事件表达式中各项被加项之间是不相交的，即可由底事件发生的概率值求出顶事件发生的概率值 $P(T)$。当顶事件包含的割集数较多时，顶事件发生的概率一般用计算机进行计算。只有在顶事件包含的割集数较少时，采用手工计算。

#### 7.5.1.3 利用逻辑门计算法

由于故障树是由逻辑门将底事件与顶事件联系在一起的，如果已知顶事件的故障树，而且已知逻辑门的概率计算公式，这样顶事件的概率计算公式可以很容易地写出来。表 7-2 为典型逻辑门的概率计算公式。

表 7-2 典型逻辑门的概率计算公式

| 序号 | 名称 | 描 述 |
|---|---|---|
| 1 | 与门 | $F_s(t) = E[\Phi(\vec{X})] = E\left[\prod_{i=1}^{n} X_i(t)\right] = F_1(t) \cdot F_2(t) \cdot \cdots \cdot F_n(t)$ |
| 2 | 或门 | $F_s(t) = E[\Phi(\vec{X})] = E\left[1 - \prod_{i=1}^{n}(1 - X_i(t))\right] = 1 - [1 - F_1(t)][1 - F_2(t)]\cdots[1 - F_n(t)]$ |
| 3 | $n$ 中取 $r$ | 当 $n$ 个输入事件为同类事件时，<br>$F_s(t) = E[\Phi(\vec{X})] = \sum_{m=r}^{n} C_n^m F_i^m(t)[1 - F_i(t)]^{n-m}$ |
| 4 | 异或门 | $F_s(t) = E[\Phi(\vec{X})] = \{1 - [1 - E(X_1)E(1 - X_2)]\}\{1 - [1 - E(X_2)E(1 - X_1)]\}$<br>$= [1 - (1 - (1 - R_1)R_2)][1 - (1 - (1 - R_2)R_1)]$ |

**【例 7-9】** 某系统的故障树如图 7-20 所示，包含 3 个底事件，其发生的概率分别为 $X_1$ 为 0.002，$X_2$ 和 $X_3$ 为 0.03。用三种方法分别计算其顶事件的概率，并进行比较。

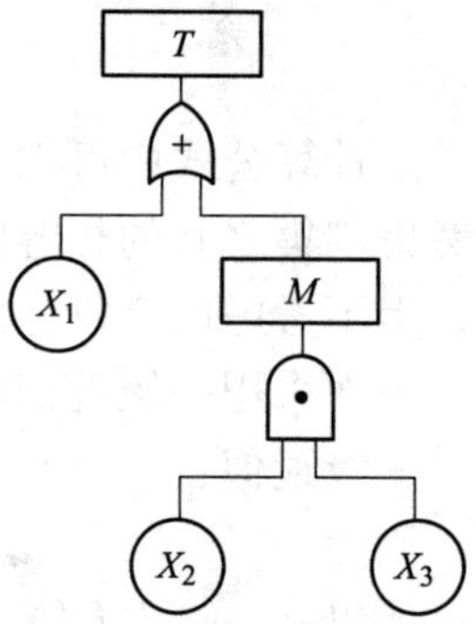


图 7-20 某系统的故障树

**解**：首先求出该故障树的最小割集为：

$$K_1 = \{X_1\} \qquad K_2 = \{X_2X_3\}$$

第一种：直接计算法

代入式（7-7）：

$$P(T) = P(X_1) + P(X_2X_3) - P(X_1X_2X_3) = 2.898 \times 10^{-3}$$

第二种：递推化法

根据式（7-6）可知：

$$P(T) = P(K_1 + \overline{K}_1K_2)$$
$$= P(K_1 + (1 - K_1)K_2) = P(X_1) + P(X_2X_3) - P(X_1X_2X_3) = 2.898 \times 10^{-3}$$

第三种：利用逻辑门计算法

故障树中或门输出为 $T$，输入为 $M$ 和 $X_1$，与门的输出为 $M$，输入为 $X_2$ 和 $X_3$，如果顶事件发生的概率记为 $F_s(t)$，三个底事件发生的概率分别记为 $F_1(t)$、$F_2(t)$ 和 $F_3(t)$，中间事件发生的概率记为 $F_M(t)$，则

$$F_1(t) = 0.002,\ F_2(t) = F_3(t) = 0.03$$

根据表 7-2 中对应逻辑门的概率计算公式得到顶事件的概率为：

$$F_s(t) = 1 - [1 - F_1(t)][1 - F_M(t)]$$
$$F_M(t) = F_2(t) \cdot F_3(t)$$
$$F_s(t) = 1 - [1 - F_1(t)][1 - F_2(t)F_3(t)]$$
$$= 1 - [1 - F_2(t)F_3(t) - F_1(t) + F_1(t)F_2(t)F_3(t)]$$
$$= F_1(t) + F_2(t)F_3(t) - F_1(t)F_2(t)F_3(t) = 2.898 \times 10^{-3}$$

从上面三种计算方法可以看出，结果是相同的。

### 7.5.2　求顶事件发生概率的近似值

在许多实际工程问题中，精确计算是不必要的，因为统计得到的基本数据往往不是很准确的数据，因此用底事件的数据计算顶事件发生的概率值时精确计算没有实际意义。

例 7-8 为了准确计算顶事件发生的概率进行了大量的推导，在实际中系统可能更加复杂，若要精确计算顶事件发生的概率，割集不交化过程的工作量会很大。实际中，当底事件的失效率 $\leqslant 0.01$ 时，经常采用近似算法，根据近似程度不同，分为一级近似和二级近似，其计算公式分别为

一级近似：

$$P(T)_1 \approx \sum_{i=1}^{N_k} P(K_i) \tag{7-8}$$

二级近似：

$$P(T)_2 \approx \sum_{i=1}^{N_k} P(K_i) - \sum_{i<j=2}^{N_k} P(K_i K_j) \tag{7-9}$$

其中

$$P(K_i) = \prod P(X_k),\quad X_k \in K_i$$

从计算公式中可知，一级近似是用所有最小割集的概率和来近似顶事件发生的概率，不考虑割集之间的相容问题；二级近似是在一级近似的基础上，考虑了两个割集的相容问题，但不考虑两个以上的割集的相容问题。

下面采用一级近似和二级近似方法分别近似计算例 7-8 中的顶事件发生的概率：

一级近似：

因为　$T = X_1X_2 \cup X_1X_3 \cup X_2X_3 \cup X_3X_4X_5$

所以

$$\begin{aligned} P(T)_1 &\approx P(X_1X_2) + P(X_1X_3) + P(X_2X_3) + P(X_3X_4X_5) \\ &= 0.031 \end{aligned}$$

二级近似：利用所有底事件的故障概率相等的条件

$$\begin{aligned} P(T)_2 &\approx Q(T)_1 - 3P(X_1X_2)P(X_1X_3) - 3P(X_1X_2)P(X_3X_4X_5) \\ &= 0.031 - 3\times 0.01^2 - 3\times 0.1^5 \\ &= 0.0307 \end{aligned}$$

即一级近似为 0.031，二级近似为 0.0307，精确计算为 0.02881。

二级近似计算顶事件发生概率的方法，可用于最小割集之间有重复出现的底事件的情况。

**【例 7-10】**　以图 7-18 的故障树为例，已知在 $t = t_0 = 100$ h 时，各底事件故障的概率分别是：$F_1(100) = F_2(100) = F_3(100) = 0.01$，$F_4(100) = F_5(100) = 0.02$，$F_6(100) = F_7(100) = F_8(100) = 0.03$，采用一级近似计算该顶事件发生的概率 $P(T)$。

**解**：从前面分析中得到该故障树的最小割集为

$$K_1 = \{X_1\};\ K_2 = \{X_4,\ X_7\};\ K_3 = \{X_5,\ X_7\};\ K_4 = \{X_3\};$$
$$K_5 = \{X_6\};\ K_6 = \{X_8\};\ K_7 = \{X_2\}$$

$$P(100) = F_s(100) = \sum_{i=1}^{7}\left(\prod_{i\in K_j} F_i(100)\right)$$

$$= F_1(100) + [F_4(100)F_7(100)] + [F_5(100)F_7(100)] + F_3(100) + F_6(100) + F_8(100) + F_2(100)$$
$$= 0.0912$$

该故障树中的顶事件概率的二级近似公式的最大项为 0.0003，影响最后一位，说明一级近似的近似程度并不差。

**【例 7-11】** 推导例 7-10 中的顶事件概率的二级近似公式。

**解**：例 7-10 中顶事件的最小割集为：$\{X_1\}$，$\{X_2\}$，$\{X_6\}$，$\{X_4, X_7\}$，$\{X_5, X_7\}$，$\{X_3\}$，$\{X_8\}$，设一级近似公式记为 $P(T)_1$，则顶事件的二级近似公式为

$$P(T)_2 \approx \sum_{i=1}^{N_k} P(K_i) - \sum_{i<j=2}^{N_k} P(K_iK_j) = P(T)_1 - \prod P(K_iK_j)$$

**【例 7-12】** 某系统的故障树如图 7-21 所示，其中 $F_{X1} = F_{X2} = 0.2$，$F_{X3} = F_{X4} = 0.3$，$F_{X5} = 0.36$，求顶事件发生概率。

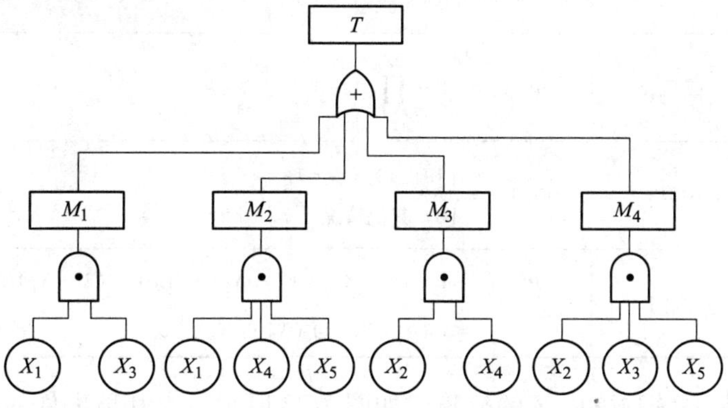


图 7-21 系统的故障树

**解**：该故障树的最小割集为：

$K_1 = \{X_1, X_3\}$，$K_2 = \{X_1, X_4, X_5\}$，$K_3 = \{X_2, X_4\}$，$K_4 = \{X_2, X_3, X_5\}$

利用逻辑门计算法：

$$F_s = 1 - [1 - F_{M1}][1 - F_{M2}][1 - F_{M3}][1 - F_{M4}]$$
$$F_{M1} = F_{X1} \cdot F_{X3}$$
$$F_{M2} = F_{X1} \cdot F_{X4} \cdot F_{X5}$$
$$F_{M3} = F_{X2} \cdot F_{X4}$$
$$F_{M4} = F_{X2} \cdot F_{X3} \cdot F_{X5}$$

代入得出顶事件发生的概率为 0.1542。

### 7.5.3 故障树的数学描述

故障树可以通过其结构函数加以描述。故障树的结构函数是描述各个底事件重要度的基础。故障树的结构函数是用来表示顶事件状态的布尔函数，依据顶事件的状态不同，其值也不同，即如果故障树中的顶事件发生，则其结构函数的值为 1，否则，其值为 0。具体表达式：

$X_i = 1$　底事件 $X_i$ 发生(底事件表示的单元故障)

$X_i = 0$　底事件 $X_i$ 不发生(底事件表示的单元正常)

$\Phi = 1$　顶事件发生(故障)

$\Phi = 0$　顶事件不发生(正常)

$$\Phi = \Phi(\vec{X}),\ \vec{X} = (X_1,\ X_2,\ \cdots,\ X_n)$$

简单的故障树的结构函数可以逐步推出，但对于常见系统中的故障树而言，其结构函数必须借助故障树中的各种逻辑门的结构函数，才能准确而快速地得到故障树中顶事件的结构函数。典型逻辑门的结构函数如表 7-3 所示，其中常用的是与门和或门的结构函数。

**表 7-3　典型逻辑门的结构函数**

| 序号 | 名称 | 描　述 |
|---|---|---|
| 1 | 与门 | $\Phi(\vec{X}) = \prod_{i=1}^{n} X_i$ |
| 2 | 或门 | $\Phi(\vec{X}) = 1 - \prod_{i=1}^{n}(1 - X_i)$ |
| 3 | $n$ 中取 $r$ | $\Phi(\vec{X}) = \begin{cases} 1 & 当 \sum X_i \geqslant r 时 \\ 0 & 其他情况 \end{cases}$ |
| 4 | 异或门 | $\Phi(\vec{X}) = 1 - [1 - X_1 \cap (1 - X_2)] \cap [1 - (1 - X_1) \cap X_2]$ <br> $= (\overline{X}_1 \cap X_2) \cup (\overline{X}_2 \cap X_1)$ |

**【例 7-13】**　某系统顶事件 $T$ 的故障树如图 7-22 所示，求其顶事件的结构函数。

**解：**按照逻辑门的关系，可以直接写出顶事件的结构函数表达式：

$$\Phi(\vec{X}) = 1 - (1 - M_1)(1 - M_2)$$
$$M_1 = X_4 M_3$$
$$M_2 = X_1 M_4$$
$$M_3 = 1 - (1 - X_3)(1 - M_5)$$
$$M_4 = 1 - (1 - X_1)(1 - X_5)$$
$$M_5 = X_2 X_5$$

将中间事件 $M_1 \sim M_5$ 的结构函数表达式代入顶事件结构函数表达式中，得到：

$$\begin{aligned}\Phi(\vec{X}) &= 1 - (1 - X_4 M_3)(1 - X_1 M_4) \\ &= 1 - (1 - X_4(1 - (1 - X_3)(1 - X_2 X_5))) \\ &\quad (1 - X_1(1 - (1 - X_1)(1 - X_5)))\end{aligned}$$

从上式可以看出，直接通过逻辑门的结构函数得出的顶事件结构函数非常复杂，对于后续的研究也不方便，实际中比较少使用。

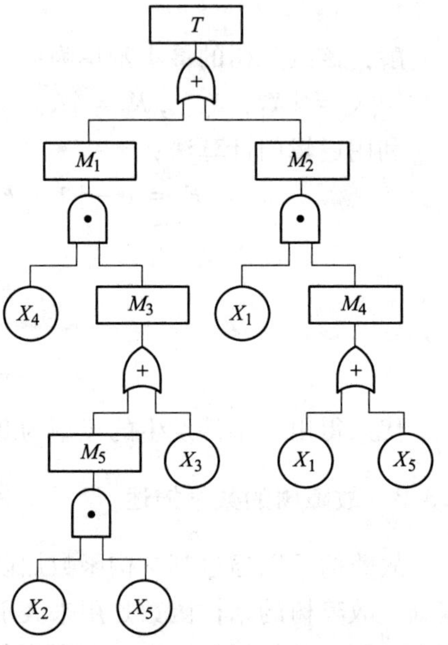


图 7-22　某系统顶事件 $T$ 的故障树

常用的方法为先对该故障树进行简化，求出最小割集，顶事件与最小割集的连接逻辑门为逻辑或门，而最小割集内部底事件与割集的连接逻辑门为逻辑与门：

对图 7-22 的故障树，使用上行法推导出其最小割集：

$$M_5 = X_2X_5$$
$$M_4 = X_1 + X_5$$
$$M_3 = X_3 + M_5$$
$$M_2 = X_1M_4$$
$$M_1 = X_4M_3$$
$$\begin{aligned} T &= M_1 + M_2 \\ &= X_4M_3 + X_1M_4 \\ &= X_4(X_3 + M_5) + X_1(X_1 + X_5) \\ &= X_4(X_3 + X_2X_5) + X_1 + X_1X_5 \\ &= X_1 + X_2X_4X_5 + X_3X_4 \end{aligned}$$

最小割集为： $\{X_1\}$，$\{X_3, X_4\}$，$\{X_2, X_4, X_5\}$

根据最小割集，其顶事件的结构函数（即逻辑或门的结构函数）为：

$$\Phi(\vec{X}) = 1 - (1 - X_1)(1 - X_3X_4)(1 - X_2X_4X_5)$$

这是实际中使用的顶事件的结构函数形式，从这个结构函数可以得出：顶事件结构函数为 1 的条件是任何一个割集的结构函数为 1；顶事件结构函数为 0 的条件是所有割集的结构函数为 0。这也是后续计算底事件结构重要度的重要判据。

## 7.6 底事件重要度分析方法

底事件的重要度分析就是对最小割集或部件的重要度进行计算，重要度是指一个零件、部件或最小割集对顶事件的贡献；由于设计的对象不同，要求不同，所采用的重要度分析方法也不同；常用的重要度分析方法，有概率重要度、关键重要度、结构重要度等。在实际工程中，根据具体情况选择。

根据重要度计算的结果，可以找出最佳的故障诊断和维修顺序，也可作为首先改善相对不可靠单元的依据。

### 7.6.1 概率重要度

概率重要度的定义：第 $i$ 个部件不可靠度的变化引起系统不可靠度变化的程度。用数学公式表达为

$$\Delta g_i(t) = \frac{\partial F_s(t)}{\partial F_i(t)} \tag{7-10}$$

式中 $\Delta g_i(t)$ ——第 $i$ 个零部件的概率重要度；

$F_s(t)$ ——系统不可靠度函数；

$F_i(t)$ ——元部件不可靠度函数。

**【例 7-14】** 故障树如图 7-23 所示，已知各个底事件的失效率分别为 $\lambda_1 = 0.001/\text{h}$，

$\lambda_2 = 0.002/\mathrm{h}$，$\lambda_3 = 0.003/\mathrm{h}$，$t = 100\ \mathrm{h}$，试求各底事件的概率重要度。

**解**：顶事件的不可靠度表达式为：

$$F_s(t) = 1 - \{1 - F_1(t)[1 - F_2(t)\ F_3(t)]\}$$

则 3 个底事件的概率重要度分别为：

$$\begin{aligned}\Delta g_1(100) &= 1 - F_2(100)\ F_3(100)\\ &= 1 - (1 - e^{-0.001\times100})(1 - e^{-0.003\times100})\\ &= 0.953\end{aligned}$$

$$\Delta g_2(100) = [1 - F_1(100)]\ F_3(100) = 0.2354$$

$$\Delta g_3(100) = [1 - F_1(100)]\ F_2(100) = 0.164$$

从三个底事件的概率重要度结果可以看出，从概率上来看，底事件 $X_1$ 最重要，$X_2$ 和 $X_3$ 有差别，是由于失效率不同引起。

### 7.6.2 关键重要度

关键重要度的定义为，第 $i$ 个零部件失效率变化所引起系统失效率的变化率。其数学表达式为

$$I_i^{\mathrm{CR}}(t) = \frac{F_i(t)}{F_s(t)}\Delta g_i(t) \tag{7-11}$$

式中 $\Delta g_i(t)$ ——第 $i$ 个零部件的概率重要度；

$F_s(t)$ ——系统不可靠度函数；

$F_i(t)$ ——第 $i$ 个零部件的不可靠度函数。

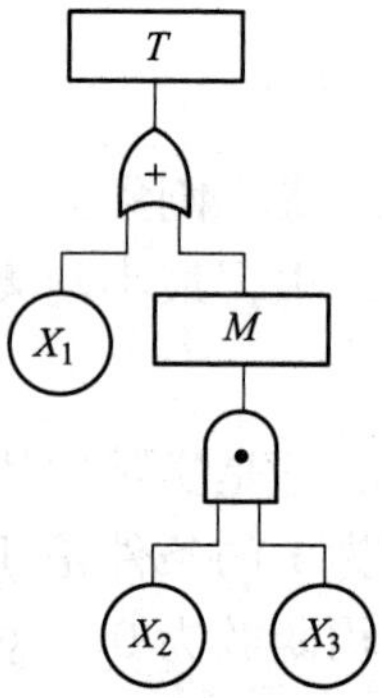

图 7-23 重要度计算举例

**【例 7-15】** 故障树如图 7-23 所示，已知各个底事件的失效率分别为 $\lambda_1 = 0.001/\mathrm{h}$，$\lambda_2 = 0.002/\mathrm{h}$，$\lambda_3 = 0.003/\mathrm{h}$，$t = 100\ \mathrm{h}$，求各底事件的关键重要度。

**解**：顶事件和底事件的不可靠度分别为

$$\begin{aligned}F_s(t) &= 1 - [1 - F_1(t)][1 - F_2(t)\ F_3(t)]\\ &= 1 - e^{-\lambda_1 t}[1 - (1 - e^{-\lambda_2 t})(1 - e^{-\lambda_3 t})]\\ &= 0.1374\end{aligned}$$

$$F_1(t) = 1 - e^{-\lambda_1 t} = 0.0952$$

$$F_2(t) = 1 - e^{-\lambda_2 t} = 0.1813$$

$$F_3(t) = 1 - e^{-\lambda_3 t} = 0.2592$$

每个底事件的概率重要度分别为：

$$\Delta g_1(100) = 0.953,\ \Delta g_2(100) = 0.2354,\ \Delta g_3(100) = 0.164$$

代入关键重要度表达式中，可以得到各底事件的关键重要度分别为：

$$I_1^{\mathrm{CR}}(t) = \frac{F_1(t)}{F_s(t)}\Delta g_1(t) = 0.6603$$

$$I_2^{\mathrm{CR}}(t) = \frac{F_2(t)}{F_s(t)}\Delta g_2(t) = 0.3106$$

$$I_3^{\mathrm{CR}}(t) = \frac{F_3(t)}{F_s(t)}\Delta g_3(t) = 0.3094$$

从3个底事件的关键重要度可以看出，底事件对系统的影响程度，底事件$X_1$影响最大，$X_2$和$X_3$的差别几乎可以忽略，虽然它们的失效率不同，但是对系统的影响程度基本相同。

### 7.6.3 结构重要度

结构重要度与前面讲的重要度不同，它是指元件、部件在系统中所处位置的重要程度，与元件、部件本身的故障概率没有关系。

结构重要度的数学表达式为

$$I_i^{\phi} = \frac{1}{2^{n-1}} n_i^{\phi} \tag{7-12}$$

式中，$n_i^{\phi}$为其他部件的结构函数值不发生变化的情况下，第$i$个部件的结构函数由1变为0的值。

$$n_i^{\phi} = \sum_{i=1}^{n} [\phi(1_i, X) - \phi(0_i, X)] \tag{7-13}$$

式中 $\phi$——系统故障树的结构函数；

$n$——元件、部件数量，即系统故障树中底事件的数量。

从式（7-13）可以看出，$n_i^{\phi}$指的系统中第$i$个部件的结构函数由1（故障状态）变为0（正常状态），其他部件的结构函数值不变时，系统结构函数的变化。

结构重要度与顶事件发生概率没有关系，仅取决于第$i$个部件在系统结构中所处的位置。

**【例7-16】** 仍以图7-23所示的故障树为例，试求各部件的结构重要度。

**解：** 该系统顶事件的结构函数为：

$$\phi(X) = 1 - (1 - X_1)(1 - X_2X_3)$$

系统包含3个底事件，需要分别求3个结构重要度$I_1^{\phi}$、$I_2^{\phi}$和$I_3^{\phi}$，首先分别求$n_1^{\phi}$、$n_2^{\phi}$和$n_3^{\phi}$。

$$n_1^{\phi} = \sum_{i=1}^{n} [\phi(1, X_2, X_3) - \phi(0, X_2, X_3)]$$

对$n_1^{\phi}$有贡献的是$\phi(1, X_2, X_3) = 1$，同时$\phi(0, X_2, X_3) = 0$。

$\phi(1, X_2, X_3) = 1$项，$X_2$、$X_3$底事件有4个组合分别是：

$$\phi(1, 0, 0) = 1, \phi(1, 0, 1) = 1, \phi(1, 1, 0) = 1, \phi(1, 1, 1) = 1$$

对应$\phi(0, X_2, X_3)$分别为：

$$\phi(0, 0, 0) = 0, \phi(0, 0, 1) = 0, \phi(0, 1, 0) = 0, \phi(0, 1, 1) = 1$$

所以：
$$n_1^{\phi} = 3$$

下面进行$n_2^{\phi}$和$n_3^{\phi}$计算。由于$X_2$和$X_3$在结构函数的位置完全相同，所以有$n_2^{\phi} = n_3^{\phi}$。

$$n_2^{\phi} = \sum_{i=1}^{n} [\phi(X_1, 1, X_3) - \phi(X_1, 0, X_3)]$$

对$n_2^{\phi}$有贡献的是$\phi(X_1, 1, X_3) = 1$，同时$\phi(X_1, 0, X_3) = 0$。

$\phi(X_1, 1, X_3) = 1$项，$X_1$、$X_3$底事件组合分别是：

(1) $X_1$为0的情况下，$X_3$为1，为一个组合，结构函数为$\phi(0, 1, 1) = 1$，对应的

$\phi(0,0,1)=0$，所以在 $X_1$ 为 0 的情况下，对 $n_2^{\phi}$ 的贡献为 1。

(2) $X_1$ 为 1 的情况下，结构函数的值恒为 1，所以在这种情况下，对 $n_2^{\phi}$ 的贡献为 0。

综合上述情况可以得出：$n_2^{\phi}=n_3^{\phi}=1$

则 3 个底事件的结构重要度分别为

$$I_1^{\phi}=\frac{1}{2^{3-1}}n_1^{\phi}=\frac{3}{4},\ I_2^{\phi}=\frac{1}{2^{3-1}}n_2^{\phi}=\frac{1}{4},\ I_3^{\phi}=\frac{1}{2^{3-1}}n_3^{\phi}=\frac{1}{4}$$

**【例 7-17】** 已知顶事件的结构函数为

$\Phi(\vec{X})=1-(1-X_1X_5)(1-X_3X_4)(1-X_2X_4X_5)(1-X_1X_2X_3)$，求 $X_1$ 的结构重要度。

**解：** 系统包含 5 个底事件，求 $X_1$ 结构重要度 $I_1^{\phi}$，首先求 $n_1^{\phi}$：

$$n_1^{\phi}=\sum_{i=1}^{n}[\phi(1,X_2,X_3)-\phi(0,X_2,X_3)]$$

对 $n_1^{\phi}$ 有贡献的是 $\phi(1,X_2,X_3,X_4,X_5)=1$，同时 $\phi(0,X_2,X_3,X_4,X_5)=0$。

$\phi(1,X_2,X_3,X_4,X_5)=1$ 项，这一项相关的割集为包含 $X_1$，而且 $X_1$ 为 1 的割集，根据顶事件的结构函数可知为：$\{1X_5\}$ 和 $\{1X_2X_3\}$，这两个割集其中只要有一个割集包含的底事件都为 1，顶事件的结构函数为 1。

由于包含两个割集，又是“或”的关系，下面分别对两个分支进行分析。

(1) $\{1X_5\}$ 割集：满足包含的底事件都为 1 的条件为 $X_5=1$，此时 $\phi(1,X_2,X_3,X_4,X_5)$ 为 $\phi(1,X_2,X_3,X_4,1)$，对应的 $\phi(0,X_2,X_3,X_4,X_5)$ 为 $\phi(0,X_2,X_3,X_4,1)$。

分析 $\phi(0,X_2,X_3,X_4,1)=0$ 的情况：这一项相关的割集为不包含 $X_1$ 的割集，根据顶事件的结构函数可知为：$\{X_3X_4\}$ 和 $\{X_2X_41\}$，这两个割集需要同时满足都不发生，即每个割集底事件相乘为 0，顶事件的结构函数为 0。由于包含的两个割集都包含底事件 $X_4$，又是“与”的关系，所以按 $X_4$ 取不同值进行分析。

$X_4=1$ 的情况：两个割集都不发生的条件为 $X_2=X_3=0$；对应的顶事件的结构函数 $\phi(0,X_2,X_3,1,1)$ 为 $\phi(0,0,0,1,1)=0$，这个分支对 $n_1^{\phi}$ 的贡献值为 1。

$X_4=0$ 的情况：两个割集都不发生的条件为 $X_2$、$X_3$ 所有 4 个组合，对应的顶事件的结构函数 $\phi(0,X_2,X_3,0,1)$ 为：$\phi(0,0,0,0,1)=0$，$\phi(0,0,1,0,1)=0$，$\phi(0,1,0,0,1)=0$，$\phi(0,1,1,0,1)=0$。这个分支对 $n_1^{\phi}$ 的贡献值为 4。

(2) $\{1X_2X_3\}$ 割集：满足包含的底事件都为 1 的条件为 $X_2=X_3=1$，此时 $\phi(1,X_2,X_3,X_4,X_5)$ 为 $\phi(1,1,1,X_4,X_5)$，对应的 $\phi(0,X_2,X_3,X_4,X_5)$ 为 $\phi(0,1,1,X_4,X_5)$。

分析 $\phi(0,1,1,X_4,X_5)=0$ 的情况：这一项相关的割集为不包含 $X_1$ 的割集，根据顶事件的结构函数可知为：$\{1X_4\}$ 和 $\{1X_4X_5\}$，这两个割集需要同时满足都不发生，即每个割集底事件相乘为 0，顶事件的结构函数为 0。由于包含的两个割集都包含底事件 $X_4$，又是“与”的关系，所以按 $X_4$ 取不同值进行分析。

$X_4=1$ 的情况：割集 $\{1X_4\}$ 必然发生，所以这种情况对 $n_1^{\phi}$ 的贡献值为 0。

$X_4=0$ 的情况：两个割集都不发生的条件为 $X_5$ 所有 2 个组合，对应的顶事件的结构函数 $\phi(0,1,1,X_4,X_5)$ 为：$\phi(0,1,1,0,0)=0$，$\phi(0,1,1,0,1)=0$。这个分支对

$n_1^\phi$ 的贡献值为 2。

综合（1）和（2）两种情况，一共有 7 种情况，由于都是用于计算 $n_1^\phi$ 的，将这 7 种顶事件结构函数的取值列在一起，检查有无重复计算的项：

$\phi(0, 0, 0, 1, 1)=0$

$\phi(0, 0, 0, 0, 1)=0, \phi(0, 0, 1, 0, 1)=0, \phi(0, 1, 0, 0, 1)=0, \phi(0, 1, 1, 0, 1)=0$

$\phi(0, 1, 1, 0, 0)=0, \phi(0, 1, 1, 0, 1)=0$

去掉一个重复的项：$\phi(0, 1, 1, 0, 1)=0$，得出 $n_1^\phi=6$。

$$I_1^\phi=\frac{n_1^\phi}{2^{5-1}}=\frac{3}{8}$$

总之，在计算结构重要度的过程中，需要观察各个底事件在结构函数中的相对位置，某些情况下可以减少工作量，同时遵循以下步骤：

（1）找出 $\phi(1_i, X)=1$ 的列表，只与 $i$ 底事件所在的割集有关，可能会确定部分其他底事件的值，列出这些割集为 1 的情况，它们之间的关系为“或”（这些割集都发生，每个割集所有底事件都发生，都为 1）。

（2）针对不同割集分支，分别找出对应的 $\phi(0_i, X)=0$ 列表，该列表只与不包含 $i$ 底事件的割集有关，除了 $i$ 底事件为 0，步骤（1）已经确定的其他底事件的值不变，根据这些条件列出这些割集为 0 情况，它们之间的关系为“与”（这些割集都不发生，每个割集中至少有一个底事件不发生，为 0）。

（3）得到有贡献的列表进行重复项删除。

（4）得到 $n_i^\phi$ 的值，通过计算得到对应的底事件的结构重要度 $I_i^\phi$。

## 7.7 故障树分析报告的主要内容

故障树分析可用于安全性、可靠性和风险分析，应与故障模式影响分析结合。故障模式影响分析基本上是单因素分析，并可确定每种故障模式的严酷度类别。故障树分析根据故障模式影响分析所确定的Ⅰ、Ⅱ类严酷度，选择顶事件进行多因素综合分析。

由设计人员建树，并由有关的技术人员参加审查，以保证故障树的逻辑关系正确以及分析结果的可信。

应在研制阶段的早期即进行故障树分析，以便及早发现问题及时改进。随着设计的进展，故障树分析还要反复进行。产品定义、故障判据、建树的边界条件等必须明确。

故障树分析完成后，需要整理一份详尽的分析报告，内容包括：产品（系统、子系统、设备等）定义；产品的功能框图；顶事件及其选择原则；建树的假设；完整的故障树；定性、定量分析过程、结论及相应建议；定量分析时使用的数据来源；最小割集清单及重要度表等。

## 7.8 案 例

**案例 7-1** 某个数据采集系统工作简图如图 7-24 所示，采集系统正常工作要求是采集的数据值可以通过数据采集 1~3 取任何一个通道值得到。建立该系统的故障树并求出顶事件的结构函数表达式，计算底事件的结构重要度。

**解**：通过对该系统的工作流程的分析，为了建立故障树，对该数据采集系统故障树部分进行如下假设：顶事件为采集系统不能得到采集的数据值。

分析该顶事件发生的直接原因有三个，分别记为：$M_1$为上位机部分不能正常工作；$M_2$为通信接口部分不能正常工作；$M_3$为数据采集部分不能正常工作。

对这三个中间事件分别进行直接原因分析：

上位机部分不能正常工作（$M_1$）的直接原因有两个：计算机本身故障和计算机数据采集软件不能正常工作，这两个原因之间的逻辑关系为“或”；这两个直接原因不再继续分析，分别记为$X_4$和$X_5$。

通信接口部分不能正常工作（$M_2$）的直接原因有两个：通信软件不能正常工作和通信接口硬件故障，这两个原因之间的逻辑关系为“或”；这两个直接原因不再继续分析，分别记为$X_6$和$X_7$。

数据采集部分不能正常工作（$M_3$）的直接原因有三个：数据采集 1 不能正常工作，数据采集 2 不能正常工作和数据采集 3 不能正常工作，这三个原因之间的逻辑关系为“与”；这三个直接原因不再继续分析，分别记为$X_1$、$X_2$和$X_3$。

通过以上分析，可以建立该系统的故障树，如图 7-25 所示。

通过图 7-25 可知，顶事件的表达式为：

$$T = X_4 + X_5 + X_6 + X_7 + X_1X_2X_3$$

分析顶事件表达式中包含的割集的情况，得到该顶事件的最小割集为：

$$\{X_4\},\ \{X_5\},\ \{X_6\},\ \{X_7\}\ 和\{X_1X_2X_3\}$$

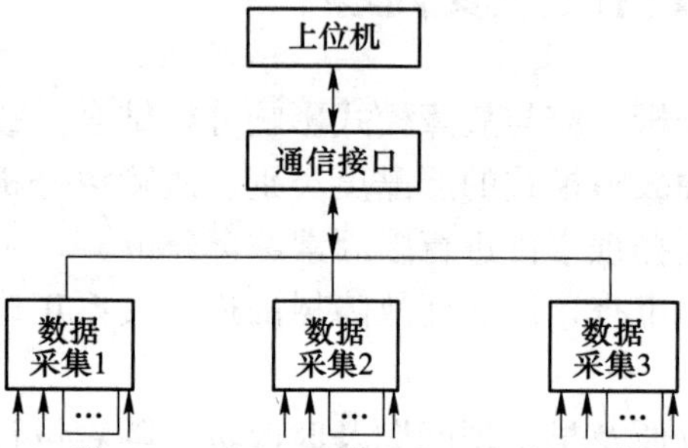


图 7-24 某数据采集系统工作原理简图

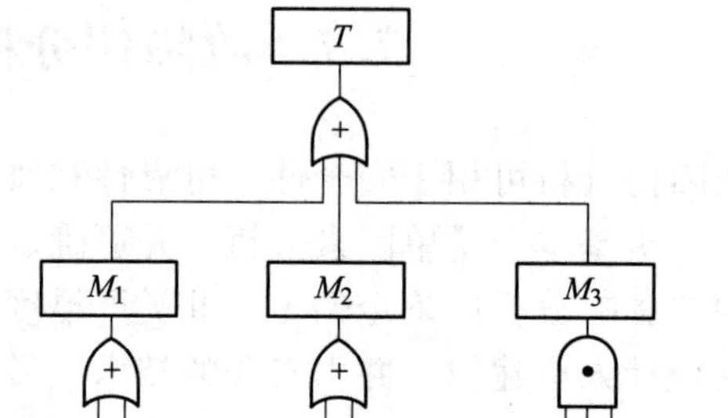


图 7-25 该数据采集系统的故障树

则该顶事件的结构函数表达式为：

$$\Phi(\vec{X}) = 1 - (1 - X_1X_2X_3)(1 - X_4)(1 - X_5)(1 - X_6)(1 - X_7)$$

从结构函数表达式中可以看出，$X_1X_2X_3$ 结构完全相同，它们具有相同的结构重要度；同样 $X_4X_5X_6X_7$ 结构也完全相同，它们也具有相同的结构重要度。这样包含 7 个底事件的结构函数，只需要计算其中 2 个不同类型的底事件的结构重要度即可。

（1）计算 $X_1$ 的结构重要度中的 $n_1^{\phi}$：

$$n_1^{\phi} = \sum_{i=1}^{n} [(1, X_2, X_3, X_4, X_5, X_6, X_7) - \phi(0, X_2, X_3, X_4, X_5, X_6, X_7)]$$

对 $n_1^{\phi}$ 有贡献的是 $\phi(1, X_2, X_3, X_4, X_5, X_6, X_7) = 1$，同时 $\phi(0, X_2, X_3, X_4, X_5, X_6, X_7) = 0$。$\phi(1, X_2, X_3, X_4, X_5, X_6, X_7) = 1$ 项，这一项相关的割集为包含 $X_1$，而且 $X_1$ 为 1 的割集，根据顶事件的结构函数可知为 $\{1X_2X_3\}$，要求这个割集包含的底事件都为 1，顶事件的结构函数为 1：得到 $X_2 = X_3 = 1$。

此时 $\phi(1, X_2, X_3, X_4, X_5, X_6, X_7)$ 为 $\phi(1, 1, 1, X_4, X_5, X_6, X_7)$，对应的 $\phi(0, X_2, X_3, X_4, X_5, X_6, X_7)$ 为 $\phi(0, 1, 1, X_4, X_5, X_6, X_7)$。

分析 $\phi(0, 1, 1, X_4, X_5, X_6, X_7) = 0$ 的情况：这一项相关的割集为不包含 $X_1$ 的割集，根据顶事件的结构函数可知为：$\{X_4\}$，$\{X_5\}$，$\{X_6\}$，$\{X_7\}$，这四个割集需要同时满足都不发生，顶事件的结构函数为 0，得到：

$X_4 = X_5 = X_6 = X_7 = 0$，此时结构函数为 $\phi(0, 1, 1, 0, 0, 0, 0) = 0$，对 $n_1^{\phi}$ 的贡献值为 1，所以 $n_1^{\phi} = 1$，得出：

$$I_1^{\phi} = \frac{n_1^{\phi}}{2^{7-1}} = \frac{1}{64}$$

（2）计算 $X_4$ 的结构重要度中的 $n_4^{\phi}$：

$$n_4^{\phi} = \sum_{i=1}^{n} [\phi(X_1, X_2, X_3, 1, X_5, X_6, X_7) - \phi(X_1, X_2, X_3, 0, X_5, X_6, X_7)]$$

对 $n_4^{\phi}$ 有贡献的是 $\phi(X_1, X_2, X_3, 1, X_5, X_6, X_7) = 1$，同时 $\phi(X_1, X_2, X_3, 0, X_5, X_6, X_7) = 0$。$\phi(X_1, X_2, X_3, 1, X_5, X_6, X_7) = 1$ 项，这一项相关的割集为包含 $X_4$，而且 $X_4$ 为 1 的割集，根据顶事件的结构函数可知该割集为 $\{X_4\}$，即 $X_4 = 1$ 时顶事件的结构函数恒为 1。

此时 $\phi(X_1, X_2, X_3, 0, X_5, X_6, X_7) = 0$ 的情况为：这一项相关的割集为不包含 $X_4$ 的割集，根据顶事件的结构函数可知为：$\{X_1X_2X_3\}$，$\{X_5\}$，$\{X_6\}$，$\{X_7\}$，这四个割集需要同时满足都不发生，顶事件的结构函数为 0，得到：$X_1X_2X_3 = 0$，有除了 $X_1X_2X_3$ 都为 1 以外的 7 中情况，同时需要满足 $X_5 = X_6 = X_7 = 0$，此时，顶事件的结构函数也有 7 种，没有重复情况，对 $n_4^{\phi}$ 的贡献值为 7，所以 $n_4^{\phi} = 7$，得出：

$$I_4^{\phi} = \frac{n_4^{\phi}}{2^{7-1}} = \frac{7}{64}$$

所以该顶事件包含的底事件的结构重要度分别为：

$$I_1^{\phi} = I_2^{\phi} = I_3^{\phi} = \frac{1}{64}$$

$$I_4^{\phi} = I_5^{\phi} = I_6^{\phi} = I_7^{\phi} = \frac{7}{64}$$

**案例 7-2** 以第 3 章图 3-25 所示的节电电子开关为例。该电子开关如果以 LED 灯不亮作为顶事件，求顶事件发生的故障树及其结构函数的表达式、底事件的结构重要度。

**解：** 以 LED 灯不亮作为顶事件，对该电路的电子元器件的失效模式进行如下假设：电阻失效模式为开路，三极管失效模式为短路，其他外部因素引起顶事件发生的概率不考虑。则引起这个顶事件发生的直接原因包括：LED 灯故障（底事件，记为 $X_1$），$R_C$ 开路（底事件，记为 $X_2$），$R_{B1}$ 和 $T_1$ 所在的支路和 $R_{B2}$ 和 $T_2$ 所在的支路同时失效（中间事件，记为 $M_1$），这三个直接原因的逻辑关系为“或”。

$M_1$ 的直接原因为：$R_{B1}$ 和 $T_1$ 所在的支路失效（中间事件，记为 $M_2$）；$R_{B2}$ 和 $T_2$ 所在的支路失效（中间事件，记为 $M_3$）；这两个直接原因的逻辑关系为“与”。

$M_2$ 的直接原因为：$R_{B1}$ 开路（底事件，记为 $X_3$），$T_1$ 短路（底事件，记为 $X_4$），这两个直接原因的逻辑关系为“或”。

$M_3$ 的直接原因为：$R_{B2}$ 开路（底事件，记为 $X_5$），$T_2$ 短路（底事件，记为 $X_6$），这两个直接原因的逻辑关系为“或”。

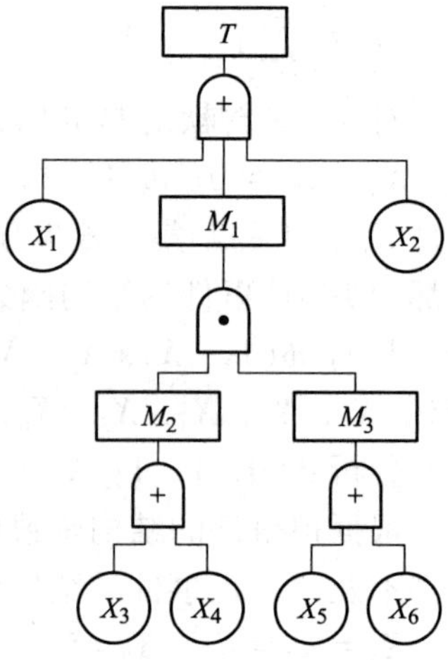

图 7-26　电子开关的故障树

根据以上分析，画出的顶事件的故障树如图 7-26 所示。

上行法得出的顶事件的表达式为：

$$T = X_1 + X_2 + (X_3 + X_4)(X_5 + X_6) = X_1 + X_2 + X_3X_5 + X_4X_5 + X_3X_6 + X_4X_6$$

最小割集为：$\{X_1\}$，$\{X_2\}$，$\{X_3X_5\}$，$\{X_4X_5\}$，$\{X_3X_6\}$ 和 $\{X_4X_6\}$

结构函数表达式为：

$$\Phi(\vec{X}) = 1 - (1 - X_1)(1 - X_2)(1 - X_3X_5)(1 - X_4X_5)(1 - X_3X_6)(1 - X_4X_6)$$

从结构函数表达式中可知：$X_1$ 和 $X_2$ 的结构重要度相同，$X_3$ 和 $X_4$ 的结构重要度以及 $X_5$ 和 $X_6$ 的结构重要度都是相同的，所以计算 2 个结构重要度即可。下面分别计算 $X_1$ 和 $X_3$ 的结构重要度。

（1）计算 $X_1$ 的结构重要度中的 $n_1^\phi$：

$$n_1^\phi = \sum_{i=1}^{n} [(1,\ X_2,\ X_3,\ X_4,\ X_5,\ X_6) - \phi(0,\ X_2,\ X_3,\ X_4,\ X_5,\ X_6)]$$

对 $n_1^\phi$ 有贡献的是 $\phi(1,\ X_2,\ X_3,\ X_4,\ X_5,\ X_6) = 1$，同时 $\phi(0,\ X_2,\ X_3,\ X_4,\ X_5,\ X_6) = 0$。$\phi(1,\ X_2,\ X_3,\ X_4,\ X_5,\ X_6) = 1$ 项，这一项相关的割集为包含 $X_1$，而且 $X_1$ 为 1 的割集，根据顶事件的结构函数可知为 $\{X_1\}$，要求这个割集包含的底事件都为 1，顶事件的结构函数为 1，即 $X_1 = 1$ 时顶事件的结构函数恒为 1，$X_2 \sim X_6$ 任意组合。

分析 $\phi(0,\ X_2,\ X_3,\ X_4,\ X_5,\ X_6) = 0$ 的情况：这一项相关的割集为不包含 $X_1$ 的割集，根据顶事件的结构函数可知为：$\{X_2\}$，$\{X_3X_5\}$，$\{X_4X_5\}$，$\{X_3X_6\}$，$\{X_4X_6\}$，这 5 个割集需要同时满足都不发生，顶事件的结构函数为 0，得到：

$X_2 = 0$；

$X_3 = 1$ 时，满足 $\phi(0,\ 0,\ 1,\ X_4,\ X_5,\ X_6) = 0$ 的情况为：$X_5 = X_6 = 0$；$X_4$ 有两种情况，此时结构函数为 $\phi(0,\ 0,\ 1,\ 0,\ 0,\ 0) = 0$，$\phi(0,\ 0,\ 1,\ 1,\ 0,\ 0) = 0$，对 $n_1^\phi$ 的贡献值为 2；

$X_3 = 0$ 时，满足 $\phi(0,\ 0,\ 0,\ X_4,\ X_5,\ X_6) = 0$ 的情况为：$X_4 = 1$ 时，满足 $\phi(0,\ 0,\ 0,\ 1,\ X_5,\ X_6) = 0$ 的情况为：$X_5 = X_6 = 0$，此时结构函数为 $\phi(0,\ 0,\ 0,\ 1,\ 0,\ 0) = 0$，对 $n_1^\phi$ 的贡献值为 1；$X_4 = 0$ 时，满足 $\phi(0,\ 0,\ 0,\ 0,\ X_5,\ X_6) = 0$ 的情况为：$X_5X_6$ 的四种组合，

此时结构函数为 $\phi(0, 0, 0, 0, 0, 0)=0$，$\phi(0, 0, 0, 0, 0, 1)=0$，$\phi(0, 0, 0, 0, 1, 0)=0$，$\phi(0, 0, 0, 0, 1, 1)=0$，对 $n_1^\phi$ 的贡献值为 4。

综合上述分析，将结构函数有贡献值的排列在一起，检查有无重复项：

$\phi(0, 0, 1, 0, 0, 0)=0$，$\phi(0, 0, 1, 1, 0, 0)=0$，$\phi(0, 0, 0, 1, 0, 0)=0$，$\phi(0, 0, 0, 0, 0, 0)=0$，$\phi(0, 0, 0, 0, 0, 1)=0$，$\phi(0, 0, 0, 0, 1, 0)=0$，$\phi(0, 0, 0, 0, 1, 1)=0$，没有重复项，所以 $n_1^\phi=7$，得出：

$$I_1^\phi=\frac{n_1^\phi}{2^{6-1}}=\frac{7}{32}$$

（2）计算 $X_3$ 的结构重要度中的 $n_3^\phi$：

$$n_3^\phi=\sum_{i=1}^{n}[(X_1, X_2, 1, X_4, X_5, X_6)-(X_1, X_2, 0, X_4, X_5, X_6)]$$

对 $n_3^\phi$ 有贡献的是 $(X_1, X_2, 1, X_4, X_5, X_6)=1$，同时 $(X_1, X_2, 0, X_4, X_5, X_6)=0$。

$(X_1, X_2, 1, X_4, X_5, X_6)=1$ 项：这一项相关的割集为包含 $X_3$，而且 $X_3$ 为 1 的割集，根据顶事件的结构函数可知为：$\{X_3X_5\}$ 和 $\{X_3X_6\}$，要求这 2 个割集至少有一个包含的底事件都为 1，为“或”的关系，顶事件的结构函数为 1，即 $X_3=1$ 时，$X_5X_6$ 中至少有一个为 1，$X_5X_6$ 有三个组合，由于组合比较少，直接列出：$(X_1, X_2, 1, X_4, 1, X_6)=1$，$(X_1, X_2, 1, X_4, 0, 1)=1$。

分别分析 $(X_1, X_2, 0, X_4, 1, X_6)=0$，$(X_1, X_2, 0, X_4, 0, 1)=0$ 的情况：这一项相关的割集为不包含 $X_3$ 的割集，根据顶事件的结构函数可知为：$\{X_1\}$，$\{X_2\}$，$\{X_4X_5\}$，$\{X_4X_6\}$，这 4 个割集需要同时满足都不发生，顶事件的结构函数为 0，得到：

$X_1=X_2=0$；

$X_4=1$ 时，满足 $\phi(0, 0, 0, 1, X_5, X_6)=0$ 的情况为：$X_5=X_6=0$，此时结构函数为 $\phi(0, 0, 0, 1, 0, 0)=0$，对 $n_1^\phi$ 的贡献值为 1；

$X_4=0$ 时，满足 $\phi(0, 0, 0, 0, X_5, X_6)=0$ 的情况为：$X_5X_6$ 的四种组合，此时结构函数为 $\phi(0, 0, 0, 0, 0, 0)=0$，$\phi(0, 0, 0, 0, 0, 1)=0$，$\phi(0, 0, 0, 0, 1, 0)=0$，$\phi(0, 0, 0, 0, 1, 1)=0$，对 $n_3^\phi$ 的贡献值为 4。

综合上述分析，将结构函数有贡献值的排列在一起，检查有无重复项：

$\phi(0, 0, 0, 1, 0, 0)=0$，$\phi(0, 0, 0, 0, 0, 0)=0$，$\phi(0, 0, 0, 0, 0, 1)=0$，$\phi(0, 0, 0, 0, 1, 0)=0$，$\phi(0, 0, 0, 0, 1, 1)=0$，没有重复项，所以 $n_3^\phi=5$，得出：

$$I_3^\phi=\frac{n_3^\phi}{2^{6-1}}=\frac{5}{32}$$

所以底事件的结构重要度分别为：

$$I_1^\phi=I_2^\phi=\frac{7}{32}, I_3^\phi=I_4^\phi=I_5^\phi=I_6^\phi=\frac{5}{32}$$

## 习 题

7-1 某系统可靠性框图如 7-27 所示，假设顶事件为系统发生故障，请完成以下工作：

（1）画出顶事件的故障树；

（2）采用上行法求系统的最小割集；

（3）若每个元件的故障概率平均为 0.07，近似计算系统故障概率和单元结构重要度。

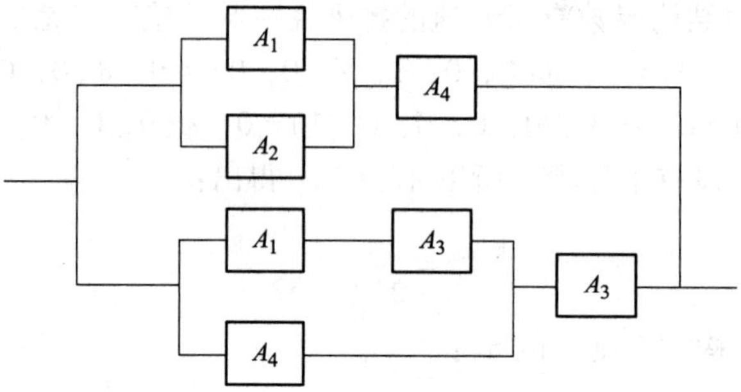


图 7-27 题 7-1 图

7-2 已知某故障树的布尔代数表达式为：

$$T = (X_1X_2X_3 + X_6)(X_1 + X_4)X_6(X_1 + X_2X_5)$$

（1）依据表达式画出故障树；

（2）化简表达式后再画出故障树。

7-3 查阅一个具备一定功能的模拟电路的资料，以电路功能失效为顶事件，建立相应的故障树。

# 第8章　电子仪器的可靠性设计基础

**教学要求：**

了解电子仪器可靠性设计的基本方法；

了解不同的电子元器件的使用方法；

掌握降额设计方法；

熟悉不同元器件的瞬态和过应力保护设计方法；

熟悉电子仪器可靠性设计中热设计的方法；

了解电路的简化设计准则。

## 8.1　电子仪器可靠性设计的一般流程

在方案确定阶段，针对不同的方案，根据其可靠性指标，可维护性以及综合成本等因素进行论证和选择；在样机生产阶段，需要根据具体方案所确定的系统可靠性进行元器件或者功能模块的可靠性分配，根据具体部分的可靠性指标进行元器件的选型，完成样机的生产；样机完成后就进入批量生产阶段，需要根据量产的规模确定最终的成本，量产阶段根据生产规模确定进行的可靠性试验的类型，全数参与或者是抽样参与；量产进入用户使用后，进入后期的维修阶段，需要保存维修数据，如维修成本、维修次数，找到该批次可靠性设计中最薄弱的环节进行记录，以便进一步改进。

## 8.2　电子仪器可靠性设计方法

在设计电子仪器时，首先是根据系统的性能指标和功能要求决定系统的结构形式、划分软硬件的分工、确定具体的电路形式及元器件选型等设计工作，系统的设计方案在很大程度上也就决定了系统的可靠性。

要完成可靠的电子设备或系统的设计工作，需要遵守的设计原则和方法包括：元器件选择和控制、元器件降额设计、针对特殊应用场合的瞬态和过应力保护以及影响电路最大的热设计等。除了这些内容，还需要考虑余度、环境及人为因素等。

### 8.2.1　电子元器件的可靠性

电子系统的特点是系统中使用大量的相似元器件，元器件以封装的形式使用，电路设计者无法控制元器件的设计可靠性。

元器件的使用需注意：第一，对元器件的性能、应力和防护方面进行正确的挑选和使用；第二，当元器件焊接到电路中时，没有缺陷或损伤；第三，在元器件使用中没有超限应力或损伤；第四，针对可能出现的少量不合格元器件，通过筛选（可靠性试验）去除。

元器件是系统的基本组成单元，系统的可靠性水平受元器件可靠性水平的制约。因此，设计过程中首先需要正确地选择、使用和控制系统的元器件。关于元器件的选择控制判据和准则可参见手册 MIL-HDBK-338 中的“元器件可靠性”部分。

在设计过程中应优先采用标准元器件，因为标准元器件在设计时就进行了可靠性试验，在系统设计和后期维护中都占优势。

为了提高元器件的可靠性，在生产过程中需要对元器件进行质量试验和筛选试验。质量试验是对元器件进行检验和常规试验，可以减少有缺陷的元器件数量；筛选试验是指用施加应力的方法剔除不良的元器件，降低瞬时失效率。关于筛选试验的类型及不同的元器件采用的筛选方法可参见手册 MIL-HDBK-338。

电子元器件的故障通常是由高压或大电流应力和磨损引起。应力的大小和变化会对电子元器件的可靠性产生影响，下面分别予以介绍。

#### 8.2.1.1　电流

电流会引起导体升温，导体内的热量主要通过传导和对流传到其他元器件和绝缘体材料中。大电流也可能引起元器件参数值的时间漂移，高温环境会加剧其时间漂移。如果有振荡，电流还会产生噪声和机电振动。

#### 8.2.1.2　电压

电压应力由不同电位之间材料的电介质强度承受，例如电容器极板之间的电介质材料和导体之间的绝缘。电位差使导体和元器件内产生电流，若电流的载流容量不足，导体或元器件会失效，所以电压应力的失效机理仍是电流。

高压电平引起的故障包括由聚集在衣物或工具上的电荷引起的静电放电；未整流的电源、电路故障等引起的超限应力也会对系统产生影响。

#### 8.1.2.3　温度

大多数电子元器件能够在超过其数据手册上列出的温度值条件下使用。低温限制一般为 -60～-20 ℃，超过这个限制，电子元器件的电气特性参数可能会改变，从而导致元器件失效。一般情况下这些失效是可逆的，如果温度升高到低温限制以内，其功能可以恢复。

图 8-1 为可靠性手册标准和实际典型的失效率随温度的变化曲线对比图，通过对比可以看出，温度升高时，元器件的失效率都会升高，所以采取一定的方法降低元器件的工作温度是很有必要的。

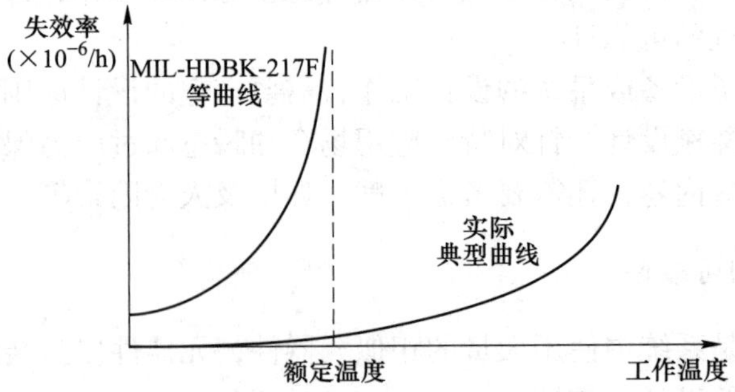


图 8-1　失效率温度特性曲线

与高温下长时间工作相比，重复的温度变化带来的损伤更大，例如功率管和处理器等元器件会发生内部导线接头和散热装置附件的疲劳损伤。

### 8.2.2 不同元器件的失效机理

元器件的失效模式不同，对系统的影响是不相同的，了解元器件的失效机理，有助于了解它们的失效模式及占所有失效模式的比例，对可靠性分析是很有必要的。一般复杂的电子系统包含相当多的电路，会包含许多组件，随之会有相当规模的电子元器件。一个典型电子电路会包含不同的电子元器件，如电阻、电容、电感、集成电路、连接器、开关等。下面将简要介绍电子元器件的失效模式，并讨论它们的失效机制。

#### 8.2.2.1 电阻

电阻是任何电子电路的基本组成部分。电阻失效后一般会导致电路开路或者为高阻状态。电阻失效可能是由于大电流或高电压应力导致元器件过热。制造缺陷和静电放电有时也会导致电阻失效。当电阻上有较大电流流过时，即使没有引起电阻失效，也会产生电阻噪声，从而影响电路的信噪比，降低系统的性能。

对于包含电阻的电路，尽量不要施加超过额定值的电流和电压，尤其要避免持续施加超过额定值的电流和电压。

#### 8.2.2.2 电容

电容作为一个存储元器件用于几乎每一个电子电路。除了在某些情况下，电解电容失效后产生电路短路，电容的失效通常使电路开路。电容在较长时间内没有施加电压，也会引起电路短路。高电压应力是电容失效的主要原因。某些种类的电容，如电解电容具有极性，所以极性连接错误有可能损坏。一般，一个二极管或其他保护电路可以保护昂贵的元器件同时避免失效。

#### 8.2.2.3 电感

电感也是许多电子系统的组成部分。电感失效大多数是由于过电流应力引起的。大电流可能会引起导体发热，结果使绝缘损坏并导致失效。此外，当有变化较大的电流通过电感时，电感应选择适当的绝缘和导电材料。为了保护电感，可以采用一个二极管跨越，这样当电感所在的电路支路突然失控时，为电感提供一个电流通道。

#### 8.2.2.4 继电器

从安全的角度考虑，继电器是任何电气或电子电路中很重要的组成部分。当由于系统自身或外部的原因引起某种失效情况发生时，继电器不仅可以保护系统不受任何损害，而且可以保护某些部分不受这些失效的影响。因此，继电器本身失效有时可能造成非常危险的情况。机电类型的继电器长时间使用会产生一个金属触点，当大电流、电压或任何其他参数超过电路限度时，该触点用于断开电路。这类继电器失效的主要原因是由于接触失效，继电器承受大功率，产生大量热能造成的。除此之外，由于继电器是一个机械元件，如果处理不当也可能发生机械故障。现在，纯固态继电器不含任何机械触点，这种类型的继电器对非电阻负载也很敏感，浪涌电流可以产生高的结温，这会使继电器退化。

#### 8.2.2.5 半导体器件

大型复杂的电子设备一般包括半导体器件。典型的半导体器件有二极管、晶体管、场效应管、太阳能电池等，这些半导体器件都有 PN 结。为避免这些器件的失效，厂家提供器件的失效特征，这些特征可以确定偏置电压应用。当太大的反向电压加在 PN 结之间时，在结点处会引起击穿，使半导体器件失效。因此这类器件会指定其方向峰值电压。像其他电子器件一样，半导体器件对环境温度也非常敏感。加热会产生过度电荷载体，从而扩大 PN 结的耗尽区。硅半导体器件一种重要的失效机制是由于扩散、沉淀或光的影响而发生错位。试验表明硅错位在实际器件中常常是不可避免的。由于金属错位沉淀和扩散增强，破坏了 PN 结，引起失效发生。

8.2.2.6　集成电路

集成电路是任何电路中的重要元素。硅芯片中的制造缺陷是集成电路失效的主要原因。除了这个原因，集成电路遇到静电放电、电迁移和天线的影响也很容易失效。静电放电会引起金属熔化及相连的电线熔化，通常造成开路。为了避免由于静电放电引起的失效，可以采用一些保护措施，例如在那些敏感地带进行诱发失效/电磁干扰设计，将敏感部分用不敏感部分和法拉第屏蔽法进行屏蔽。电迁移在导体内引起大的电流密度，结果造成缓慢磨损。电子碰撞引起铝原子从正常位置逐渐迁移（导电材料），这也增加了颗粒之间的空隙，它还增加了导体的电阻。用有些合金代替铝作为导电材料可以减少这一现象的发生。对硅芯片而言，适当的包装也很重要，因为过热会引起失效。大多数情况下，集成电路的失效会使其实际功能改变。特别指出，在高温情况下，集成电路的输出不正确。因此，复杂的电子电路应该保持合适的温度。

此外，其他电子元器件如 FPGA、微机电系统、嵌入式系统等，这些系统和元器件的失效机制正在探讨中。

表 8-1 列出了常用的元器件不同的故障模式和故障原因以及故障模式概率。在设计电子系统中需要参考这些故障模式和概率，在系统维修时，针对某种元器件，可以首先考虑占故障模式概率高的情况，例如对于固定电阻，首先考虑的故障模式是参数改变对电路的影响，其次，电阻失效大概率是开路失效，极少发生短路失效，由于短路失效占整个故障模式比重太小，一般情况下不会考虑电阻发生短路失效的情况。

**表 8-1　不同电子元器件的故障模式**

<table>
<tr><th>元器件类型</th><th>故障原因</th><th>故障模式</th><th>概率</th></tr>
<tr><td rowspan="3">固定电阻</td><td rowspan="6">高电流、高电压应力，加工缺陷</td><td>开路</td><td>0.31</td></tr>
<tr><td>参数改变</td><td>0.66</td></tr>
<tr><td>短路</td><td>0.03</td></tr>
<tr><td rowspan="3">可变电阻</td><td>开路</td><td>0.53</td></tr>
<tr><td>输出漂移</td><td>0.4</td></tr>
<tr><td>短路</td><td>0.07</td></tr>
<tr><td rowspan="4">电容</td><td rowspan="4">高电压应力，反极性连接，温度引起的电容量改变，在模拟信号中失真</td><td>开路</td><td>0.35</td></tr>
<tr><td>短路</td><td>0.53</td></tr>
<tr><td>过量泄漏</td><td>0.1</td></tr>
<tr><td>参数改变</td><td>0.02</td></tr>
</table>

续表 8-1

| 元器件类型 | 故障原因 | 故障模式 | 概率 |
| --- | --- | --- | --- |
| 电感 | 高电流应力，绝缘性差，电流突然改变 | 绝缘失效 | 0.7 |
| | | 线圈开路 | 0.3 |
| 机电继电器 | 在失效情况下高电流产生热量 | 接触故障 | 0.75 |
| | | 线圈开路 | 0.05 |
| | | 其他 | 0.2 |
| 二极管 | 高电流应力，高反向电压，静电放电，硅中位错 | 短路 | 0.1 |
| | | 开路 | 0.2 |
| | | 反向电流过高 | 0.7 |
| 晶体管 | | 增益降低 | 0.2 |
| | | 开路 | 0.3 |
| | | 短路 | 0.2 |
| | | 集电极和基极之间漏电流太高 | 0.3 |

## 8.3 元器件的正确使用

一般情况下，系统的失效都是以元器件的失效构成的。所以，在设计电子系统时，合理地选择和使用元器件，是保障系统可靠性的基础。合理使用元器件一方面是指设计阶段，根据应用条件，选择合适的器件及其工作点；另一方面是指研制阶段对器件进行筛选，使用可靠的元器件。

在检测、调试等操作过程中，由于测试不当或测量仪器接地不当，会对元器件产生电应力损伤。

### 8.3.1 分立半导体器件

在电路设计时，对分立器件主要从电应力、工作频率、型号互换等方面考虑。其中电应力主要包括电压应力和电流应力。

从电压应力方面考虑，半导体器件均有其耐压的极限值，当所加的电压大于半导体器件的极限电压值时，将会出现瞬时击穿或永久性击穿，前者引起元器件电参数的变化，后者会使元器件产生突发性失效。除了明显的设计和调试错误外，元器件的连锁反应和感性负载等都是造成元器件意外击穿的因素。

元器件的电流应力是指元器件所承受的最大电流。半导体器件工作时，因其自身电阻的存在，必然产生热量，在温度和电流的综合作用下，器件内温度可能会超过其极限而导致器件失效。与电流应力密切相关的因素是工作温度，所以当元器件的工作温度较高时，应考虑采取良好的散热措施或降低元器件的参数等级。对于功率器件，功率、温度、散热等始终是设计时必须综合考虑的因素。

由于 PN 结的电容效应，半导体器件有其工作频率的限制，一般考虑上限频率的影响，工作频率超过该极限，则器件的性能将下降甚至失效。另外也不宜用高频器件代替低频器件，因为这样会增大噪声系数。

最后需要考虑的因素是型号互换，因为元器件如果具有互换性则有利于提高平均修复时间指标。元器件互换时主要考虑参数的匹配，如额定工作电压、电流、功率、工作频率范围等。同样类型功能的分立电路，由于具有互换性，其平均修复时间要低得多。

### 8.3.2 固定电阻和电位器

固定电阻和电位器可按照其制造材料分类，如合金型（线绕、合金箔）、薄膜型（碳膜、金属膜）和合成型（合成实芯、合成薄膜、玻璃釉）等，随着电子技术的发展，新型固定电阻和电位器不断出现。

在使用固定电阻和电位器时，应该从以下几个方面加以考虑：

（1）阻值的稳定性。电阻的阻值会因其材料的“老化”而变化，这是一个缓变的过程。电阻值经常受到温度的影响，因此在精密电路中，电阻的温度漂移系数是个重要指标。

（2）工作频率。当电阻工作在高频时，其工作参数受分布电容、趋肤效应、介质损耗及引线电感等因素影响而变化。

（3）功率负荷。当电阻承受的功率超过其额定值时，电阻值将因温度升高而产生误差或导致电阻失效。电阻器的额定功率也是与温度关联的指标，如果工作温度高于指定的温度，一般采用适当降低额定指标使用或者更换功率大的电阻。

（4）噪声。在某些特殊的电子单元，如在设计微弱信号检测系统中的前置放大器单元时，构成放大器的某些电阻的噪声是一个值得重视的指标。

在常见的电阻器件中，碳膜、金属膜和精密合金箔电阻的性能依次递增；线绕电阻温度稳定性最好，常用于精密测量仪器中。

必须注意的是，电位器无论是性能指标还是可靠性，都比同类型的固定电阻要差很多，一般其失效率比固定电阻要高 10~100 倍。所以，在电路中尽量少用电位器，同时对某些可能因电位器失效造成严重故障的电路应采取相应的容错措施，如开路、短路保护等。

### 8.3.3 电容器

电容器根据其介质材料的不同可分为无机介质、有机介质和电解介质三类，若考虑具体的材料则种类众多、性能各异，电容器的选用可以从以下几个方面考虑：

（1）频率范围。电容器是工作在交流状态的，所以应首先考虑其频率特性。电容器由于自身电感、引线电感的影响，存在一个固有的谐振频率。为保证其容抗特性，必须使工作频率小于该谐振频率；另外，介质的频率特性也限制其应用的上限频率。没有高、低特性都好的电容器，陶瓷、云母介质的电容器是高频段器件；有机高分子聚合物多为中频段器件；电解介质电容工作在低频段。

（2）容量稳定性。温度和制造工艺会影响电容器容量的稳定性，在频率谐振电路中，对电容值的稳定性有较高的要求。在高频段，云母介质优于瓷介质；在低频段钽介质电容器优于铝电解电容器。单就稳定性而言，聚苯乙烯电容器最好。

（3）噪声性能。电容器的漏电将产生噪声，对于低噪声电路的电容器要选用损耗角正切值小的电容器。常用的电解电容的噪声最大。

（4）电压负荷。电容器承受直流电压的能力较强，但承受交流和脉动的电压能力则较弱，一般随着频率的增大，所能承受的额定电压会下降。电解电容器、高分子聚合物电容器、无机介质电容器在这一指标上性能依次递增。

（5）承受功率。用于电源滤波等类型场合的电容器，应该考虑其承受功率负荷的问题，当电流脉动较大时，电容器的温度也会升高，性能指标下降，最终导致被击穿失效。

电容器的选用比电阻要复杂，对电路性能和可靠性的影响也更直接更大。电容器的失效形式表现为漂移、短路和开路等，电容器的结构比较复杂，是失效率相对较高的器件。

（6）绝缘电阻。电容器两级之间的电阻（漏电电阻），理想值为无穷大，实际中一个电容器的绝缘电阻值越大，该电容器的质量越好。

绝缘电阻计算公式为：

$$R = \frac{U}{I} \tag{8-1}$$

式中，$U$ 和 $I$ 分别为施加在电容器上的电压和电流。

### 8.3.4 集成芯片

集成芯片随着微电子技术的发展，在品种、规模、性能和电性能参数等方面已达到了很高的水平，是电子电路中应用最为广泛的器件。集成芯片是由成千上万个半导体单元在一块硅片上构成的电路，其专业化的设计充分考虑了电路的合理性和可靠性，器件制造工艺先进、精密，所以集成芯片具有性能优越、稳定和分散性小等特点。另外，集成芯片封装紧密，不易受环境的干扰，所以由集成芯片构成的电路比由分立器件构成的电路无论在性能方面还是在可靠性方面都具有无可比拟的优势。在进行系统设计时应优先考虑使用集成芯片。

#### 8.3.4.1 集成芯片的主要参数

集成芯片分为模拟和数字两大类，包括以下 4 个主要参数：首先是集成芯片的电源电压，也称为工作电压；其次是集成芯片的电平/电压极限，也就是集成芯片输入输出电平/电压的最大最小值；第三是集成芯片的功耗，也就是集成芯片所能承受的最大耗散功率；最后是集成芯片的工作环境温度，在工作时，不能超过的最高温度和所需的最低温度。

集成芯片的选择应参考生产厂家提供的技术资料结合具体电路进行，总的要求是外围器件的参数选择正确、整个电路工作在额定状态和额定条件下。

#### 8.3.4.2 选择集成芯片的考虑因素

在选择集成芯片时，除了器件的具体功能以外，还需要考虑以下具有普遍性的因素：

(1) 数字器件。选择数字器件需要考虑电源电压范围、信号状态与电平阈值、关门电阻、最高工作功率、单门延时、噪声容限、工作温度范围以及功耗等。

速度和功耗是数字器件的两个硬性指标,在很大程度上决定了器件的使用范围。在通用的数字器件中,74LS 系列的 TTL 器件具有较快的速度,但功耗相对较大;CMOS 器件的电源范围较宽,抗干扰性能好,但速度不如 74LS 系列的快;74HC 则兼顾两者的优点,具有 74LS 的高速和 CMOS 的低功耗,在各项性能指标上均优于 74LS 系列,可完全替代 74LS 系列的器件。许多超大规模的集成芯片如 CPU、可编程 I/O 芯片等存在着不同工艺制造的同类芯片,应优先选择低功耗的 CMOS 类型。

(2) 模拟器件。选择模拟器件需要考虑的因素有:器件是单电源还是双电源供电及电压范围、功耗、输入电阻、输入信号电压幅值、输出电阻、输出功率、截止频率、增益、共模抑制比、线性度、噪声系数以及温度漂移等。

模拟芯片的重点是要保证其精度和稳定性,而影响精度和稳定性的因素很多,所以选择模拟集成芯片的难度比选择数字器件要大。因此,在电路设计时,能够用数字器件代替模拟器件的地方就尽量选用数字器件。

#### 8.3.4.3 噪声对集成芯片的影响

产生噪声的因素包括噪声源与信号线间有漏抗、静电耦合或者因电磁感应造成耦合;两根信号线靠得太近,因电磁感应和静电感应产生串音;信号线在收、发信号端分别接地时,两个接地点间的电位差有时会变成噪声;信号线阻抗不匹配引起的反射波重叠在信号上而变成噪声以及接地不良使地线回路存在公共阻抗而引起的噪声。这些产生噪声的因素在设计过程中要尽量避免。

消除噪声的方法有:

(1) 采用屏蔽,将信号线和系统屏蔽起来;

(2) 采用交流滤波器,滤去交流系统的电浪涌干扰;

(3) 采用屏蔽双扭线,消除串音;

(4) 改进地线消除噪声,针对多回路问题,要对地线一点接地,系统中的小信号地线和大功率地线要分开,同时尽量降低地线的阻抗;

(5) 消除传输线的信号反射引起的干扰;

(6) 削弱脉冲电流引起的噪声。

以上对元器件部件的可靠性、失效机理以及如何正确使用进行了介绍,它们都是电路的组成部分,下面对电路在功能实现过程中的可靠性设计问题进行分析。

## 8.4 降额设计

热应力和电应力对电子元器件失效率的影响非常大。为了提高设备和系统的可靠性,必须进行降额设计,电子产品的降额设计就是使元器件或设备所承受的工作应力适当地低于其规定的额定值,从而达到降低基本失效率,提高使用可靠性的目的。降额幅度可以通过应力比的大小体现出来。

### 8.4.1 温度和应力对元器件的影响

表 8-2 给出的是工业应用（环境温度为 40 ℃）中，电子元器件应力比（工作电应力与额定电应力之比）$S$ 的参考值。当环境温度大于 40 ℃时，根据需要会进一步降低 $S$ 值。一般情况下，$S$ 值太小（$S<0.1$）也会引起问题。多数情况下，$S=0.1$ 用来计算备用或休眠状态的失效率。根据经验，可靠性设计中 $S$ 的合理取值为 $0.1 \leqslant S \leqslant 0.5$。

**表 8-2 电子元器件在环境温度为 20~40 ℃的情况下应力比的建议值**

| 元器件类型 | | 降额参数 | | | | |
|---|---|---|---|---|---|---|
| | | 功率 | 电压 | 电流 | 内部温度 | 频率 |
| 电阻 | 固定电阻 | 0.6 | | | 0.8 | |
| | 可变电阻 | 0.6 | | | 0.7 | |
| | 热敏电阻 | 0.4 | | | 0.7 | |
| 电容 | 薄膜电容、陶瓷电容 | | 0.5 | | 0.5 | |
| | 钽电容 | | 0.5 | | 0.5 | |
| | 铝电容 | | 0.8 | | 0.5 | |
| 二极管 | 通用二极管 | | $0.5^{*}$ | 0.6 | 0.7 | |
| | 稳压二极管 | 0.6 | | | 0.7 | |
| 晶体管 | | | $0.5^{*}$ | 0.7 | 0.7 | $0.1f_T$ |
| 晶闸管 | | | $0.6^{*}$ | 0.6 | 0.7 | |
| 光电器件 | | | $0.5^{**}$ | 0.5 | 0.8 | |
| 集成电路 | 线性 | | 0.7 | $0.8^{+}$ | $0.7^{x}$ | 0.9 |
| | 电压调节 | | | $0.7^{+}$ | $0.7^{x}$ | |
| | 数字双极 | | | $0.8^{+}$ | $0.7^{x}$ | |
| | 数字 MOS | | | $0.8^{+}$ | $0.7^{x}$ | 0.9 |
| 线圈、转换器 | | 0.5 | | | | |
| 开关、继电器 | | | | $0.4\sim0.7^{++}$ | 0.7 | 0.5 |
| 连接器 | | | 0.7 | 0.6 | 0.8 | 0.5 |

注：* 指的是击穿电压；* * 指的是隔离电压；+指的是反向电流；++指的是感应负载的最小值；x 指的是结温 $\theta_J \leqslant 100$ ℃。

表 8-3 为金属膜电阻器的基本失效率随工作应力比 $S$ 的变化，这里的工作应力一般指的是温度应力和电应力，从表中可以看到，随着应力比 $S$ 的减小，该电阻器的基本失效率相应减小，其可靠性提高。

**表 8-3 金属膜电阻器的基本失效率随电应力的变化比较**

| 应力比 $S$ | 1 | 0.8 | 0.6 | 0.4 |
|---|---|---|---|---|
| 基本失效率 | 0.102 | 0.088 | 0.075 | 0.065 |
| 失效率降低幅度 | 0 | 0.014 | 0.013 | 0.010 |

降额是指使元器件在低于其额定应力的条件下工作。在实践中，实现降额的方法不是降低应力，就是提高元器件的强度。通常，最实用的方法是选用强度更高的元器件。降额是降低元器件失效率的有效方法。因为在所施加的应力值低于额定值时，大多数元器件的失效率都有下降的趋势。而当元器件经常经受更高的应力和温度时其失效率就会上升。大多数元器件的失效模式决定于应力和温度。

元器件经受过高的热应力（温度过高）就会过早的失效。MIL-HDBK-217F 手册中的失效率数据表明失效率明显地随着温度变化而变化。某些元器件对温度更敏感，在这种情况下通过适当的热设计降低热应力（温度）就能使失效率降低。

电子元器件的降额需要采用降额曲线。这些曲线通常把降额值与某些关键的环境因素、物理因素及数学模型联系起来，数学模型根据应力比、温度以及与元器件有关的其他参数定量地确定基本失效率。图 8-2 为金属膜电阻器的基本失效率随环境温度应力的变化，从图中可以看到，随着环境温度的增加，即使选择的应力比 $S$ 比较合适，其基本失效率也在增加，如何在环境温度无法改变的情况下降低元器件周围的温度也是可靠性设计的内容。

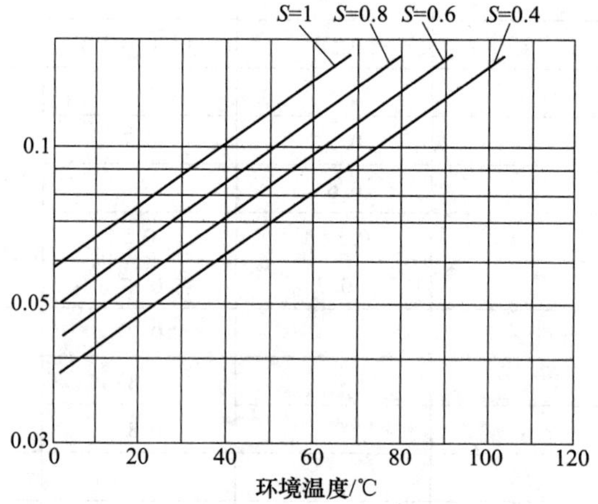


图 8-2　金属膜电阻器的基本失效率随环境温度应力的变化图

半导体材料构成的元器件制造商提供有用的热数据，其中包括工作参数与温度、最高和最低储存温度、最大结温的关系曲线以及相应的热阻值。最大工作结温必须以失效率相对于温度的关系为基准进行电路设计，以便能够达到规定的可靠性。只谈半导体允许的最大结温是没有意义的，除非把它和所要求的系统可靠性联系起来，通常要小于制造商提供的最大值。

除了满足系统可靠性要求之外，对最大结温实行降额可以给误差分析留一些余量，这种降额允许出现非均匀发热而不发生灾难性的失效，并允许电参数有瞬变。

表 8-4 所示的是一种 NPN 硅晶体管在不同的温度和应力条件下，其基本失效率（$\lambda_b$）的值。从表中可知，失效率随着电应力和温度的增加而迅速上升；NPN 硅晶体管在 10% 的应力比时由于温度降低（由 180 ℃降到 40 ℃的应力值），失效率降低 5/6。

**表 8-4 MIL-S-19500 I 类 NPN 硅晶体管的基本失效率（$\lambda_b$）** （$10^{-4}$ h）

| T/℃ | 应力比 S | | | | | | | | | |
|---|---|---|---|---|---|---|---|---|---|---|
| | 0.1 | 0.2 | 0.3 | 0.4 | 0.5 | 0.6 | 0.7 | 0.8 | 0.9 | 1.0 |
| 0 | 0.0034 | 0.0041 | 0.0048 | 0.0057 | 0.0067 | 0.0079 | 0.0095 | 0.011 | 0.014 | 0.018 |
| 10 | 0.0038 | 0.0046 | 0.0054 | 0.0064 | 0.0075 | 0.0089 | 0.010 | 0.013 | 0.017 | 0.023 |
| 20 | 0.0042 | 0.0051 | 0.0060 | 0.0071 | 0.0084 | 0.010 | 0.012 | 0.015 | 0.020 | 0.029 |
| 25 | 0.0046 | 0.0054 | 0.0064 | 0.0075 | 0.0089 | 0.010 | 0.013 | 0.017 | 0.023 | 0.033 |
| 30 | 0.0048 | 0.0057 | 0.0067 | 0.0079 | 0.0095 | 0.011 | 0.014 | 0.018 | 0.025 | |
| 40 | 0.0054 | 0.0064 | 0.0075 | 0.0089 | 0.010 | 0.013 | 0.017 | 0.023 | 0.033 | |
| 50 | 0.0060 | 0.0071 | 0.0084 | 0.010 | 0.012 | 0.016 | 0.020 | 0.029 | | |
| 55 | 0.0064 | 0.0075 | 0.0089 | 0.010 | 0.013 | 0.017 | 0.023 | 0.033 | | |
| 60 | 0.0067 | 0.0078 | 0.0095 | 0.011 | 0.014 | 0.018 | 0.025 | | | |
| 65 | 0.0071 | 0.0084 | 0.010 | 0.012 | 0.015 | 0.020 | 0.029 | | | |
| … | | | | | | | | | | |
| 160 | 0.033 | | | | | | | | | |

由于半导体和大多数电子元器件一样对温度敏感，因而任何设计的热分析必须精确地给出恰当使用这些元器件所要求的环境温度。在应力比相同的情况下，温度越低，可靠性越高，但是降低温度会使系统设计难度增加。因此，热分析应该成为系统设计的一部分，并应包含在设备性能、可靠性、重量、体积、环境控制要求和费用的权衡研究之中。

一般，降额幅度要达到提高器件使用可靠性的目的，重点考虑不降额或者降额不足导致的产品质量问题，过降额导致器件选型成本增加等问题。最佳的降额值应处于或低于应力-温度曲线的特定点上，这些特定点是指，从这点开始只要温度或应力略有提高，失效率就会急剧上升。然而，在实践中存在着最小降额值。在某个最小应力水平时，为了提高电路性能可能需要提高它的复杂度，这样就抵消了通过降额方法所获得的可靠性增长。

对电子器件来讲，许多元器件具有可以利用的、相对于应力的失效率数据，这些数据可用来确定通过降额获得的可靠性增长，但上述情况不适用于机械零件和结构零件。

### 8.4.2 降额方法

各类电子元器件都有其最佳的降额范围，在此范围内工作应力的变化对元器件的失效率有明显的影响。

#### 8.4.2.1 降额的限度

在同样的降额数值下所获得的失效率降低的收益是递减的，所以过度的降额并无益处，因为过度的降额有时会使元器件的特性发生变化，反而影响了设备的正常工作和可靠性。而且不能用降额补偿的方法解决低质量元器件的使用问题。

#### 8.4.2.2 降额等级的划分

在最佳降额范围内，一般分为以下 3 个降额等级：Ⅰ级降额适用于故障危及安全、导致任务失败和造成重大经济损失的情况，是最大的降额，对元器件使用可靠性的改善最大。超过它的更大降额，通常对元器件可靠性的提高有限，且可能使设备设计难以实现；

Ⅱ级降额适用于故障使任务降级和增加不合理的维修费用，是中等降额，对元器件使用可靠性有明显改善。Ⅱ级降额在设计上较Ⅰ级降额易于实现；Ⅲ级降额适用于故障对任务完成影响很小和少量的维修，是最小的降额，对元器件使用可靠性改善的相对效益最大，但可靠性改善的绝对效果不如Ⅰ级和Ⅱ级降额。Ⅲ级降额在设计上最易实现。

降额等级可以通过多种形式给出。图 8-3 给出了薄膜电阻器 3 个级别的降额曲线，从图中可知，在环境温度不大于 70 ℃时，各级功率降额可按额定功率降额，例如对于一级降额，70 ℃为应力降额点；108 ℃为应力最大值。在超过 70 ℃后，电阻上消耗电功率的大小就会按照一个斜率逐步递减。这个递减的斜率取决于电阻的散热能力。在绝大部分元器件的数据手册里，未给出这条明确的曲线，但一般最高温度 $T_{max}$、功率 $P$、热阻 $R$（单位为℃/W，在热设计一节有详细讲解）的指标都会给出来，递减的斜率是热阻的倒数，由此就可以推导出这条负荷特性曲线。

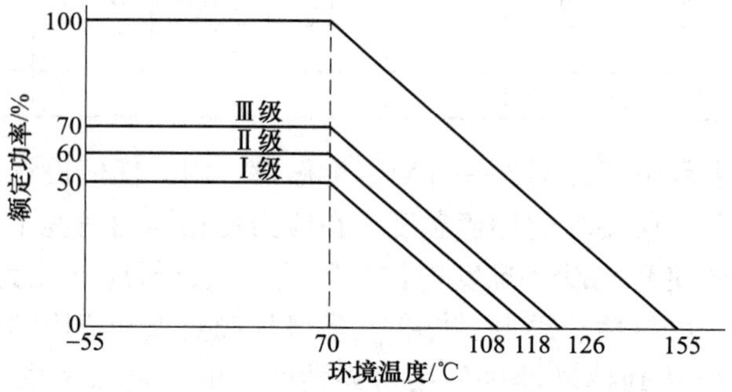


图 8-3 薄膜电阻的典型降额曲线

负荷特性曲线的降额是先将功率降额（降额因子×元器件标称功率），然后对结温降额（目前国内一般采用《元器件降额准则》（GJB/Z 35）标准，按照对系统所设定的降额等级，确定电阻的降额等级（Ⅰ、Ⅱ、Ⅲ级），在标准中找到对应该降额等级的结温降额因子，确定降额之后的结温点，经过该结温点左斜向上画一条直线，该直线与原负荷特性曲线的下降段平行，最后与功率降额的水平线相交于一点，如图 8-3 中虚线所示。

在环境温度大于 70 ℃时，考虑环境温度引起额定功率下降的因素，电阻的功率应按下降值作进一步降额。

表 8-5 列出了不同集成电路的降额等级对应的降额因子，可以通过其主要应力决定一个降额因子，以此确定降额值，实际使用的时候可以作为参考。

**表 8-5 集成电路降额准则**

| 集成电路种类 | 降额参数 | 降额等级 | | |
|---|---|---|---|---|
| | | Ⅰ级 | Ⅱ级 | Ⅲ级 |
| 线性电路<br>双极性或 MOS<br>（中小规模） | 电源电压（最大绝对值） | 0.70 | 0.80 | 0.80 |
| | 输入电压（最大绝对值） | 0.60 | 0.70 | 0.70 |
| | 输出电流（最大绝对值） | 0.70 | 0.80 | 0.80 |
| | 最高结温/℃ | 80 | 95 | 105 |

续表 8-5

| 集成电路种类 | 降额参数 | 降额等级 | | |
|---|---|---|---|---|
| | | Ⅰ级 | Ⅱ级 | Ⅲ级 |
| 双极型<br>数字电路<br>（中小规模） | 电源电压容限（标称值） | ±3% | ±5% | 见技术条件 |
| | 频率（最大值） | 0.80 | 0.9 | 0.95 |
| | 输出流（最大值） | 0.80 | 0.9 | 0.90 |
| | 最高结温/℃ | 85 | 100 | 115 |
| MOS、CMOS 数字电路<br>（中小规模） | 电源电压（最大绝对值） | 0.70 | 0.80 | 0.80 |
| | 频率（电源电压最大值） | 0.80 | 0.80 | 0.90 |
| | 输出电流缓存区触发器 | 0.80 | 0.90 | 0.90 |
| | 最高结温/℃ | 85 | 100 | 110 |
| 电压调制器 | 电源电压（最大绝对值） | 0.70 | 0.80 | 0.80 |
| | 输入电压（最大绝对值） | 0.70 | 0.802 | 0.80 |
| | 输入输出电压差 | 0.70 | 0.80 | 0.80 |
| | 输出电流（最大绝对值） | 0.70 | 0.75 | 0.80 |
| | 最高结温/℃ | 80 | 95 | 105 |

模拟集成电路在选取降额系数时，需要基于以下三个前提条件，第一，降额的电源电压在降额后不小于推荐的正常工作电压；第二，输入电压任何情况下均不得超过电源电压；第三，电压调整器的输入电压在一般情况下即为电源电压。

#### 8.4.2.3 降额的优点

降额设计可减少处于边缘状态的元器件在系统寿命期内失效的可能性；降低参数变异的影响；减少参数值的长期漂移；为应力计算中的不确定性提供余量；针对电压峰值等瞬变应力提供防护。

降额设计时首先需要知道降额的基准值，即从什么温度、电应力值开始降额；其次，根据已有的可靠性资料，得到降额的尺度，即降额多少为合适；最后，对降额效果加以关注。

#### 8.4.2.4 降额设计的注意事项

不应将标准推荐的降额量值绝对化，应该根据产品的特殊性适当调整；应注意到，有些元器件参数不能降额。一般，降低电子元器件的应用应力能提高器件使用可靠性，但却不尽然。如聚苯乙烯电容器，降额太大易产生低电平失效。为了降低元器件的失效率，提高设备可靠性而大幅度降低其应用应力，往往需要增加元器件数量和接点，从而降低了设备可靠性。对器件进行降额应用时，不能将所承受的各种应力孤立看待，应进行综合权衡。不能用降额补偿的方法解决低质量元器件的使用问题，低质量产品要慎重使用。

降额设计时具体注意以下几点：

（1）降额参数选择不当，该降的参数没降或降得不够，如对功率元器件，结温是降额的关键点，而不是电压；同一类元器件，用在不同的电路里，起主导作用的参数可能是不一样的，如电容，用在储能时主导参数是容值和最大纹波电流，用在退耦时主导参数是自谐振频率点。

（2）同一个电路系统中，各元器件的降额不协调，如对所有元器件都取降额系数为0.5，薄膜电阻功率降额系数取0.5，属Ⅰ级降额；而线绕电位器功率降额系数取0.5，则属于Ⅲ级降额，因而会造成线绕电位器的降额裕量不足，薄膜电阻又降额过度。

（3）一个系统中的不同部分，根据安全性、可靠性、重要程度要求的不同，可以采用不同的降额等级，常规民用地面设备一般推荐选择Ⅲ级降额；而地面设备中的高可靠性元器件、组件、模块的降额可以取Ⅱ级降额。

（4）可调元器件降额幅度应大于定值元器件，如薄膜定值电阻功率Ⅲ级降额系数为0.7，相同工艺类型的薄膜电位器功率Ⅲ级降额系数为0.6。

（5）对开关元器件，所带的负载属于不同类型时，降额参数和降额系数也会有所不同。如继电器的触点电流，在带电感负载时，继电器触点额定电流指标取Ⅲ级的降额系数为0.9；带电阻负载时，继电器触点额定电流指标取Ⅲ级的降额系数为0.5；带电机负载时，继电器触点额定电流Ⅲ级降额系数为0.9。

（6）功能相同、但生产工艺不同的元器件，对同一参数指标的降额幅度也会不同，如钽电解电容和铝电解电容，其直流耐压指标的Ⅲ级降额系数分别是0.75（铝电解电容）和0.7（钽电解电容）；膜式电阻与线绕电阻的功率指标Ⅲ级降额系数分别是0.7（膜式电阻）和0.6（精密型线绕电阻）。

（7）对大规模IC和高集成度元器件，主要降额系数为结温。

（8）另外有些元器件的参数不能降额，如继电器的驱动线圈电流，如果降额，则导致驱动电流产生的电磁力下降，从而使继电器触点的吸合力度不够，抗振抗冲击性能变差；光学元器件降额后，会导致发光强度减弱，影响显示效果。

（9）元器件负载特性曲线也需要降额。从项目设计开始，对系统整机的降额系数、各部分的组成，确定出适宜的降额等级，根据相关标准查找对应的降额系数。如果系统应用于特定行业，在设计上有特殊要求，如对煤矿井下设备的防爆要求，对手持设备的低功耗要求，对医疗设备的低漏电流要求，还有一些特殊要求的安规指标等，可以根据专业标准要求单独确定。

对通用元器件没有专门技术要求的，参考《元器件降额准则》（GJB/Z 35）进行降额，对关键部件、功率元器件、驱动执行机构元器件、易坏部件，其降额系数给出明确的等级要求和参考值。

#### 8.4.2.5 器件降额

电子元器件和材料的降额必须保证规定的设备可靠性符合规范要求。降额方法是因不同的元器件类型及其用途而异。电阻器是通过降低工作功率与额定功率之比实现降额的；电容器的降额方法是把所施加的电压保持在低于额定值的数值上；半导体器件的降额是把功率耗散保持在低于额定值水平来实现的。

各电子元件降额水平，应依据有关技术标准文献。当前大多数采用MIL-HDBK-338-2手册进行设计。

表8-6列出了常用的不同类型的电子元器件在高可靠性和正常使用两种情况下，其不同参数的取值及降额幅度，实际使用时可以作为参考。

**表 8-6 常见电子元器件降额表**

| 器件类型 | 参数 | 最大额定值 | |
|---|---|---|---|
| | | 正常 | 高可靠性 |
| 数字（微电子） | 电源、输入电压 | 在性能规范内降额 | |
| | 结温（密封）TTL/℃ | 130 | 100 |
| 线性（微电子） | 电源电压 | 在性能规范内降额 | |
| | 输入电压 | 0.80 | 0.7 |
| | 结温（密封）/℃ | 110 | 90 |
| 硅功率晶体管 | 集电极电流 | 0.8 | 0.6 |
| | $V_{cc}$电压 | 0.8 | 0.6 |
| 硅二极管（通用） | 向前电流、电压 | 0.8 | 0.5 |
| 电阻器 | 功率损耗 | 0.8 | 0.5 |
| | 工作温度/℃ | 额定值-20 | 额定值-40 |
| 电容器 | 电压 | 0.8 | 0.5 |
| | 工作温度/℃ | 额定值-20 | 额定值-40 |

综上所述，对一台仪器而言，需要从整体上进行降额设计，其遵循的基本原则为：降低元器件在电路中所承受的应力（一般主要指温度应力及电应力）可以提高元器件的可靠性，元器件的工作温度范围要求大于整机的工作温度范围，电阻、电容等元器件的耐压值应大于额定工作电压的 2 倍，电源模块实际功耗不超过额定功率的 70%。

对于一台整机或一个独立的系统，其各组成部分的降额等级可以是不一样的。例如整机降额等级确定为Ⅲ级，对其中的重要关键部分及易失效部分，可以采用一个稍高的降额等级Ⅱ级，而其他部分为Ⅲ级。如小区监控系统，户内设备因为其工作环境条件较好，可以采用Ⅲ级降额，而户外摄像头中的电路可以采用Ⅱ级降额。

## 8.5 元器件的瞬态和过应力保护设计

电子部件常被持续时间较短的电压瞬变损坏，这种电压瞬变是由于负载转换、电容和电感效应、静电、电源脉动和试验等原因引起的。小型半导体部件特别容易受损坏，因为它的导线接头的热惯性很小。MOS 器件易受静电的损坏，因而需要有专门的保护措施。

随着集成电路的复杂度和元器件密度日益提高，静电放电也日益引起人们的重视。有些现代微电路在静电放电电压达到 20 V 就可能被损坏。元器件越小，它能散逸的功率就越小或者说击穿电压就越小，因而它也容易被静电放电所损坏。一些对静电放电非常敏感的元器件与 MOS 结有直接通道的金属氧化物半导体器件、由肖特基壁垒法生产的高频元器件、许多双极性的和场效应的微电路（如采用小的有效面积结、薄的介电材料，喷镀金属的截面和 $N^+$保护环结构的 ROM、RAM 以及 PROM）、精密的薄膜电阻以及类似的元器件等。从可靠性手册中可以查到对静电放电敏感的元器件及其电压敏感范围清单，以及减少静电放电导致故障的措施。

除了静电放电外，电路设计过程中还必须消除产生瞬变的其他原因。

半导体器件电路故障可能是由瞬态电路的干扰和部件烧坏两个常见的原因造成的。通常，瞬态干扰是一个决定性因素，因为这种干扰即使在很低的能量级也会产生。

电路中的瞬变现象能以许多方式造成故障。双稳态触发器和施密特触发器可能偶然被触发、计数器可能改变计数、存储器可能由于激励电流或直接的磁场效应而改变、单稳态多谐振荡器可能产生脉动、瞬变可能被当作控制信号而放大和译码、开关可能改变状态、半导体可能被闩锁，因而要求重新“复位”等。输入端、输出端的瞬变能对电源端或者它们的组合产生影响。通常，瞬变的干扰影响有下述特征：

(1) 对干扰来讲，电路的门限范围是很窄的。不可能产生干扰的信号与必定会产生干扰的信号之间的电压幅值的差值是很小的。

(2) 对很慢的输入漂移产生相应的直流门限是根据基本电路简图计算出来的。这可为超过直流门限，而且时间比电路传播延迟（制造商的技术要求）长的瞬变建立精确的界限。

(3) 瞬变的干扰明显与精确的波形无关，而是在很大程度上取决于瞬变的峰值及瞬变超出直流门限的持续时间。这种与波形无关的特性允许利用简单的波形（矩形波）通过试验比较容易地确定电路的特性。

(4) 输入引线（或信号基准引线）通常是对瞬变干扰最敏感的引线。

一般情况下，与感性或容性负载接口的逻辑器件或者查看试验连接情况用的逻辑器件，要求进行瞬态电压保护。实现这种保护的方法是：在受保护的电压线和吸收高频瞬变的地线之间加装电容器；采用二极管保护，以防止电压超过固定值（钳位值），采用串联电阻，以限制电流值。

能够引起半导体器件失效的瞬态电压值记为 $V_{ZAP}$。$V_{ZAP}$ 值取决于瞬变的持续时间，无源器件也可能被瞬态电压损坏，但是所需的能级要比小型半导体器件高得多，所以无源器件一般不需要单独加以保护。

下面对不同类型元器件采取的抑制瞬变的保护方法进行说明。

### 8.5.1 二极管的保护

图 8-4 分别为采用一个电阻与采用电阻和电容保护二极管 $D_1$ 的电路图。其中 $R_1$ 为浪涌电流限制电阻，其作用是分流作用，用于降低电流值，$C_1$ 为瞬变抑制电容器，用于抑制高频瞬变。

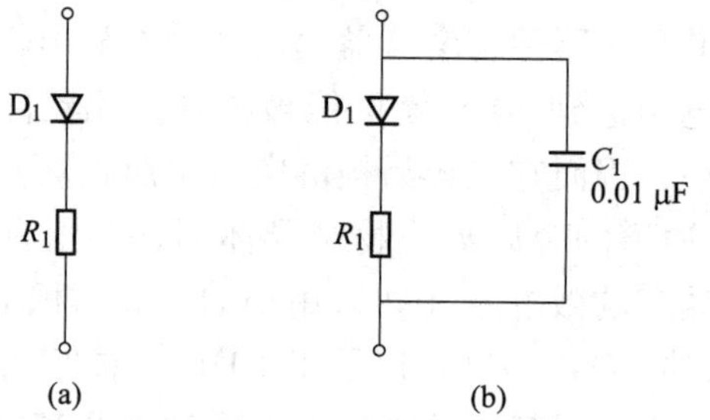


图 8-4 二极管的瞬态和过应力保护电路图

(a) 使用一个电阻的保护电路；(b) 使用电阻和电容组成的保护电路

### 8.5.2 晶体管的保护

图 8-5 为使用电阻电容元器件对三极管进行保护的电路图，其中 $R_B$ 为限流电阻，$C_1$ 为瞬变抑制电容器，用于抑制高频瞬变。图 8-5（b）的 $R_B$、$C_B$ 构成低增益滤波器。

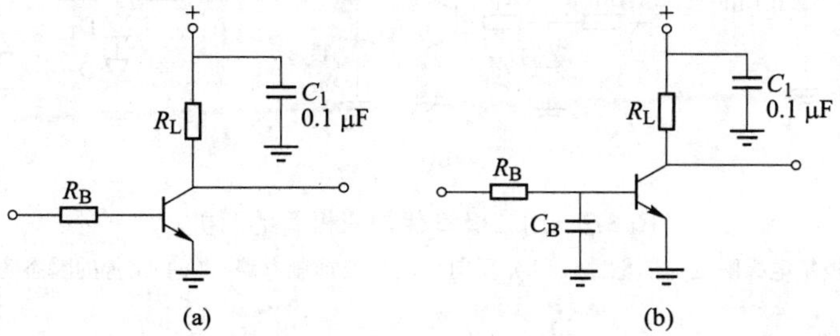


图 8-5 三极管的瞬态和过应力保护电路图

（a）使用电阻和电容器组成的保护电路；（b）使用电阻和两个电容组器成的保护电路

PN 结二极管一般用于晶体管的保护，因为二极管具有很短的接通时间和很低的连接阻抗。用于抑制瞬变的二极管尤其需要有低的阻抗。由于二极管具有体积小，电容量低，箝位电压范围宽的特点，某些额定等级的二极管尤其适于保护工作中的积分电路和其他半导体器件。

图 8-6 所示为用二极管保护一个三极管的两极。图 8-6（a）中，二极管 $VD_1$ 和电阻 $R_B$ 相连，用于将基极电压限制在二极管压降电压到反向击穿电压之间。当电源给电容器带来噪声时，$VD_2$ 可以阻止向负电位变化。图 8-6（b）为增加了二极管和电阻用于限制基极向前面二极管压降的正向偏移。

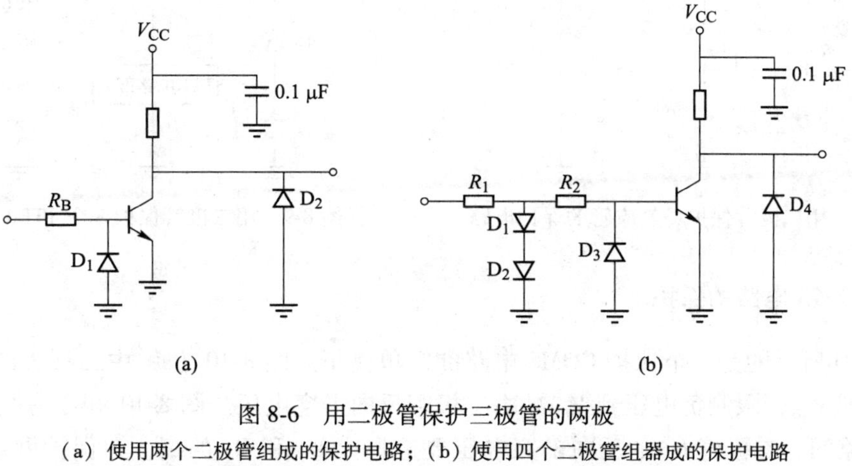


图 8-6 用二极管保护三极管的两极

（a）使用两个二极管组成的保护电路；（b）使用四个二极管组器成的保护电路

图 8-7 所示为了完成三极管的瞬态防护电路而进行的保护电路设计过程，其中图 8-7（a）电路通过稳压管 $D_{Z1}$ 和 $D_{Z2}$ 以及电阻 $R_B$ 可以抑制基极和集电极之间的电压瞬变，图 8-7（b）电路可以抑制反向和正向瞬变，图 8-7（c）电路是完整的瞬态防护电路，分别使用了二极管、稳压管和电阻电容。

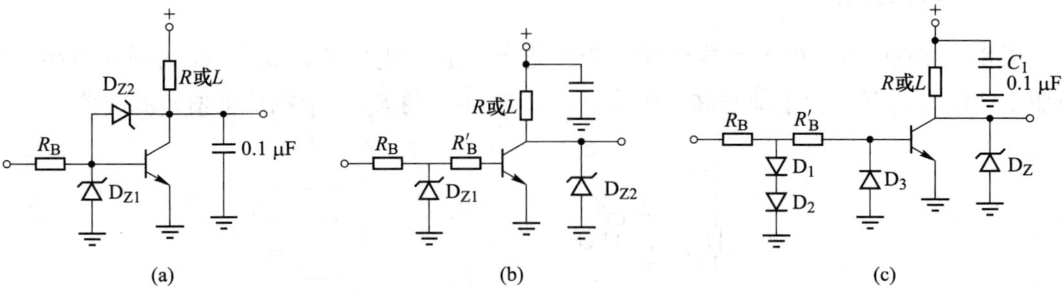


图 8-7 用二极管保护三极管的两极

(a) 基极集电极瞬变抑制电路；(b) 反向正向瞬变抑制电路；(c) 完善的瞬态防护电路

图 8-8 所示为用二极管保护 MOSFET 晶体管的保护电路图，建议在栅极和漏极之间连接一个二极管 $D_2$。

### 8.5.3 TTL 电路的保护

图 8-9 所示的是用二极管保护一个 TTL 电路。二极管 $D_1$ 限制到地的负的瞬变（使用驱动电路的输出阻抗），$D_2$ 阻止输入幅值大于 $V_{CC}$。$D_3$ 用于限制输出端大的负浪涌，电容器吸收电源线的高频瞬变，对电源进行滤波。

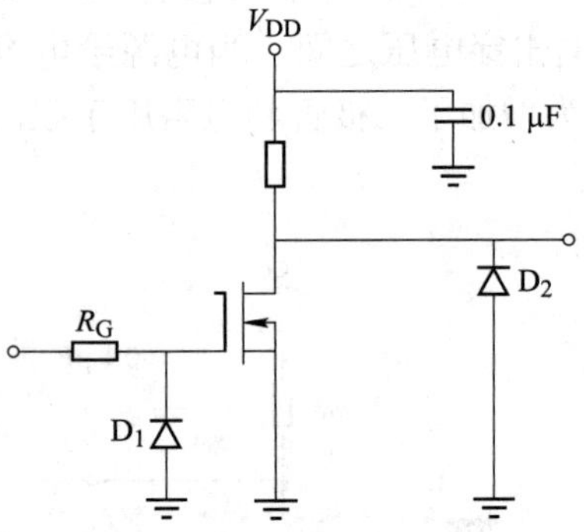


图 8-8 用二极管保护场效应管的保护电路

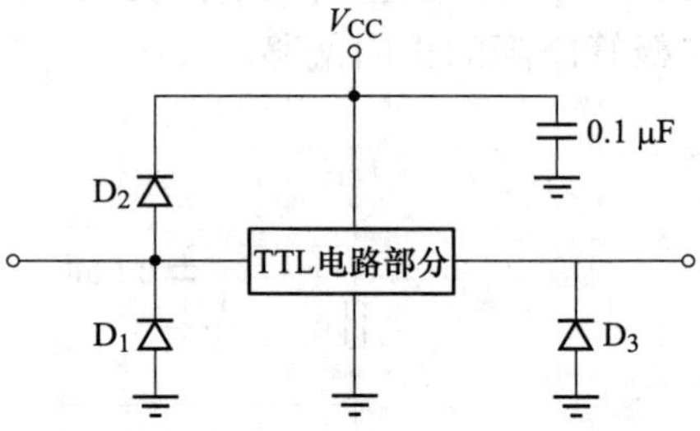


图 8-9 用二极管保护一个 TTL 电路

### 8.5.4 COMS 电路的保护

图 8-10 所示的是一个保护 COMS 电路的简单例子。图 8-10（a）中二极管的作用是钳制正脉冲到 $V_{DD}$，限制负电压到 $V_{DD}$减去二极管反向击穿电压。图 8-10（b）是完整的常用的保护电路图。二极管 $D_1$ 的反向击穿电压要选择比 $D_2$ 和 $D_3$ 的高。在保护网络和 CMOS 电路输入端之间连接的电阻 $R_2$ 提供了第三级保护。当输入瞬变变得越来越大时，这三级中的每一级将顺序地工作。

为了对 COMS 电路进行浪涌保护，基本的处理措施包括采用接地的烙铁进行电路焊接，全部试验设备都要接地，以及在直流电源被切断之前，整个低阻抗设备与器件输入端断开等。

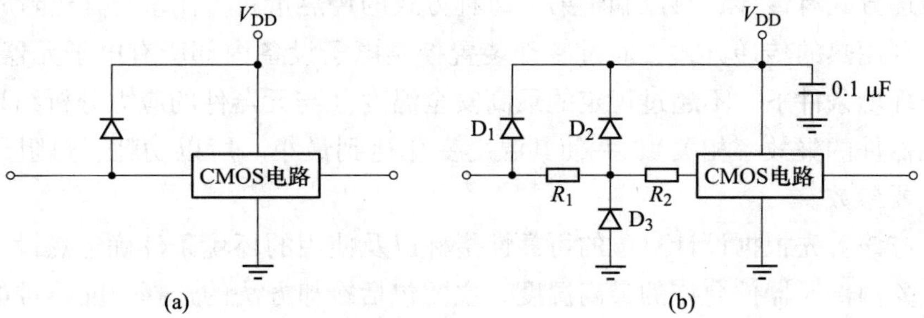


图 8-10 COMS 电路的浪涌保护
（a）使用单个二极管的保护电路；（b）使用多个二极管的保护电路

# 8.6 热 设 计

设备温度升高是导致设备发生故障的最主要因素之一，电子设备随着功能多样化，其内部元器件分布高度密集，而且设备小型化的同时也加剧了这种密集程度，导致产生热量的集中程度增加，因此需要采用适当的热设计手段，进行有效的散热，使设备在规定的温度区间内工作。

温度升高时，大多数电子产品和电子元器件会发生一些变化，例如高温时，电子产品的绝缘性能退化，温度循环变化超过±15 ℃会大大降低元器件的寿命和可靠性；温度循环变化超过±20 ℃时，失效率增加到 8.1 倍，图 8-11 所示为不同类型元器件工作温度与失效率的关系曲线，从图中可以看出温度升高时，元器件的失效率会增加。

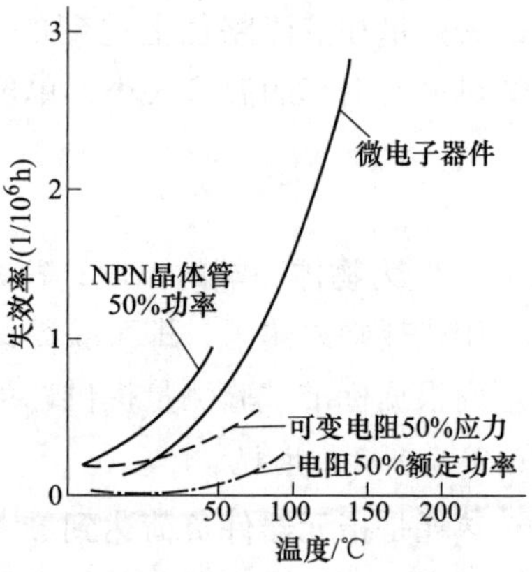


图 8-11 元器件的工作温度与失效率的关系曲线

温度升高到一定程度后，会导致元器件损坏、材料热老化、低熔点焊缝开裂、焊点脱落等。温度升高时，一般电阻的阻值会降低；高温会降低电容器的使用寿命；结温的升高会使晶体管的电流放大倍数迅速增加，导致集电极电流增加，从而使结温进一步升高，最终导致元件失效。高温是造成大多数电子元器件失效的主要原因，单个元器件的失效可能会导致整个设备失效。在功耗或环境温度变化不可避免时，合理的热设计可以减少元器件的温度变化，在设计阶段，尽量采取合理的设计避免温度的升高。

## 8.6.1 热设计的方法和主要参数

电子设备体积小，在工作过程中消耗各种形式的能量，这些能耗转变为热量，导致其可靠性下降。电子设备有效功率输出比电路工作所需的输入功率小得多，多余的功率转化为热量而耗散。

热量传递方式有传导、对流和辐射，每种方式的传热量所占比重与其热阻成反比。

热设计利用热的传递方式，通过冷却装置控制电子设备内部所有电子元器件的温度，使其在工作环境条件下，不超过规定的最高安全温度（与元器件的应力分析结果、设备可靠性以及元器件的失效率相关），并使其温度变化达到最小。所以功耗、热阻及温度是热设计中的重要参数。

热设计应该首先根据设计对象的可靠性指标以及使用的环境条件确定热设计目标，一般为设计对象内部元器件允许的最高温度。主要包括冷却方法的选择、元器件的热设计和印刷电路板的热设计等。

热设计主要通过控制散热，采取有效的热传递技术，使各个元器件与相适应的散热器之间建立低热阻通路。小的温度梯度和低的工作温度可以保护温度敏感元器件和电路。控制散热实质上就是让热流沿着规定的通路从各种热源流向低温散热器，使热量不会杂乱地散射并传入临近的元器件。

热设计中需要考虑的因素包括尺寸和重量、热耗量、经济性及保持要求的失效率情况下元器件的温度极限、电路布局、热环境及终端散热器的状况。热设计中需要考虑三个重要参数即热耗、热阻及温度。

8.6.1.1　热阻

当有热量在物体上传输时，物体两端温度差与热源的功率之间的比值称为热阻。热阻指的是热量在热流路径上遇到的阻力大小，反映介质或介质间的传热能力的大小，表示 1 W 热量所引起的温升大小，单位为℃/W 或 K/W，式（8-2）为热阻的计算公式

$$R = \frac{T_1 - T_2}{P} \tag{8-2}$$

式中，$T_1$ 为物体一端的温度；$T_2$ 为物体另一端的温度；$P$ 为发热源的功率。

用热耗乘以热阻，即可获得该传热路径上的温升。元器件的热阻参数一般由元器件生产厂商根据标准试验测量提供，可在器件的用户说明书中查出。

8.6.1.2　热耗

热耗是指元器件负荷达到最大时，释放出的热量，也称为热设计功耗，热耗的计算与热源温度、环境温度以及其热阻等因素有关，热耗不等同于功耗，功耗是指器件的输入功率，仅与其施加的电压电流有关。

一般电子元器件的效率比较低，大部分功率都转化为热量。计算元器件温升时，应根据其功耗和效率计算热耗，当仅知道大致功耗时，对于小功率设备，可认为热耗等于功耗，对于大功耗设备，可近似认为热耗为功耗的 75%。有时为给设计留余量，直接用功耗进行计算。注意电源模块的效率比较高，一般为 70%~95%，对于同一个电源模块，输出功率越小，效率越低。

对电子设备进行热设计时有以下三个要求，第一，在满足设备性能要求的前提下，尽可能减少设备内部的热量；第二，尽量减少热阻值；第三，通过热设计能保证设备在较低温度条件下工作，以便减少参数漂移，保持电性能稳定，从而提高可靠性。

对电子设备进行热设计的基本方法为提高元件、材料的允许温度；减少设备的发热量

以及用冷却的方法改变环境温度并加快散热速度。

## 8.6.2 常用冷却方法

在热设计过程中，必须考虑采用合适的冷却方法保持设备的正常温度。冷却方法有多种，在选择时需要综合考虑以下因素：设备的复杂程度、空间、功率、热环境、可以利用的散热器及费用等。本节讨论的是零部件和设备内部散热的方法，这些散热方法必须能使发热元器件与被冷却的表面或局部散热器之间有一个比较低的温度梯度，最好是能够利用密集组装的元器件之间的空隙。

### 8.6.2.1 自然冷却法

自然冷却不使用外部辅助能量，完全靠自然对流、传导和辐射进行散热，是最简单、最经济的散热方法，在大多数小型电子部件内，没有空间实施其他冷却方法，最好采用自然冷却法，在安排元器件位置时将金属传导作为基本的冷却方法。

生产厂家一般按照自然冷却设计和规定电子元器件的额定值。

电子元器件的自然冷却法可以通过散热器增大其表面面积，例如，使用引线将热直接传递给印刷电路板，此时印刷电路板起到将热传递给一个大的散热表面的扩散热阻作用；或者利用导热螺栓及外壳将热散发到底座或其他散热表面。注意，大型高功耗晶闸管整流器一般不采用自然冷却。

具体而言，对于最常使用的电阻器，可以通过采用直径比较粗的引线，引线长度要短，或者将电阻器紧夹到金属底座等自然冷却的方法来降低表面温度。据统计，0.5W 的碳膜电阻产生的热量，大约40%靠自然对流，10%靠辐射，5%靠引线的传导传递的。

电子设备的自然冷却可以利用设备的金属进行热传导，如对温度相对敏感的元器件放在底部，避免处于发热元器件之上；温度比较高的应该放在温度比较低的元器件之上；大的热源所处位置不应与其他元器件成一条垂直线，在水平方向上的距离尽可能大；尽可能靠近温度最低的表面（一般为金属外壳的内表面、金属底座及金属支架），并有传导接触。

对于地面电子设备的热设计，关注的因素包括能将热量传至对流表面的内部传导冷却通路；能限制和引导上升气流并能遮雨、雪、沙等的物体；外表面的热反射涂覆层等。

### 8.6.2.2 强迫空气冷却法

当自然冷却不能满足要求时，可以采用强迫空气冷却方法，目的是使热源处达到安全的工作温度和尽可能减少冷却系统输送空气所需的能量（冷却功率）。例如那些热量比较集中而且功率较大的元器件和设备。当电子部件内元器件之间的空间适合空气流动或适于安装局部散热片，就可以使用这种冷却方法，用强迫冷却流体，将热从热源传递到散热器，强迫空气的热传递主要依靠强迫对流作用。

强迫空气冷却法的优点是可以散掉很大一部分热量，缺点是迫使空气流过被冷却物体、管道及换热器所需的功率会很大。

### 8.6.2.3 直接液体冷却法

直接液体冷却法适合下面几种情况：部件的热耗体积密度很高，或者部件必须在高温环境条件下工作，而且元器件与被冷却表面直接温度梯度很小。直接液体冷却法只能用于可以承受由于液体的高介电常数和功率因数而引起的寄生电容增加和电气损失的电路。

设备可以采用多种液体冷却系统，其中任何一种液体冷却能力都要大于强迫空气系统的冷却能力。可以将密封部件的外壳设计为直接在冷却剂中进行浸渍（间接液体冷却）或者将液体（如硅酮流质）填入电子零部件内部（直接液体冷却）。通过对冷却液采取强制循环的办法可以大大提高直接浸渍（间接液体冷却）设备的冷却效果。

液体冷却法适用于电源、调制器、伺服放大器及宽带低频放大器的冷却。在考虑液体的介电常数和损耗因数的情况下，这种冷却方法也可以用于射频电路。

采用液体冷却使设备有可能实现小型化，因为它允许有较高的热耗体积密度。此外，使用高介电强度的冷却液，可以提高电压额定值。液体冷却法的缺点也是显而易见的，例如维护困难，如果液体泄漏则可能使设备不能工作等。

综上所述，电子设备热设计流程包括三个部分，第一部分为明确设备功耗、发热量、设备的允许温升、设备外形尺寸的限制、设备放置的环境等；第二部分为确定设备的冷却方式；最后分别对元件、线路、印刷电路板和机箱进行热设计。

## 8.7　电路的简化设计

由于可靠性是复杂性的函数，因而为降低复杂性所做的任何工作都能够提高可靠性。简单地讲，假如能从设计中剔除某一元器件，那么也就消除了该元器件失效的影响。在设计电路时，注意力应集中到确定为达到预期功能是否所有的项目和电路都是必要的，也就是设计简化。通过较少的几个部件实现系统功能简化设计会有助于获得最佳可靠性，并减少潜在的故障。在电路简化设计环节应做到以下两点，首先不会给其他的部件施加更高的应力或者超常的性能要求；其次，当用一个元器件完成多个功能时不能用未被验证的、未经试验的元器件来代替已经验证的、可靠的元器件。

用布尔代数技术可以实现逻辑功能简化，因为用这种方法能够确定和去掉不需要的项。就通过简化电路实现高的可靠性设计而言，布尔简化是非常实用的工具。利用这种最简单的技术，就能把多余的元器件从逻辑设计中除去，在逻辑设计中提高可靠性是最简单的一条准则。

电路简化设计遵循的原则包括：

（1）在保证设计功能指标前提下，尽可能简化电路设计，即用最简单的电路和最少量的元器件达到技术指标的要求；

（2）在设计中采取提高电路稳定性、可靠性、可测试性和可维修性的措施；

（3）减少元器件数量的同时，要减少元器件的类型和规格，以便于控制质量、减少备件数量和便于维修；

（4）逻辑电路设计尽可能采用高可靠及集成度高的电路，不用分立元件或小规模集成电路，以减少器件的数目。

图 8-12 为方波电路的两个方案对比，其中图 8-12（a）是使用以三极管为主的分立元器件实现的电路，图 8-12（b）是使用 555 集成芯片为主的电路。无论从电路的简化设计还是可靠性的角度考虑，图 8-12（b）图的电路元器件数量少，都为首选方案。

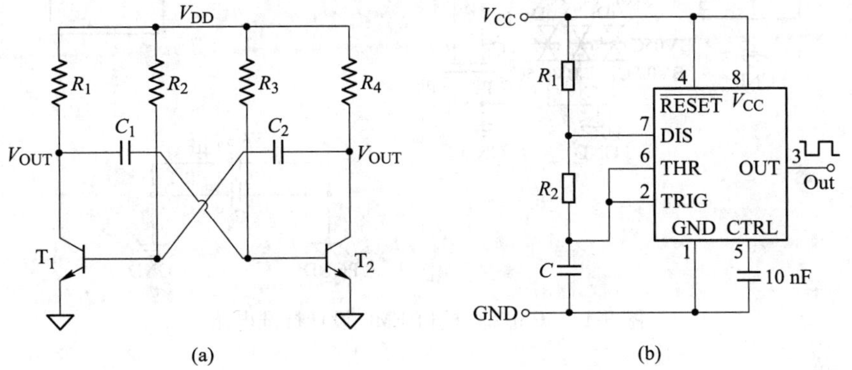


图 8-12　方波输出功能的不同电路设计原理图
（a）采用分立元件设计；（b）采用集成芯片设计

## 8.8　标准部件和电路的选择

大量研究工作表明，由标准部件和标准电路组成的设备可靠性的设计与计算比较规范，工作量比较小，所以在电路设计过程中，尽量采用标准化的或经过考验可靠性高的电路，少用新研制、未经定型和考验的电路和部件，以得到最可靠的设备。现在，“部件”已包括相当复杂的电路元件，例如微处理器。事实上，这些部件本身就是个完整的电路。除了大功率和高频的场合，将来的系统设计可能会把标准电路作为基本组成单元。

采用经过验证和已知可靠性的电路可以提高设计可靠性。目前可以得到许多有关设备布局和电路可靠性的资料。在设计过程中，优先采用电子可靠性设计手册中提供的标准电路。

下面以 EMC 标准电路举例说明标准电路的选择。

EMC，即 Electromagnetic Compatibility，电磁兼容性，其定义为设备或系统在其电磁环境中符合要求运行并不对其环境中的任何设备产生无法忍受的电磁干扰的能力。

EMC 设计内容包括两个部分，设备在正常运行过程中对所在环境产生的电磁干扰不能超过一定的限值；设备对所在环境中存在的电磁干扰具有一定程度的抗扰度（EMS）。

EMC 标准电路包含各种接口的 EMC 设计，图 8-13 为 USB2.0 接口 EMC 设计标准电路，分别使用了电阻、电容、稳压管和电感等元器件。

总之，由电子线路组成的仪器在进行可靠性设计过程中，上述设计方法只是最基础的方法，除了这些方法，需要根据仪器使用的实际情况考虑其他因素综合设计。

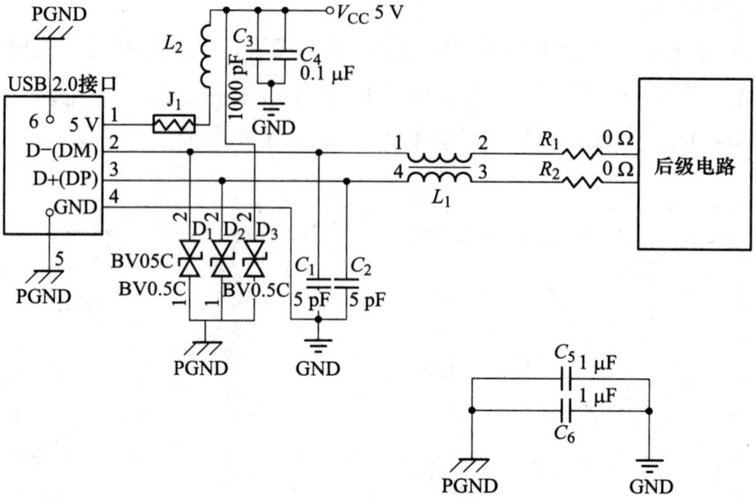


图 8-13 USB2. 0 接口 EMC 设计标准电路

## 习 题

8-1 降额设计方法中，电子元器件的应力比指的是什么？

8-2 设计中包含哪些参数，它们的含义分别是什么？

# 第 9 章　电路的可靠性分析

**教学要求：**

掌握潜在电路分析方法中网络树的分析方法；

了解潜在电路的设计规则；

掌握电路的容差分析方法中最坏情况分析方法。

## 9.1　潜在电路分析

在航空航天、军事和现代武器系统中发生的许多事故是潜在电路造成的。在家用电器和汽车电气系统中，没有执行预期的功能或没有启动预期的功能，也是因为存在潜在电路。

潜在电路分析（Sneak Circuit Analysis，SCA）用于确定系统的潜在通路，即假定组成系统的所有单元均正常工作的情况下，分析并找出那些能引起系统功能异常或抑制正常功能实现的潜在通路，为改进设计提供依据。潜在通路是系统中不必要的路径或逻辑流，它会引发系统故障。

对于电子系统潜在通路称为潜在电路。潜在电路指电气电子电路中的一种潜藏状态，当潜在的激励条件满足时，可以导致系统出现非期望的功能，或抑制了期望出现的功能。潜在电路状态与元器件失效无关。

潜在电路有以下特点：

（1）属于设计所固有的状态。因为潜在的激励条件或激励响应间的因果关系难以辨认，会使设计者主观上忽略了这种状态。

（2）与元器件失效无关。因为潜在电路是设计中的一种状态，所以与元器件失效无关。但是，若电路中出现元器件故障，则可能激活更多的潜在电路状态。

（3）潜在激励条件的多样性。潜在激励条件的多样性容易被设计者忽视，如意料不到的元器件失效方式、参数漂移、系统时序误差、外界随机干扰、电缆阻值的变化或某种形式的接地不良。

（4）复杂电路中可能大量存在，并具有潜伏性。潜在电路状态的客观存在，源于现代工程系统的复杂性与设计人员的有限把握能力之间的矛盾，并随系统复杂性增加而成级数增长。

潜在分析是为了从电气和电子电路及操作软件中确认出潜在问题而开发出的一种技术。电子仪器的潜在分析大多数情况下指的是对潜在电路的分析，潜在电路是在电气或电子电路中不需要的连接，不是由元器件失效引起的，它导致出现某种不希望有的电路状况或可以阻止出现某种希望有的状况。

潜在电路是导致不符合需要动作的网络中的一个路径。一般指的是电流路径。潜在电路分析是检查或者消除这个路径的一个过程。潜在电路分析通常是由具有工程经验的专家完成。专家的经验可以集成到潜在电路分析工具中，设计工程师可以利用这些经验，完成潜在电路分析。

潜在电路分析可以在设计的早期阶段完成，可以正确地识别出潜在问题，提出适当的解决方案，将来在硬件平台消除这些问题。

潜在电路分析可以消除经常遇到的潜在电路，完成电路分析，检查潜在电路。潜在电路设计遵循的文件包括：设计阶段消除潜在电路的设计规则，系统级识别潜在电路的指导方针以及部件级识别潜在电路的指导方针等。遵循这些规则，可以使设计早期阶段出现潜在电路的概率降到最低。

潜在分析的目的是为了完成设计任务，充分地进行测试以避开潜在电路。潜在电路的分析适用于子系统之间存在复杂接口的情况。

### 9.1.1 潜在电路分析类型

潜在电路分析（SCA）用于确定系统的潜在通路。潜在通路包含以下四种类型：（1）潜在通路，这会引起电流或逻辑流产生不必要的通路，它的存在会引起一个不希望的功能发生或抑制一个要求的功能发生。（2）潜在时序，在设计之外的序列中发生某些事件的情况。（3）潜在指示，这会导致操作条件的错误显示，操作人员操作后最终导致一个错误的行为。例如一个开关或控制旋钮上的标志，不能全面反映该开关或旋钮会引起的后果，因而引起误解，导致错误的操作。（4）潜在标签，通过给系统功能，例如输入、输出、功率等贴不正确的标签误导操作人员。根据不同类型的系统，常用的SCA技术有以下三种。

#### 9.1.1.1 潜在通路分析

潜在通路分析方法是在硬件系统中针对以上4种列出的潜在通路类型进行分析。潜在通路分析用于识别硬件系统的潜在电路，主要是功率分配、控制、开关网络和模拟电路。潜在通路分析用于分析硬件系统的潜在路径与已知的潜行路径拓扑模型的相似性。

潜在通路是指引起电流或逻辑流产生不必要的通路，会引起一个不希望的功能发生或抑制一个要求的功能发生，例如电流、能量或逻辑顺序沿意外的通道或意外的方向流动。

潜在通路有两种状态，允许潜在通路和禁止潜在通路。允许潜在通路是指潜在通路在一定条件下，而不是在所有的条件下阻碍所需要的功能或结果；禁止潜在通路是指潜在通路在一定的条件下，而不是在所有的条件下产生不需要的功能或结果。

潜在通路分析是在假设组成系统的所有部件均正常工作的情况下，分析并找出那些能引起系统功能异常或抑制正常功能实现的潜在通路，为改进设计提供依据；用来识别电气或电子电路中发生非期望行为的潜在可能性。潜在通路分析可以采用手工或用计算机辅助进行。

图 9-1 为飞行器仪表中部分电压调节器的潜在通道图。从图中可以看出，潜在通道为虚线部分，如接线端 $E_6$ 及连接器 J16 的插针 A 之间的箭头所示。该潜在通道把调节器 $V_{R1}$

的+4 V 直流输出与调节器 $V_{R2}$ 的+12 V 直流输出连接起来，因而在+12 V 直流输出端到+4 V 直流负载之间出现了过高的电流。其结果可能使两个调节器（$V_{R1}$、$V_{R2}$）中的一个或者两个发生故障，并可能烧坏+4 V 直流负载。无论哪一个发生故障都会使仪表损坏。即使没有立即出现故障，由于加上 3 倍的标准电压值，+4 V 直流负载也要超出容限工作，建议采取的更正措施是把连接器 J16 的插针 A 与接线端 $E_6$ 之间的接线拆掉。

图 9-2 为汽车内的某种潜在通路示意图。从图中可以知道，该图包含 3 个正常路径，第一个路径为点火开关闭合，发动汽车，电源从电池提供给收音机，收音机开启；第二个路径为点火开关闭合，发动汽车，制动开关闭合，即驾驶员踩刹车，制动灯从电池接收电源，制动灯亮；第三个路径为危险开关（踏板）和闪烁模块闭合，电源将从电池提供到闪光模块，导致刹车灯闪烁；这种设计包含一个潜在通路，当危险开关和闪烁模块闭合，通过闭合的制动开关，收音机开启，制动灯不亮。即造成危险开关合上，制动灯不报警的情况。

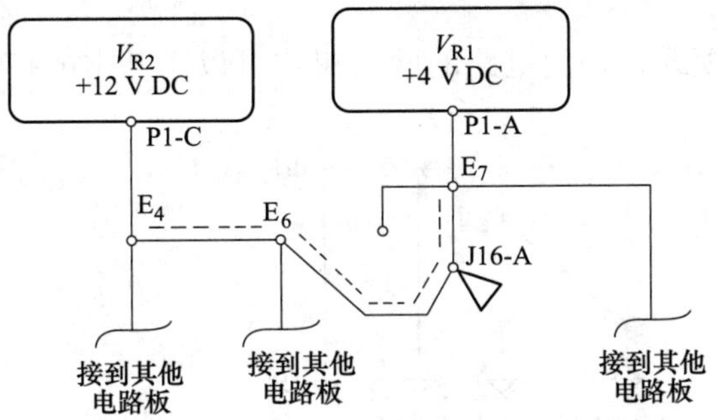


图 9-1 飞行器电压调节器的潜在通道图

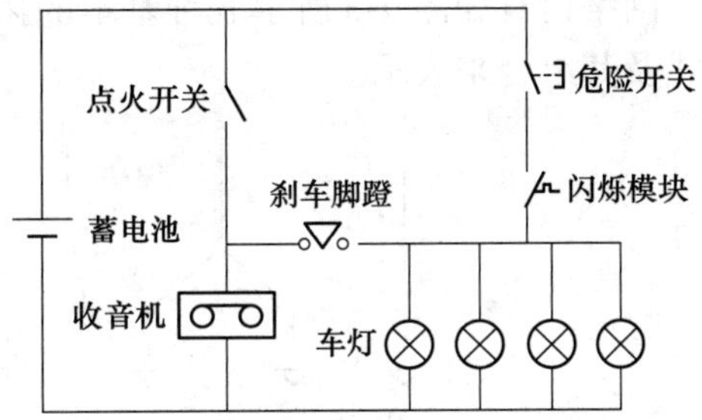


图 9-2 汽车内的潜在通路示意图

#### 9.1.1.2 数字潜在电路分析

数字潜在电路分析是针对潜在条件、运行模式、逻辑错误和矛盾等方面，对数字硬件网络进行分析。根据数字系统的复杂性，数字潜在电路分析可以使用潜在通路分析技术、手工或计算机图形分析、逻辑模拟器，或计算机辅助设计电路分析。

#### 9.1.1.3 软件潜行路径分析

软件潜行路径分析是对计算机程序逻辑流的潜通路分析。这项技术是通过比较软件的结构与已知的潜通路条件进行的。

潜在通路是指在系统所处的特定条件下出现的、没有预期到（常常也是不希望有）的通路，它的出现会引起功能异常或抑制正常功能的实现。

### 9.1.2 网络树分析法

电路图中不同的拓扑模式和潜在电路的出现有着紧密的关系，鉴别这些模式和记录每个模式的特殊电路属性是直接有效的方法。传统的办法是半自动产生电路的拓扑模式，然后将线索表应用于每种孤立的拓扑模式。即根据系统的原理图绘制系统的网络树并加以必要的注释，这一过程一般是由软件自动形成的。

网络树具体的绘制和注释方法为：

（1）电源和正向电流在顶部绘制，返回电流和地线放置在底部；

（2）一般从总控制电源和一级电源的断路器开始，也可以从二次电源和控制信号电路的开关开始；

（3）使用标准符号或简化符号作为补充；

（4）对复杂的网络树进行分离，使每个部分都有特定的功能，利于拓扑划分；

（5）网络树注释内容包括：组件的图形数、功能注释、交叉引用注释、网络树标签、电气性能、超出范围的接口信息以及相关的描述信息；

（6）对于数字系统，网络树一般采用人工方法开发，因为它主要是基于逻辑流。

建立数字系统网络树方法为：电路输入在左边，输出电路在右边，逻辑流从左到右设置。

综上所述，网络树具体的绘制方法为：将电源置于顶端，接地置于底端，将系统电路图以电流的流动方向为顺序，通过划分和简化转化为由节点和边（分支）组成的集，再通过具有遍历性的路径推导和追踪生成体现系统连通性的网络树。网络树产生后，识别每棵树中的基本拓扑隐藏路径。

网络树有如图 9-3 所示五种基本的拓扑模式，任何电路的网络树均可以用基本的拓扑模式及其组合来表示。

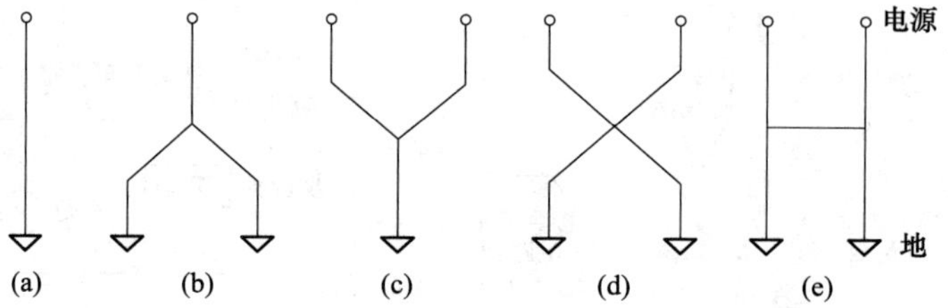


图 9-3　网络树基本的拓扑模式

（a）I 型；（b）倒 Y 型；（c）Y 型；（d）X 型；（e）H 型

图 9-3 中，X 型、H 型拓扑模式属于多源多地模式，常用的是 Y 型（电源模式）、倒 Y 型（地模式）。

图 9-4 为增加了开关、负载等元素的另一种拓扑模式。

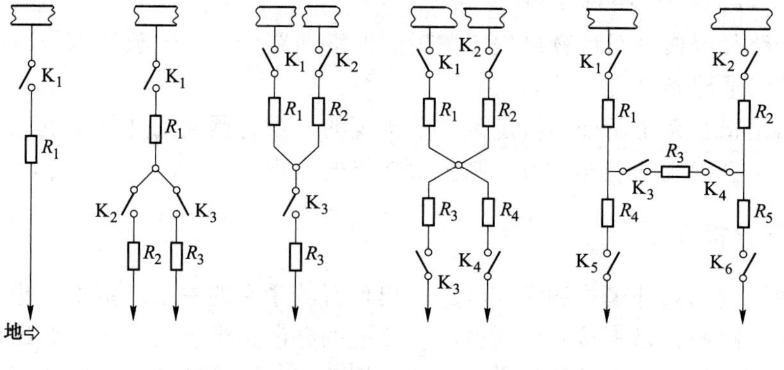


图 9-4　另一种形式的基本拓扑模式

拓扑模式识别是把网络树中的每个相交结点与 5 种基本拓扑模式进行比较、辨识，按照各种基本拓扑模式所提供的分析线索进行分析，以发现产生潜在通路的可能。

传统的潜在电路分析是精确的，需要产品级电路文件来确保所有电路都进行了分析。电路连接文件被分割成网络树，滤掉无关的示意性数据，生成真实的简单的电路描述。分析与特殊时间次序相关的开关结构可能需要几个树。

近年来，潜在电路分析增加了线索表，用于识别设计模拟和数字电路的设计缺陷。当其他条件与潜在情形无关时，一些设计缺陷意味着潜在电路或潜定时的出现。设计缺陷线索帮助分析人员识别影响特殊装置或电路功能的潜在问题。

为了确定潜在电路，需了解系统实际的电路原理图、内部电路配线表、子系统连线表等，而它们的复杂性使得在实际情况下很难确定潜在电路。因此，设计师需要将这些信息转换成可用的，便于分析的形式。这种转换，需要使用专用的计算机软件。这类专用软件可以提取电路数据、生成网络树。具体而言，这类专用软件可以从详细的原理图和连线列表中进行编码，然后将相关点连接为路径，同时收集路径为节点集。计算机软件可以生成节点集和其他报告，设计师利用这些节点集和报告可以很容易地画出精确的网络树。这些报告也提供每个组件和数据点到其关联树的完整索引。可以在相关或相互依赖的树之间进行交叉索引，这个功能对在技术支持过程中进行故障排除非常有用。

### 9.1.3 潜在电路设计规则

潜在电路设计规则可以帮助设计师消除网络树中与潜在电路相关的一般情形，识别和潜在情形有关的功能网络，消除电路中与潜在电路相关的情况。

将系统的电路图简化为仅由电源、开关、继电器、晶体管、二极管、负载和接地组成的基本电路，与设计规则进行对比，按照相应规则的解决方案修改设计。

电子设计中容易造成潜在电路的主要是模拟功率开关电路，所以设计规则中多涉及开关。

潜在电路设计规则由以下几个部分构成：

（1）问题：表达这个规则阐述的潜在问题。

（2）解决方案：推荐在实际工作中贯彻这个规则的解决办法。

（3）图示：违反规则和符合规则的电路。

（4）进一步解释规则的信息（可选）。

下面介绍一些常用的潜在电路设计规则。

规则 1：多电源和回路

（1）问题：潜路径包括多电源和/或多地回路。

（2）解决方案：设计电路时，所有电流是从一个电源流向一个特定的负载。当这种情况实现起来有困难时，使用二极管或直流继电器隔离直流电源，使用交流继电器隔离交流电源。这样做可以分开高和低电流负载，目的是消除 X 型、Y 型和 H 型电路模式。

（3）图示：图 9-5 是符合规则和违反规则的电路图示，图中的 $X_1$、$X_2$ 为执行单元，$S_1$、$S_2$ 为命令单元。图 9-5 包括 4 个图示，其中，图（a）符合设计规则，图（b）不符合设计规则，因为形成电源—电源，地—地路径，解决方案是将高电流和低电流回路进行隔离，如图（c）和图（d）所示，其中图（c）图适合直流电源，分别加了二极管，图（d）适合交流电源。

坚持这个规则消除了同多电源和地相关的 Y 型、X 型和 H 型电路模式。

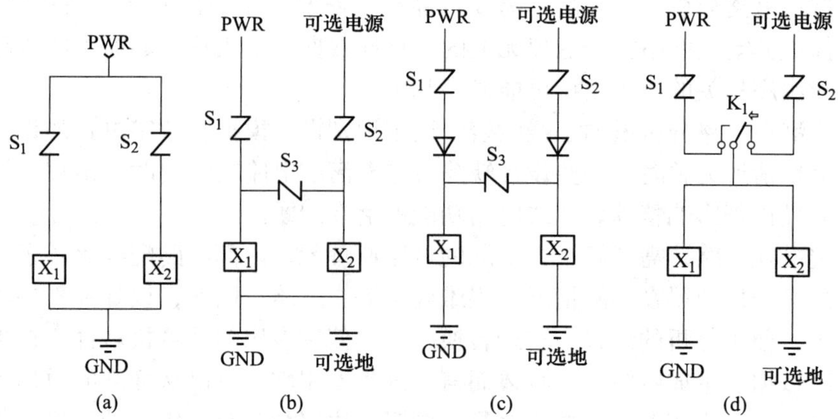


图 9-5 多电源和回路规则图示

（a）推荐图示；（b）不推荐图示；（c）设计的解决方案；（d）另一种解决方案

**【例 9-1】** 分析图 9-6 中的网络树拓扑模型类型，对其存在的潜在路径进行分析，并给出解决方案。

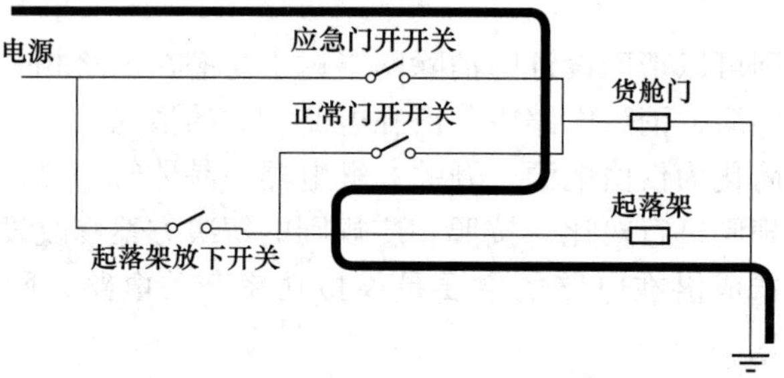


图 9-6 飞机起落架相关的部分路径图示

**解**：分析图 9-6 可知，设计了两条路径，第一条为当应急门打开情况下，货仓门打开；第二条为当起落架放下开关闭合时，飞机的起落架放下。存在的潜在路径为粗实线所画出的路径，即当应急门打开，正常门打开，起落架放下开关并没有闭合的情况下，造成起落架放下来，最终造成飞机无法落地的结果。

为了与网络树基本拓扑模型进行对比，使用规则 1 寻找问题的解决方案，将图 9-6 画为标准的拓扑模型，如图 9-7 所示，其中从电源到地，左右分别为设计的两条路径，中间从电源、应急门开开关、正常门开开关到起落架为潜在路径。图 9-7 是一个典型的 H 型网络树，由于供电电源为直流电源，按照规则 1 的解决方法，在正常门开开关的支路上加一个二极管，让电流反方向流不过来。

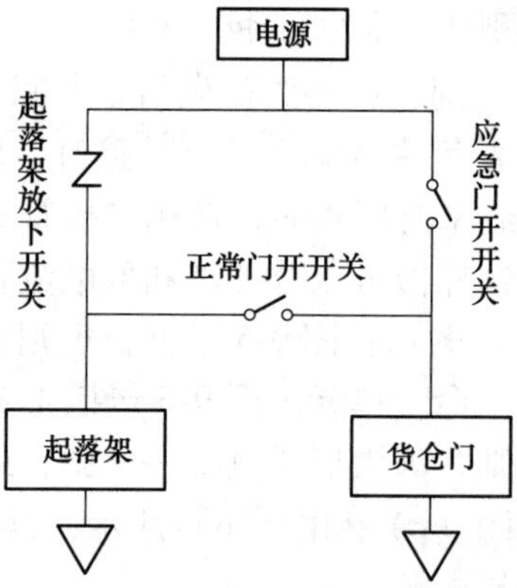


图 9-7 飞机起落架相关的部分拓扑模型

H 型网络树是最常见的产生潜在路径的一种拓扑模型，该模型占所有潜在路径的 42%。

规则 2：地侧开关

（1）问题：负载地侧的中断电流导致潜在路径。

（2）解决方案：在地回路路径不放置电流中断元件（如开关、继电器、电流断路器、保险）。

（3）图示：图 9-8 包含推荐图示和不推荐图示，图中的 $X_1$、$X_2$ 为执行单元，$S_1$、$S_2$ 和 $S_3$ 为命令单元，$F_1$、$F_2$ 和 $F_3$ 为电流熔断单元，例如保险丝等。遇到地侧开关问题，尽量按照推荐的图 9-8（a）进行连接，因为在图 9-8（b）中，当 $F_3$ 熔断时，正负电源直接向通，产生潜在通路。

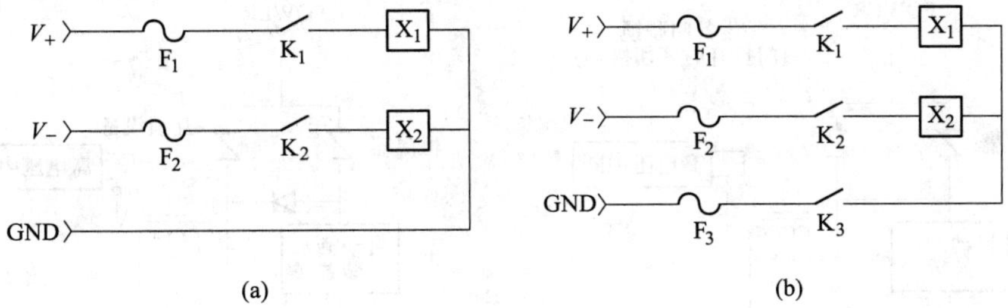


图 9-8 地侧开关规则图示

（a）推荐图示；（b）不推荐图示

规则 3：电路对称

（1）问题：位于地侧或电源侧连接器（或其他电路中断装置）导致潜在电路。

（2）解决方案：当地侧连接器是必须时，保持电源和地回路路径对称。

（3）图示：图 9-9 中包含推荐图示和不推荐图示，图中的 $X_1$、$X_2$ 和 $X_3$ 为执行单元，$K_1$ 为命令单元，包含多个设备的地，图示给出了正确的连接方法，因为如果按照图（b）进行连接，则存在潜在电路，电流会流过最外侧的屏蔽层。

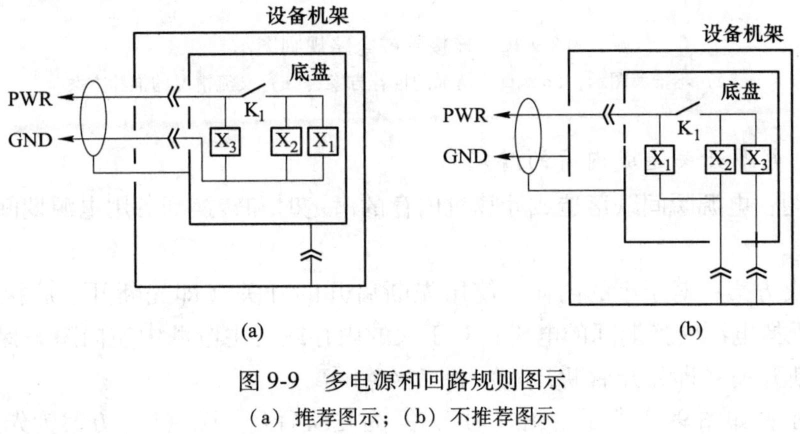


图 9-9 多电源和回路规则图示

（a）推荐图示；（b）不推荐图示

规则 4：接到或电路

（1）问题：在连接或电路中选择连接路径可以导致潜路径。

（2）解决方案：连接或的应用只可以在产生的影响严格一样的情形时。在必须使用的情形下，需要改进电路，增加隔离措施。

（3）图示：这个问题在警报或者互锁电路出现。当设备的门打开或者温度超过设定值时，高压关断。温度传感器照常工作，温度传感器控制洒水系统。如图 9-10 所示，其中图（a）是不推荐的连接方式，因为存在潜在通路为，即打开设备门将关断高压，同时设备门互锁也可能控制洒水系统，与设计初衷不符。解决方案分别如图（b）和图（c）所示，如果这个电路工作在直流，解决方案为图（b），增加了一个二极管用来消除潜在路径；如果电路用交流或者其他原因不希望使用二极管，则解决方案为图（c），增加了一个常开继电器。

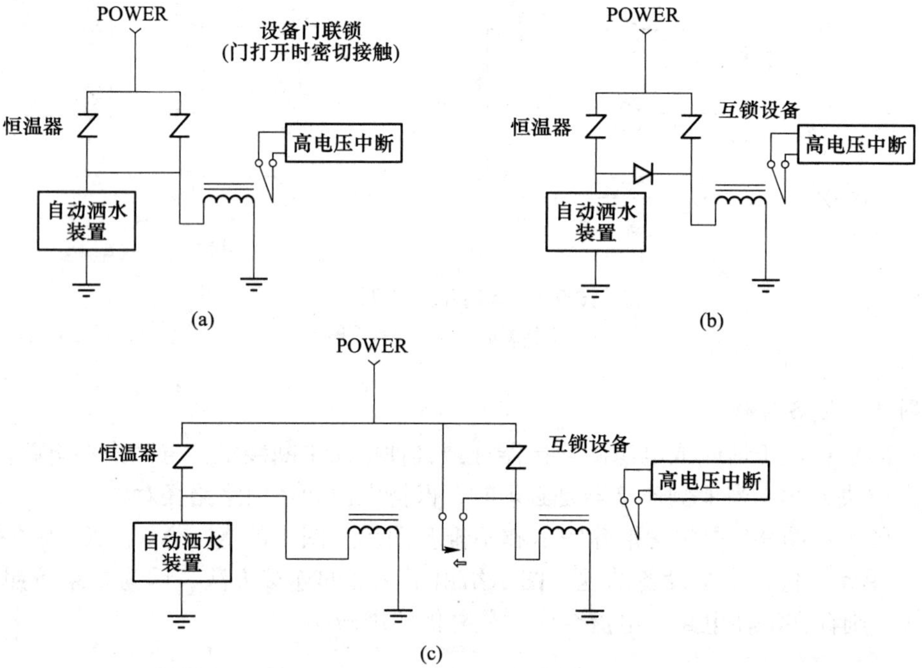


图 9-10　连接到或电路规则图示

（a）不推荐图示；（b）直流情况的推荐方案；（c）交流情况的推荐方案

规则 5：电源开关造成内存的潜定时

（1）问题：电源瞬间跌落造成计算机内存的潜定时和转换到备用电源期间基本负载的潜定时。

（2）解决方案：对于小的内存，使用先断后开的开关（即先断开，后执行动作）和足够的电容维持电源转换期间的电压；对于大的内存或者主电源中逆向瞬态保护，使用先执行动作后断开关（即先开后断开关）和二极管隔离。

（3）图示：如图 9-11 所示，图（a）方案为先断后开，图（b）方案为先开后断。

规则 6：潜标志

（1）问题：如果开关是拨动的，潜标志可以导致一个和设计相反的动作出现。

（2）解决方案：按照目标要完成的动作来标识开关的标签，设置开关标记时，除了开关控制的对象以外，还应标明开关动作的结果。

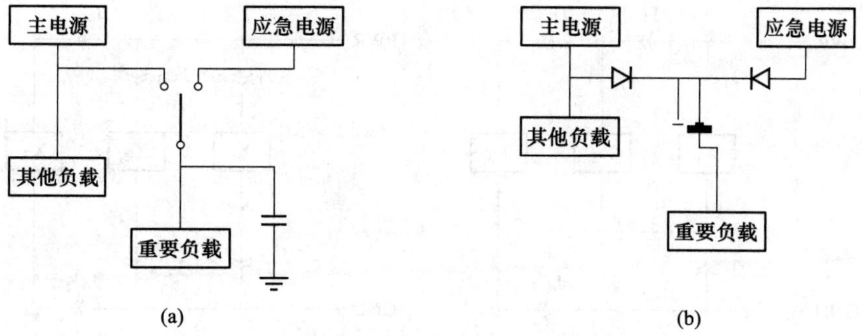


图 9-11 电源开关造成内存潜定时规则图示
（a）先断后开；（b）先开后断

（3）图示：如图 9-12 所示，图（a）对门的标志不清楚，推荐使用图（b）中的明确标识。

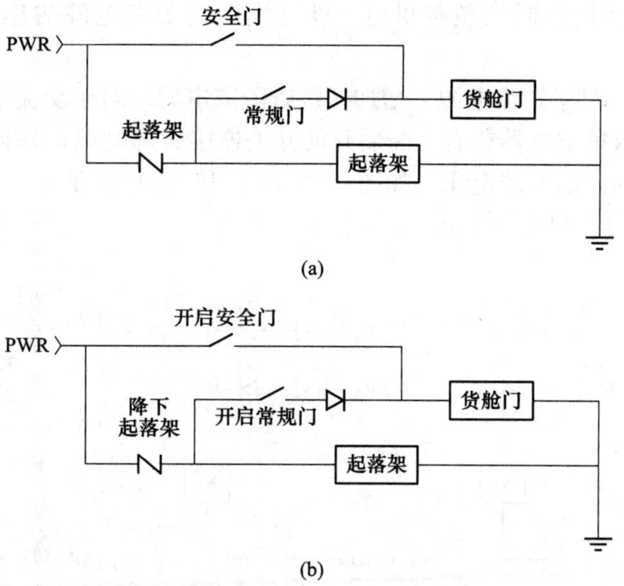


图 9-12 潜标志时规则图示
（a）不正确标志；（b）正确标志

每个电路中都存在电源和地，与电源相关的器件包括电源、地回路、开关、连接器、继电器、电路断路器、保险、固体开关、电流接触器等。大多数电路中存在不止一个电源和地，如何分配才能使电路更加可靠非常重要，下面介绍一些电源分配方面的规则。

规则 7：电源分配电路 1

（1）问题：电源分配和地回路电路的不对称连接造成潜在电路。

（2）解决方案：使用相同的电路拓扑连接负载的电源和地，使用相同的连接器对称连接电源和地。

（3）图示：如图 9-13 所示，建议使用图（b）的连接方法，避免使用图（a）的连接方法。

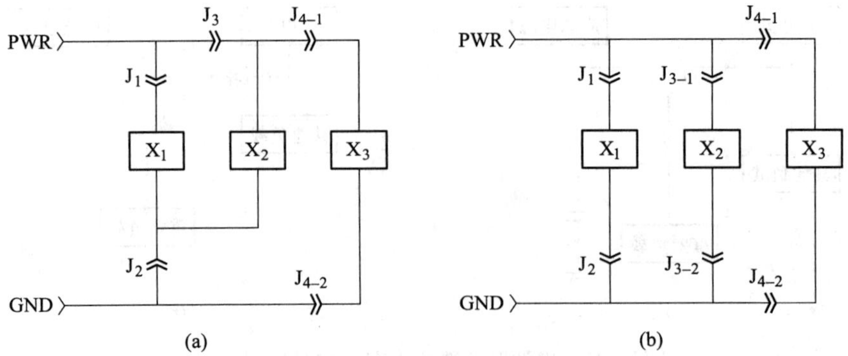


图 9-13 电源分配电路 1 规则图示

（a）问题；（b）解决方案

规则 8：电源分配电路 2

（1）问题：假如给共同的负载供电，就会出现电源到电源的连接，如图 9-14（a）所示。

（2）解决方案：对于直流电源，增加二极管隔离电源。对于交流电源或者电源二选一的直流电源，使用双掷继电器或者先断后开的开关连接所选电源，并且在负载准备足够的电容保持开关转换期间的电源电压，如图 9-14（b）和（c）所示。

（3）图示：如图 9-14 所示。

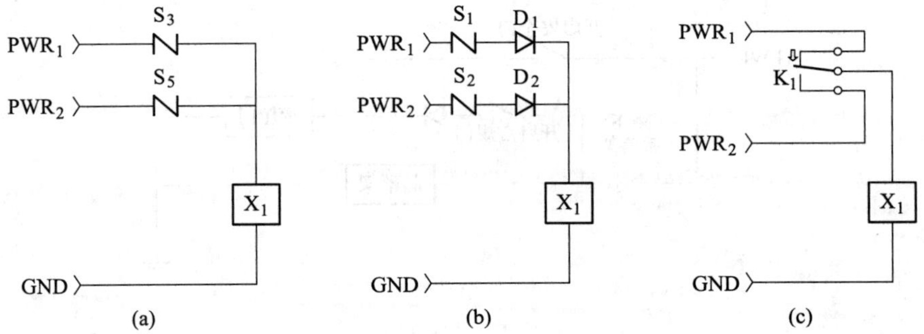


图 9-14 电源分配电路 2 规则图示

（a）问题；（b）解决方案 1；（c）解决方案 2

规则 9：电源分配电路 3

（1）问题：假如负载共享一个可单独断开的地，就会出现电源到电源的路径，如图 9-15（a）所示。

（2）解决方案：在负载地线一侧不要放置与连接器相关联的开关元件，对电路连接器，选择电源和地使用同一连接器，如图 9-15（b）所示。

（3）图示：如图 9-15 所示。

规则 10：电源分配电路 4

（1）问题：对于多个电源意外激活共享负载，如图 9-16（a）所示。

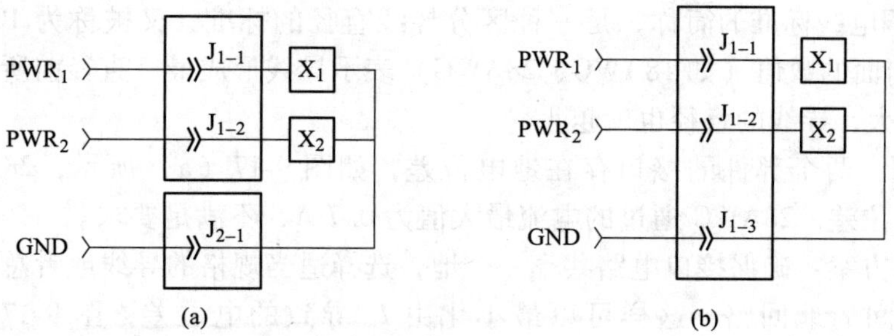


图 9-15　电源分配电路 3 规则图示

（a）问题；（b）解决方案

（2）解决方案：在负载关闭状态下，通过分析电源控制电路的逻辑和时序确保所有电源开关处于断开状态，如图 9-16（b）和（c）所示，其中图（b）的解决办法是高压电源和低压电源同时断开，图（c）的解决办法是低压电源输入控制高压电源的输入，这样低压电源断开的话，高压电源肯定断开。

（3）图示：如图 9-16 所示。

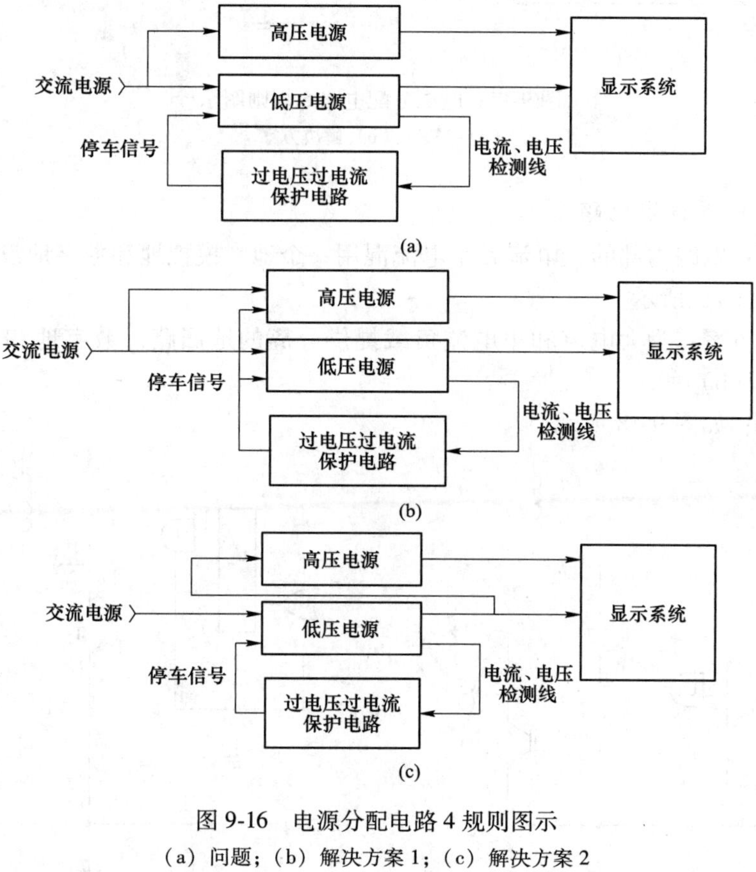


图 9-16　电源分配电路 4 规则图示

（a）问题；（b）解决方案 1；（c）解决方案 2

规则 11：电源分配电路 5

在讲述这个规则之前，先对图 9-17 中的 AWG 做一些说明：AWG（American Wire

Gauge）是美国电线标准的简称，是一种区分导线直径的标准，又被称为 Brown & Sharpe 线规。AWG 前面的数值（如 18AWG、28AWG）表示导线形成最后直径前所要经过的孔的数量，数值越大，导线的直径也就越小。

（1）问题：两个部件的接口存在地电位差，如图 9-17（a）所示，28AWG 线较细，$V_1$、$V_2$ 存在电位差，28AWG 通过的电流最大值为 0.7 A，不满足要求。

（2）解决方案：确保接口电路共享一个地，选择适当规格的导线或者总线，尽可能短的连接部件之间的地回路，这样可以最小化由 $I_R$ 导致的电位差，图 9-17（b）中选择 18AWG 连接电线，18AWG 通过的电流最大值为 6.7 A，同时缩短驱动和接收端距离，使得两个接地点之间的电位差大大减小。

（3）图示：如图 9-17 所示。

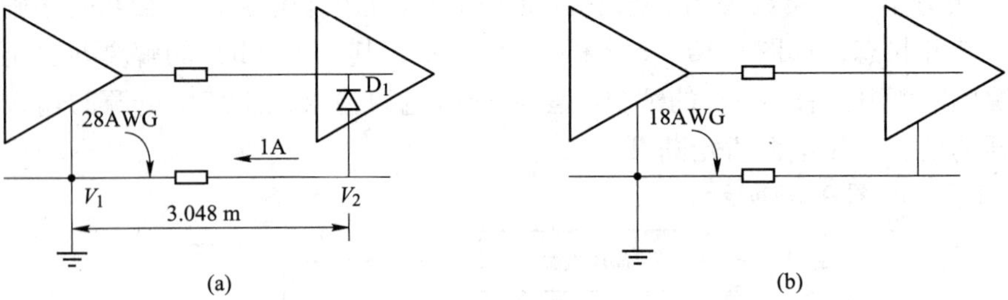


图 9-17　电源分配电路 5 规则图示
（a）问题；（b）解决方案

规则 12：电源分配电路 6

（1）问题：电路内部的大电流和小电流混用一个地，模拟地和数字地没有分开，有交点，如图 9-18（a）所示。

（2）解决方案：为大电流和小电流负载提供分离的地回路，数字地和模拟地已经分开，如图 9-18（b）所示。

（3）图示：如图 9-18 所示。

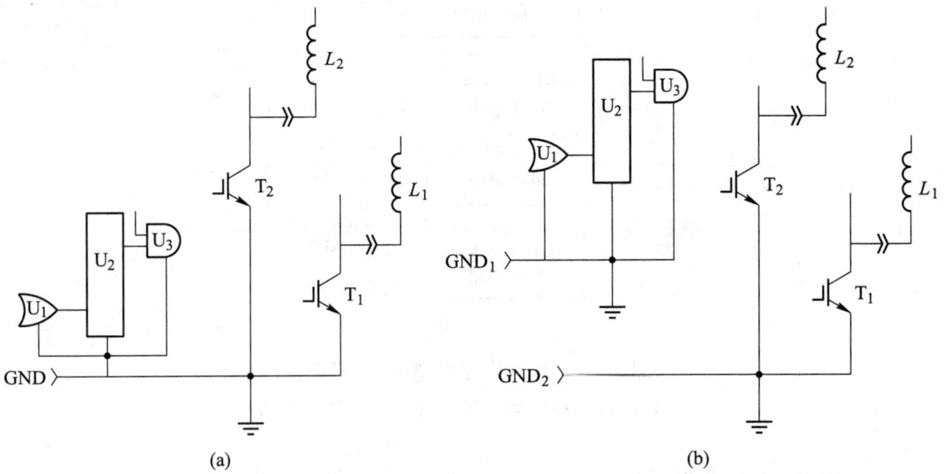


图 9-18　电源分配电路 6 规则图示
（a）问题；（b）解决方案

规则 13：开关装置控制共享负载 1

（1）问题：一个负载连接一个以上的开关并且被一个闭合的开关无意加电，如图 9-19（a）所示，$PWR_2$ 的功能是选择给 $X_2$ 供电，但是也可能无意中给 $X_1$ 供电。

（2）解决方案：在负载和这个开关间放置一个二极管或者继电器，如图 9-19（b）所示，增加二极管 $D_3$ 后，避免了 $PWR_2$ 无意间给 $X_1$ 供电。

（3）图示：如图 9-19 所示。

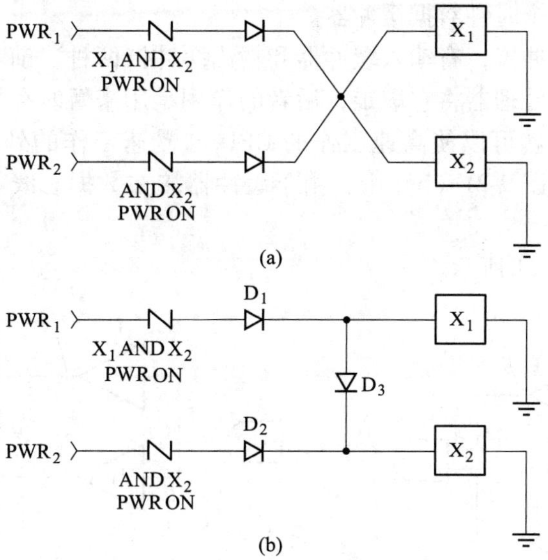


图 9-19　开关装置控制共享负载 1 规则图示
（a）问题；（b）解决方案

规则 14：开关装置控制共享负载 2

（1）问题：负载受控于一个以上的开关并且一个开关断开也可以给负载加电，会造成错误输出，如图 9-20（a）所示，$S_1$ 开关断开时，$S_2$ 也可以给负载 $X_1$ 加电。

（2）解决方案：将图中 $S_2$ 开关去除，如果需要控制 $X_2$ 负载，可以增加一个开关专门控制这个负载，如图 9-20（b）所示，$S_2$ 开关只控制 $X_2$。

（3）图示：如图 9-20 所示。

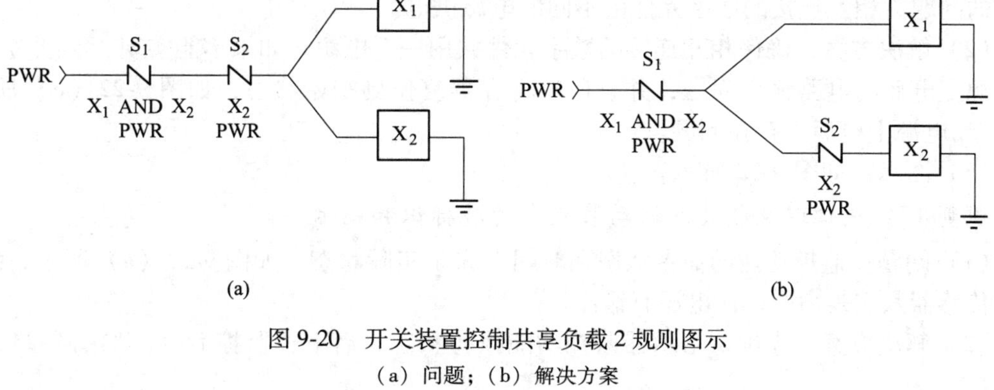


图 9-20　开关装置控制共享负载 2 规则图示
（a）问题；（b）解决方案

规则 15：潜定时

（1）问题：数字信号的分离和延迟组合导致逻辑或时序错误，如图 9-21（a）所示。$U_2$ 和 $U_3$ 正好是上升沿和下降沿的情况下，时序可能会出现一个小错误，一个尖峰，因为经过与门本来应该是低电平。

（2）解决方案：全周期分析信号的路径，确保正确的逻辑和时序。使用时钟数据缓冲器纠正时序扭曲问题，直到组合点采样数据稳定，如图 9-21（b）所示，$U_2$ 和 $U_3$ 的输出和与门输入之间增加一个时钟数据缓冲器。

缓冲寄存器又称缓冲器，有输入缓冲器和输出缓冲器两种。前者的作用是将外设送来的数据暂时存放，以便处理器将它取走；后者的作用是用来暂时存放处理器送往外设的数据。有了数据缓冲器，就可以使高速工作的 CPU 与慢速工作的外设起协调和缓冲作用，实现数据传送的同步。图 9-21（b）中，由于缓冲器接在数据总线上，故必须具有三态输出功能。

（3）图示：如图 9-21 所示。

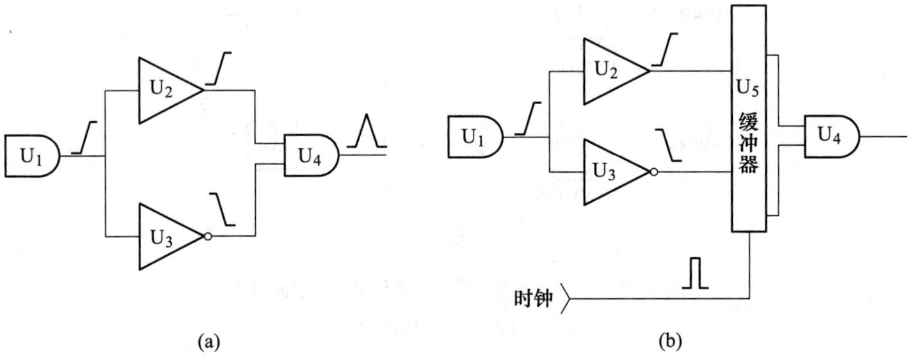


图 9-21　潜定时规则图示

（a）问题；（b）解决方案

规则 16：数字电路

（1）问题：不同电源供电的数字元件接口导致数据错误，如图 9-22（a）所示为电源的波形曲线，在 0 到 $t$ 时间间隔内，5 V 供电的数字元件可能受到 12 V 电源的电压波动干扰，产生数据错误；图（b）为电路实例，其中 $U_3$ 为+12 V 供电，$U_1$ 和 $U_2$ 为+5 V 供电，存在的问题为相互连接的数字元件由不同的电源供电。

（2）解决方案：确保相互连接的数字元件共用一个电源。如果不能实现，必须考虑所有电源上电后的电路输出问题，并且所有寄存器复位到初始状态，如图 9-22（c）所示，这样 $U_2$ 电源上电后不存在问题。

（3）图示：如图 9-22 所示。

规则 17：接口以及相关的驱动装置中的潜标识和指示

（1）问题：监控功能的命令状态在时间上先于实际状态，如图 9-23（a）所示，线圈驱动传感器其实是命令，让电源有输出。

（2）解决方案：先确认指示器监控功能执行状态，后下达监控命令，如图 9-23（b）所示。

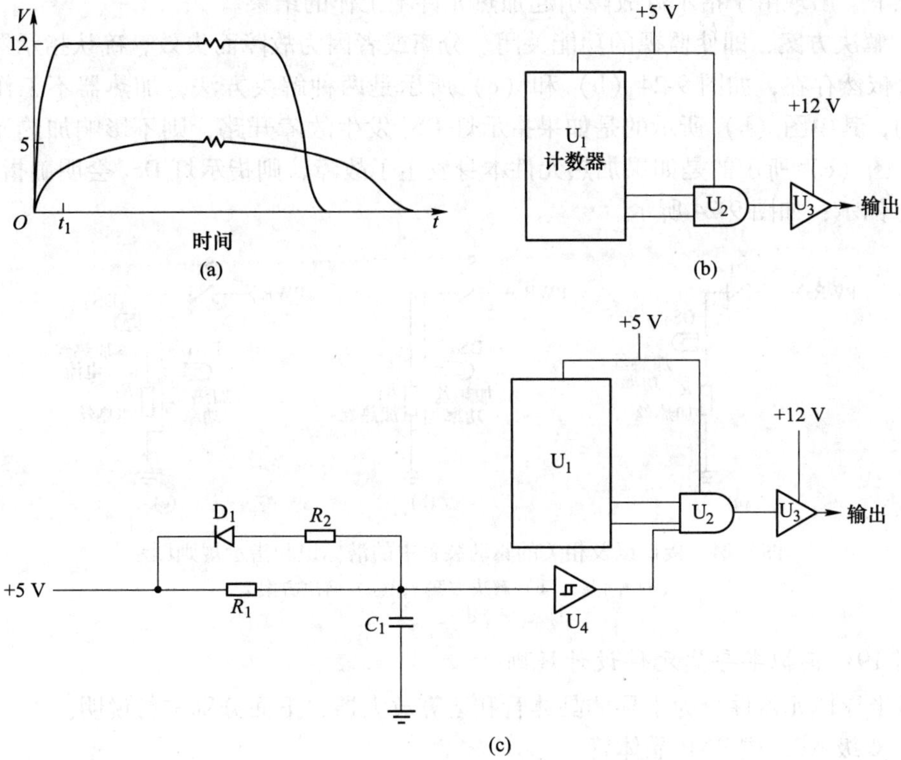


图 9-22 数字电路规则图示

（a）电源波形；（b）问题；（c）解决方案

（3）图示：如图 9-23 所示。

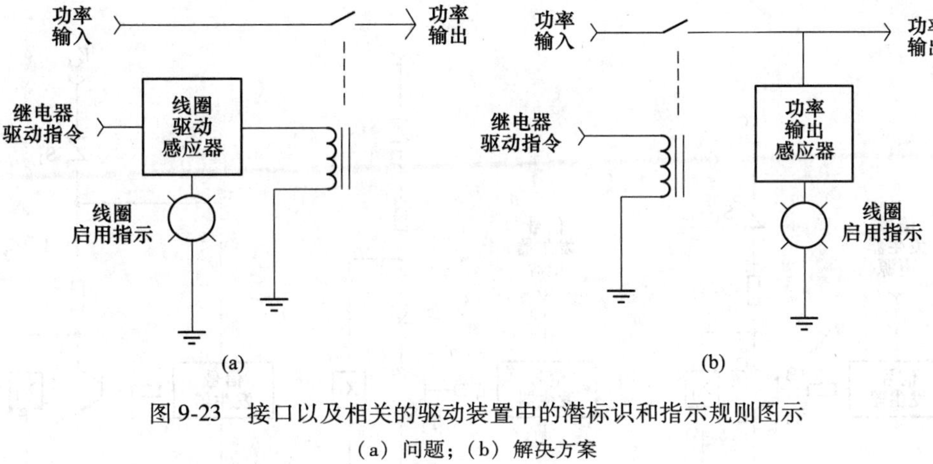


图 9-23 接口以及相关的驱动装置中的潜标识和指示规则图示

（a）问题；（b）解决方案

规则 18：指示器和相关的驱动装置中的潜标识和指示

（1）问题：建立在功能之上的指示器电路，监视的是正确的操作。当功能出现故障时，指示器受到相关影响，产生潜指示和标识，如图 9-24（a）所示，加热器工作电路中，$DS_1$ 灯不亮的情况下，加热器不工作的原因不明确，如果是指示灯发生故障，电源没有故障的情况下，出现由于指示灯故障引起加热元件不工作的结果。

（2）解决方案：即使监视的功能关闭、分离或者因为故障而失效，确认指示器电源和驱动信号依然存在，如图 9-24（b）和（c）所示是两种解决方法，加热器不工作的原因是明确的，其中图（b）所示的是如果指示灯 $DS_1$ 发生故障开路，则不影响加热元件的正常工作；图（c）所示的是如果加热元件本身发生了故障，则指示灯 $DS_2$ 会明确指示。

（3）图示：如图 9-24 所示。

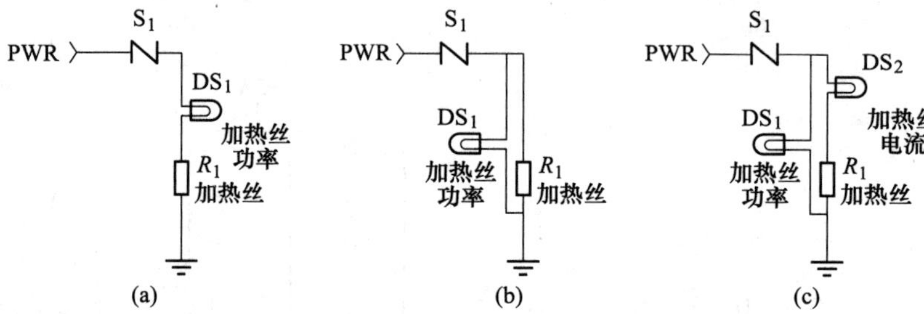


图 9-24 接口以及相关的驱动装置中的潜标识和指示规则图示

（a）问题；（b）解决方案 1；（c）解决方案 2

规则 19：模拟半导体元件设计规则

模拟半导体元器件分为半导体晶体管和运算放大器，下面分别进行说明。

（1）双级 NPN 或 PNP 晶体管

1）问题：潜路径是基极-集电极结点向前通过一个正常的偏置，如图 9-25（a）所示，设计的应该是 $S_1$ 驱动 $X_1$，存在 B-C 驱动 $X_1$ 的潜在路径。

2）解决方案：分析电路确认是否集电极节点可以导致偏置，如果是这样，使用二极管流出集电极或者修改电路消除前偏情形，如图 9-25（b）和（c）所示。

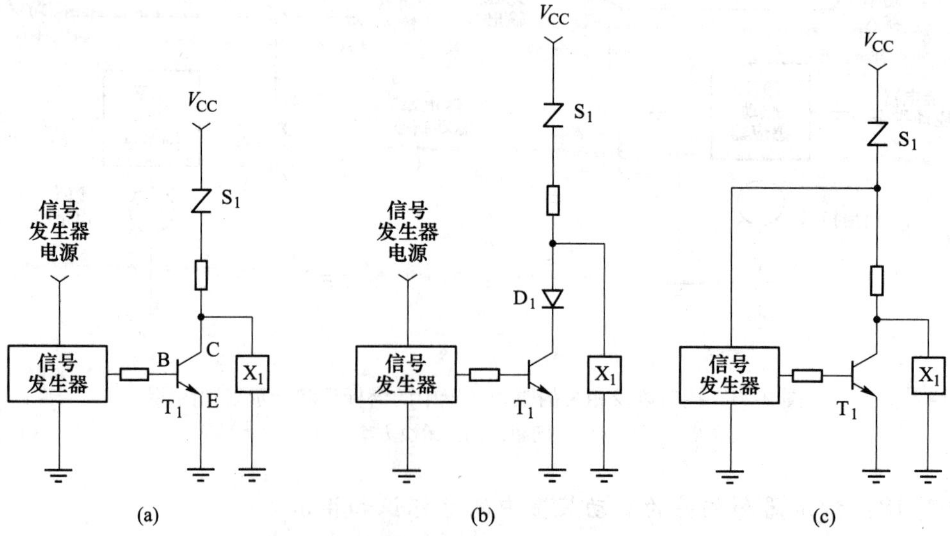


图 9-25 双级 NPN 或 PNP 晶体管规则图示

（a）问题；（b）解决方案 1；（c）解决方案 2

3）图示：如图 9-25 所示。

（2）运算放大器

1）问题：加法运算放大器求和点出现反向电流造成饱和驱动，如图 9-26（a）所示。

2）解决方案：限制输入端信号的最大值为放大器峰值输出除以闭环增益，或者确保每个输入都可以承受高压输入源，如图 9-26（b）所示，增加了二极管 $D_1$/5 V，不会产生饱和问题。

3）图示：如图 9-26 所示。

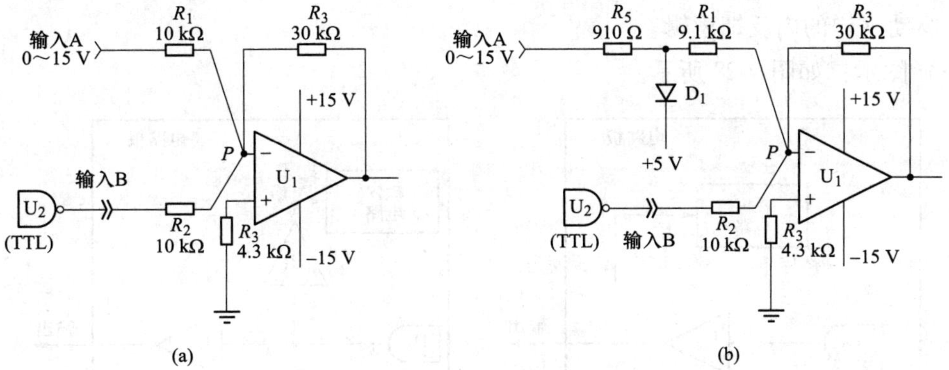


图 9-26　运算放大器规则图示

（a）问题；（b）解决方案

规则 20：数字元件设计规则

数字元件包括 TTL 和 MOS 逻辑、存储器以及处理器等，下面分别加以说明。

第一种情况：

（1）问题：长路径的时钟信号树状连接到数字元件，如图 9-27（a）所示，图（b）是由此产生的时钟延时。

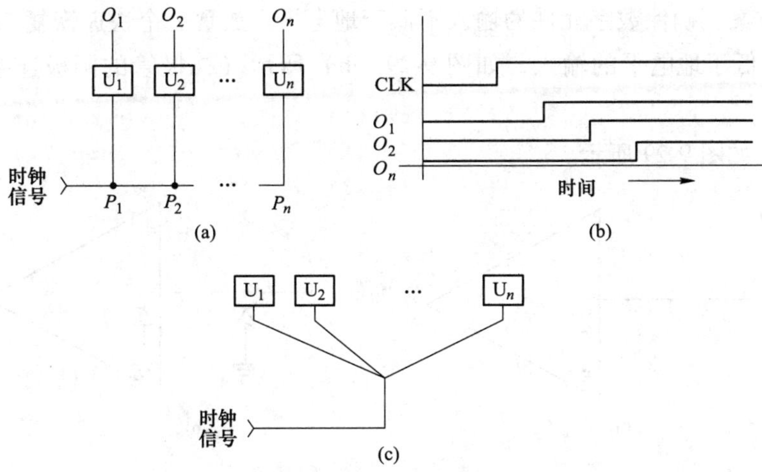


图 9-27　数字元件设计规则图示（时钟源相关）

（a）问题；（b）时序图；（c）解决方案

（2）解决方案：使用分离的、短的等长路径连接到各个元件，如图 9-27（c）所示。

（3）图示：如图 9-27 所示。

第二种情况：

（1）问题：TTL 和 MOS 逻辑、存储器以及处理器的线性驱动输出端和板内电路输入端连接在一起，可能会给板内电路提供错误信号，如图 9-28（a）所示。

（2）解决方案：线性驱动的输出单独为后面的线性电路接收用，从线性驱动的输入端给板内电路提供信号，如图 9-28（b）所示。如果必要的话可以增加一个变换器，避免使用线性驱动一样的内反馈逻辑。

（3）图示：如图 9-28 所示。

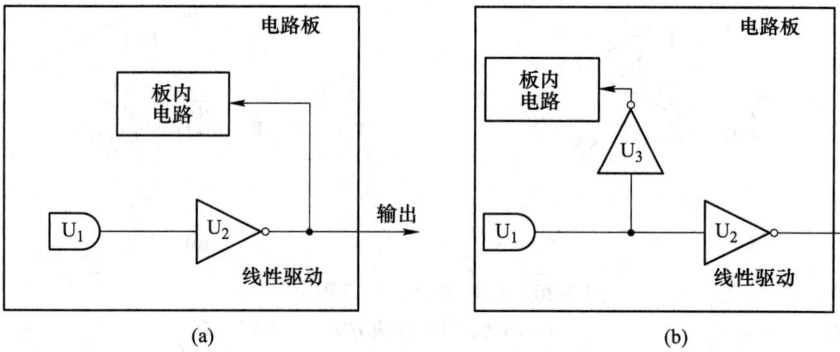


图 9-28　数字元件设计规则图示（线性驱动相关）

（a）问题；（b）解决方案

第三种情况：

（1）问题：当大电流流过 TTL 和 MOS 逻辑、存储器以及处理器等元件内部的基层二极管时导致错误的动作或者损坏数字元件，如图 9-29（a）所示。

（2）解决方案：确保数字元件的输入不低于地电平。放置一个快速恢复二极管在元件的输入端，防止低于地电平的输入，如图 9-29（b）所示（二极管的阳极连接到输入端，阴极连接到地）。

（3）图示：如图 9-29 所示。

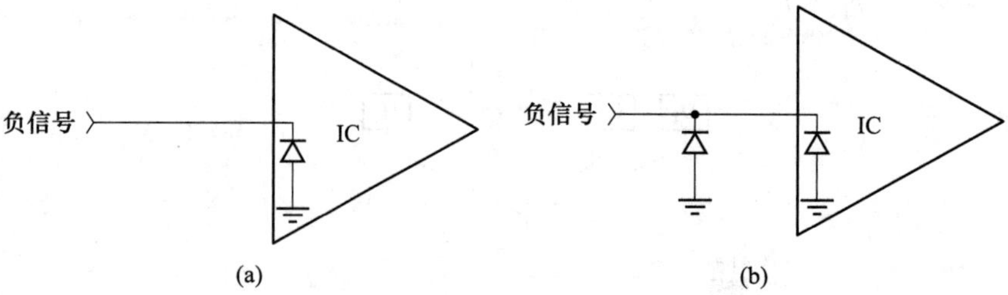


图 9-29　数字元件设计规则图示（大电流保护相关）

（a）问题；（b）解决方案

# 9.2 电路的容差分析方法

任何元器件的参数都存在一定的“制造公差”，也称为容差，元器件出厂时有规定的标称值和公差范围，如图 9-30 所示。一个由包含公差的元器件组成的电路，其性能参数必然有相应的范围。如果这个范围超出了电路的规定范围，那么电路就不能完成规定的功能，或者说不能满足电路性能要求。由元器件的公差所导致的电路性能参数的相应范围，取决于元器件公差的大小、所设计电路的结构以及性能参数对元器件公差的敏感程度。

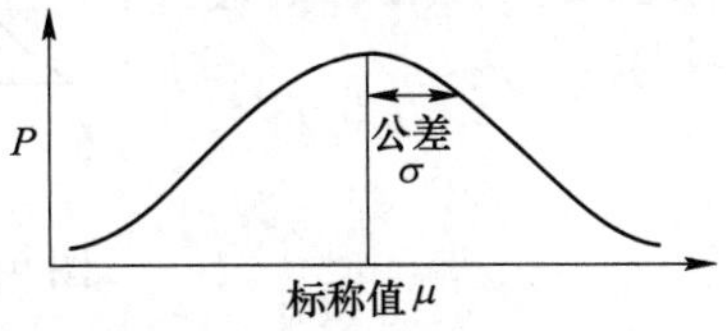

图 9-30 元器件的标称值与其公差图示

由于产品所用元器件容差的积累会使电路、设备的输出超出规定值而无法使用，在这种情况下，用故障隔离方法无法指出某个元器件是否出现故障或输入是否正常。

容差分析技术是一种预测电路性能参数稳定性的方法，主要研究电子元器件和电路在规定的使用条件范围内，电路组成部分元器件参数的容差对电路性能容差的影响。应从设计早期初步电路图给出时开始容差分析，一般在完成故障模式影响分析（FMEA）之后进行，电路在修改后应再进行容差分析。通过在设计阶段根据线路原理写出特性方程，然后通过收集元器件的分布参数来计算它们的容差范围以使容差结果处在设计范围内来保证设备正常使用。

容差分析是一种电路可靠性分析设计技术，用来评估电路中各器件参数同时发生最坏情况变化时的电路性能，用以保证电路在整个寿命周期内都能够可靠工作。容差分析方法是将传统电子可靠性和电路仿真分析方法有机结合的一种综合分析方法。

### 9.2.1 容差对电路的影响

产生容差的原因有公差、参数漂移、退化效应。

9.2.1.1 公差

公差一般是针对标称值而言，在制造过程中，难免会有误差，导致其实际值与标称值存在误差，符合国家标准的为公差。

公差的存在是元器件生产过程的必然结果。因为大多数受控制的参数是在生产结束时测量的，元器件都规定有容差带，如果处于限定的范围之外才会被拒收。例如，电阻的典型公差范围为标称电阻值的 1%、5%、10%和 20%。

同一批的元器件，按照应用需求，假设只选择 1%和 5%的公差带，其参数分布如图 9-31 所示，这些变化是否重要取决于对该参数的准确性需求，例如电阻在高增益放大器的反馈电路可能是正确操作的关键，但在用作电流限制器的电阻器中，不需要严密控制。

**【例 9-2】** 图 9-32 为某控制信号的电路原理图，其中电阻 $R$ 标称值为 1 kΩ，公差为±10%，电源 $E=9$ V，负载 $RL=100$ Ω，计算该回路的电流范围。

**解：** 由于电阻 $R$ 的公差为±10%，其实际阻值在 900～1100 Ω 之间，该电路可以简化为一个简单的串联电路，如图 9-32（b）所示。

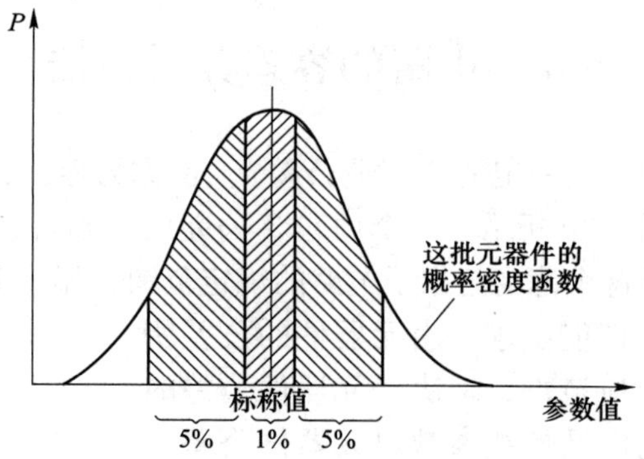


图 9-31 元器件不同公差带的参数分布

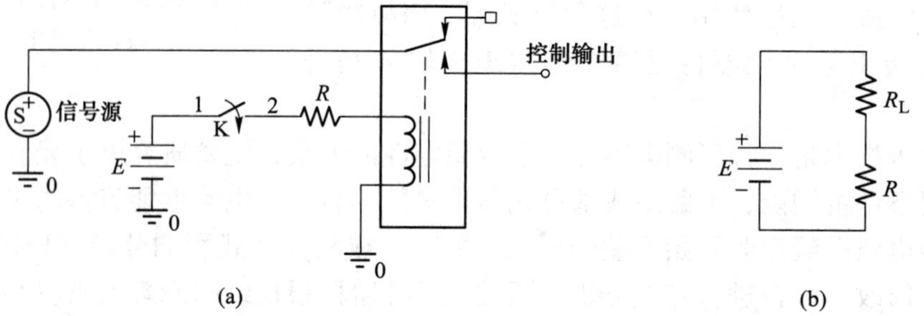


图 9-32 某控制信号的电路原理图及等效电路图

该回路电路表达式为：

$$I = \frac{E}{R + R_L}$$

由于电路中其他参数为固定值，以电阻 $R$ 的最大值和最小值进行电流范围的计算：

$$I_{min} = \frac{E}{R_{max} + R_L} = \frac{9\ \text{V}}{(1100 + 100)\ \Omega} = 7.5\ \text{mA}$$

$$I_{max} = \frac{E}{R_{min} + R_L} = \frac{9\ \text{V}}{(900 + 100)\ \Omega} = 9\ \text{mA}$$

所以该回路的电流范围为 7.5~9 mA。

如果忽略公差，系统性能参数可能超出允许范围，发生参数偏移。对于许多元件参数，例如晶体管特性，是以最大值和最小值说明的。需要注意的是，并不是所有的参数值都是在制造和选择中控制的。一些参数仅作为“典型”值给出，所以在设计关键电路时，尽量不要选择这类参数参与，因为它们通常是不可测量的，因此不能保证符合设计要求。

9.2.1.2 参数漂移

引起参数漂移主要有两种情况，第一种是由于老化引起的参数随时间的变化，称为参数的长期漂移，此时元件参数的平均值及标准偏差均随时间而改变；第二种是由于外界环境因素而引起的参数改变，特别是温度，因为导体和半导体材料的电导随温度的变化而变化，因此电阻值，以及晶体管的增益和开关时间，都是典型的温度相关参数，这个变化称为温度系数，它的准确值可从相应的手册中查到。表 9-1 是一种碳膜电阻的温度系数，可以看到不同阻值范围，在不同的温度范围内有不同的，唯一的温度系数。高温还可能增加噪声输出，其他参数也可能会相互作用，例如晶体管连接之间的电容值会受到偏置电压的影响。

**表 9-1　国产 RTX 碳膜电阻的温度系数**

| 阻值范围 | 电阻温度系数 | |
|---|---|---|
| | 20~110 ℃ | -55~20 ℃ |
| 5.1~240 kΩ | $-8\times10^{-4}$ | $-12\times10^{-4}$ |
| 270 kΩ~1 MΩ | $-12\times10^{-4}$ | $-20\times10^{-4}$ |

其他的包括环境相对湿度的变化，电应力的波动，会使电子元器件参数发生变化，在设备工作过程中各种干扰会引起电源电压波动，从而使电源电压和元器件参数的实际值变化，偏离标称值，产生漂移。表 9-2 是不同类型的电容在不同的环境条件下的变化量，可以看出温度和湿度对电容参数漂移的影响。

**表 9-2　涤纶、铝电解电容和铌电容环境条件变化量**

| 条件 | 正极限温度 | 负极限温度 | 温度冲击后或温度循环后 | 高温负荷后 | 湿热后 |
|---|---|---|---|---|---|
| CL11 涤纶电容 | ±10% | ±10% | ±5% | ±10% | ±10% |
| CD11 铝电解电容 | +40%<br>(+55 ℃) | -50%<br>(-40 ℃) | ±10% | ±10% | ±10% |
| CNI 铌电容 | +19%<br>(+85 ℃) | -15%<br>(-55 ℃) | ±10% | ±10% | ±10% |

元器件在正常寿命时间内产生的偏差在多种情况下是可逆的，随着条件而改变，参数可能恢复到原来的数值。如果元器件参数漂移的量超出其设计参数范围，就可能造成设备或系统不能完成规定的功能。

为了减小参数的漂移，除了选用参数公差、标准偏差较小的批次的元件外，最好能把购到的元件进行抽样实测，取得平均值及标准偏差，以便设计时使用。

9.2.1.3　退化效应

很多电子产品在长期使用过程中，会发生腐蚀和氧化、漏电和绝缘击穿、磨损和疲劳等，元器件参数分布中的均值和标准方差都可能随着时间积累，在环境条件的影响下发生缓慢变化，如图 9-33 所示。从图中可以看到，元器件受温度、湿度、负荷等影响，其均值和标准偏差随时间发生缓慢变化。这种情况产生的偏差是不可逆的。

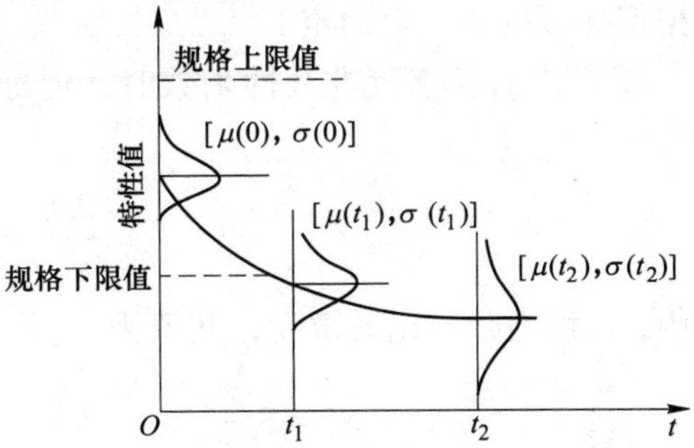


图 9-33　退化效应图示

## 9.2.2　最坏情况分析法

9.2.2.1　容差设计

容差设计是在不考虑元器件参数受环境影响的情况下进行的，是在组成电路的所有元器件以标称值为基础设计了正确的电路功能之后进行的，目的是按照性能容许的合格范围要求，选取在性能要求范围内的元器件标称值和公差，也就是形成正确的功能设计后，评估参数变异对产量、稳定性和可靠性的影响，从而合理分配电路中元器件参数的容差。

容差设计的目的为：通过容差设计，使电路性能的偏差最小；在保证电路性能满足指标要求的条件下，达到允许元器件参数的容差范围最大。

在进行容差设计时，首先决定性能最敏感的参数值，然后参考详细的元器件规范，决定所有重要参数值的变化范围；最后针对具体情况设计起补偿作用的部分，例如热敏电阻、可变电阻器的应用。这种设计方法的缺点是增加了方案的复杂性而且通常会降低可靠性，因为补偿部分可能存在自身的漂移，可调节元器件可能会因为磨损、振动等而降级。

#### 9.2.2.2 容差分析

容差分析是在给定电路参数容差范围的条件下，计算器件参数变化对电路性能的影响的一种分析方法。

电路的容差分析常用的有两种方法，一种是统计方法，利用概率统计方法，通过已知器件参数的随机分布规律去计算电路特性的分布规律（如蒙特卡罗分析）；另一种是以灵敏度分析为基础方法，这种方法解决的是单个元器件参数变化对电路性能的影响，通过对组成电路不同元器件的灵敏度分析，解决多个元器件参数偏离标称值对电路性能的影响。

灵敏度的计算方法如下：

将系统的某一性能参数 $y_i$ 表示为 $n$ 个元器件参数 $x_i$ 的函数，即

$$y_i = f(x_1,\ x_2,\ \cdots,\ x_i,\ \cdots,\ x_n) \tag{9-1}$$

（1）当 $y_i$ 为多元线性函数时，系统性能参数的偏移 $\Delta y_i$ 为：

$$\Delta y_i = \sum_{i=1}^{n} \left.\frac{\partial y_i}{\partial x_i}\right|_{x_i = x_{i0}} \Delta x_i = \sum_{i=1}^{n} S_i \Delta x_i \tag{9-2}$$

式中，$\left.\frac{\partial y_i}{\partial x_i}\right|_{x_i = x_{i0}}$ 为性能参数 $y_i$ 在元器件参数为标称值 $x_{i0}$ 点时对它的偏导数，称为 $y_i$ 对 $x_i$ 在标称值点的敏感度，或称灵敏度，并以 $S_i$ 表示；$\Delta x_i$ 取上限值 $\Delta x_{iH}$ 还是下限值 $\Delta x_{iL}$，可以根据偏导数的正、负而定。

（2）当 $y_i$ 为多元非线性函数时，但经过取自然对数变换后可变为多元线性函数，此时有

$$\frac{\Delta y_i}{y_{i0}} \approx \sum_{i=1}^{n} S'_i \frac{\Delta x_i}{x_{i0}} \tag{9-3}$$

式中，$S'_i$称为归一化灵敏度，其值为

$$S'_i = S_i \frac{x_{i0}}{y_{i0}} = \left.\frac{\partial y_i}{\partial x_i}\right|_{x_i = x_{i0}} \frac{x_{i0}}{y_{i0}} = \left.\frac{\partial \ln y_i}{\partial \ln x_i}\right|_{x_i = x_{i0}} \approx \frac{\Delta y_i / y_{i0}}{\Delta x_i / x_{i0}} \tag{9-4}$$

灵敏度分析方法常使用最坏情况分析法，简称为 WCCA（Worst Condition Circuit Analysis），最坏情况分析法是容差分析的主要技术，用来评估电路中各器件参数同时发生最坏情况变化时的电路性能，从而保证电路在整个寿命周期内能够可靠地工作。最坏情况分析法不仅可以用于容差设计，而且对元器件参数随使用时间的增加、使用环境条件的变化产生漂移的情况也可以进行漂移设计。最坏情况分析法是一种全面系统分析电路可靠性

的方法，在电子可靠性设计中将占据重要地位。

最坏情况分析方法将传统电子可靠性和电路仿真分析方法有机结合，能对电路进行深入而全面的可靠性分析。

电路中各电子器件在初始容差之外还存在着潜在的较大幅度的变化，器件参数变化可能是寿命或环境应力影响的结果，这种变化能使电路性能超出规格要求，WCCA 可以用来检查这种变化引起的电路性能变化，是一种非统计方法，能够用已知元器件参数的变化极限来预测系统性能参数的变化是否超过允许范围，属于全面系统分析电路可靠性的方法，在电子可靠性设计中将占据重要地位。

对于电子设备而言，其故障大体可分为两大类：一类为偶发的损坏性故障，如由于电阻器开路、电容器短路、半导体器件击穿等引发的故障；另一类则为漂移性故障，如电子元器件随着环境变化和电应力变化，其特性参数值也在发生变化，导致电路工作点移动而发生的故障。诸如制造公差、老化变化、高负荷变化、焊接变化及温度、湿度等变化都会导致电子元器件特性参数值发生某些变化。表 9-3 列出了某型号固态电阻器在制造公差为 ±5%的前提下，不同条件下其参数值与标称值相比的变化率。

**表 9-3 不同条件下参数值变化率**

| 条件 | 温度 | | | 老化变化 | 高负荷 | 焊接的变化 | 高频时变化 |
|---|---|---|---|---|---|---|---|
| | 125 ℃ | 85 ℃ | −54 ℃ | | | | |
| 参数值变化率/% | ±11 | ±11 | ±12 | −5 | −7 | −2 | −5 |

从表 9-3 可以看出，该电阻在使用过程中，根据不同的情况，其阻值会有不同程度的漂移。例如，如果这种电阻器在 85 ℃时使用，其阻值可能漂移到标准值的±11%，如果在设计电路时，其阻值按照制造公差，即标准值的±5%设计，在该电阻的使用过程中，在某些情况下，其电阻值并非为标准值±5%范围内，其值的变化可能会引起电路的性能变化。

可见，电子元器件的标称值并不能作为电路设计的可靠依据，在电路设计过程中，必须根据实际电路运行情况，增大设计冗余量，对各种元器件和单元进行容差设计，保证在电路组成部件中发生最坏情况下，电路仍然能够正常运行。

最坏情况指的是电路中器件参数在其容差范围内取某种组合时，所引起电路性能的偏差最大。主要的应用场合为已知电路器件参数的容差而不知道其统计分布规律的条件下，可以通过最坏情况分析估算出电路性能的这种最坏偏差。

典型的最坏情况有 4 种，如图 9-34 所示。

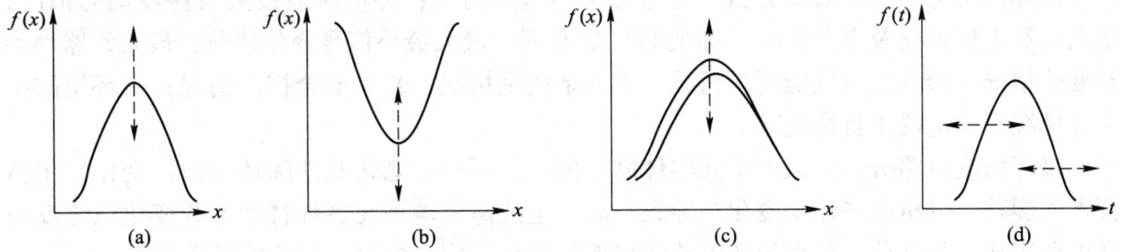


图 9-34 最坏情况分类示意图

（a）最大值相关；（b）最小值相关；（c）差值相关；（d）时间相关

从图 9-34 可以看出，4 种典型情况分别是：使输出变量的最大值增大或减小（图（a））；使输出变量的最小值增大或减小（图（b））；使输出变量与标称值运算时相差最大的点的数值增大或减小（图（c））；提前或滞后输出变量上升到规定值的第一次发生时刻，提前或滞后输出变量下降到规定值的第一次发生时刻（图（d））。

组成电路的元器件，其参数的容差域定义如下：

假定电路中器件参数的标称值矢量为：

$$x^0 = (x_1^0,\ x_2^0,\ \cdots x_n^0)^{\mathrm{T}} \tag{9-5}$$

器件参数的容差矢量为 $t$：

$$t = (t_1,\ t_2,\ \cdots,\ t_n)^{\mathrm{T}},\ t_i > 0 \tag{9-6}$$

那么满足式（9-7）的条件的器件参数矢量就构成了器件参数空间的容差域。

$$R_T = \{x \mid x_i^0 - t_i \leqslant x \leqslant x_i^0 + t_i,\ i = 1,\ 2,\ 3,\ \cdots,\ n\} \tag{9-7}$$

基于以上定义，最坏情况分析就是在器件参数满足 $x \in R_T$ 的条件下，求电路性能偏离其标称值的最大值。

可以用式（9-8）和式（9-9）描述最坏情况分析，两个公式的含义为器件参数都在容差范围内，其计算函数表达式分别达到最大值和最小值。

$$f_{\max} = \max_{x \in R_T} f(x) \tag{9-8}$$

$$f_{\min} = \min_{x \in R_T} f(x) \tag{9-9}$$

最坏情况电路分析法主要包括以下三方面内容。第一，针对器件参数变化，评估电路容差，即首先在各种环境应力处于极限情况下，对电路性能容差极限进行严格的数学评估；其次对器件参数变化的最坏情况、环境极限、温度等进行评估，最后了解器件的输入功率、输入激励上下限、极端情况下的负载变化以及最大的接口干扰。第二，进行器件评估，包括最坏情况下的过应力（最坏情况下应力分析）和不正确的器件应用。第三，形成正式文档。

最坏情况电路分析法可将可靠性落实到硬件设计中，使硬件长期无故障工作，使用最坏情况器件参数变化数据库，可以减少设计重复、设计更改和测试时间。

最坏情况电路分析法一个重要组成部分是确定系统性能特征对各电路、部件参数偏差的灵敏度。在最坏情况下，减少电路参数变化对系统性能的影响，其中包括：

（1）在最坏情况下，如何减少电路参数的变化。

（2）系统在电路参数最大变化情况下仍能正常工作，要求系统设计有足够的裕度。

最坏情况电路的灵敏度分析，应考虑下面这些情况：环境应力极限条件及动态情况；最大电源电压变化及电源瞬变（如通断）情况下，最大最小信号变化情况；最大元器件参数变化情况；最高技术性能要求情况；无冗余措施情况；丧失安全措施情况；无环境防护措施情况以及电磁干扰情况等。

最坏情况电路分析法从电子元器件制造偏差、不可逆老化及伴随环境条件变化发生特征参数漂移，分析电路输出变化，导致产品产生故障。电子元器件特性参数变化最终反映在电路工作点的变化，从而导致电路输出信号变化，影响电路、单元的正常工作。

最坏情况电路分析法具体实现过程：将元器件参数的最大（或最小）值代入电路的特性方程，求得电路输出参数可能出现的极限变化范围。在确定电路输出参数时，对某一元器件而言，其参数的最大值还是最小值由下面规则确定：对电路的特征方程中每个元器件的参数求偏导数，当偏导数为正，则在决定电路的输出参数最大值时，该元器件的参数取最大值；决定电路输出参数取最小值时，元器件的参数取最小值。反之，当偏导数为负时，电路输出参数与元器件的参数取值方向相反。当然，如果可以直观地观察出来，则不需要求偏导数。

如果对一个电路进行最坏情况电路，首先将电路分为几个简单的功能模块，并对每个模块进行最坏情况电路分析，即首先对每个模块给出详细的描述文档，然后对电路中的所有器件的关键参数进行最坏情况变化分析，给出每个参数的最大值和最小值，建立每个模块的关键电路性能需求。使用最坏情况下的最大最小值，可判断出电路的实际性能是否超过了电路要求。最后，确定在最坏情况下，所有电路模块一起工作时能否满足整个电路要求。值得注意的是，最坏情况特别是全局最坏情况的求解，至今还没有对所有电路形式都适用的算法。

**【例 9-3】** 如图 9-35 所示是一个放大电路，分析该电路输出电压的标称值、最大值和最小值并加以说明。已知条件：$E_c = 6$ V，$U_{bc} = 0.7$ V，$\beta = 20 \sim 70$，$R_b = 180$ kΩ±10%，$R_c = 1$ kΩ±10%。

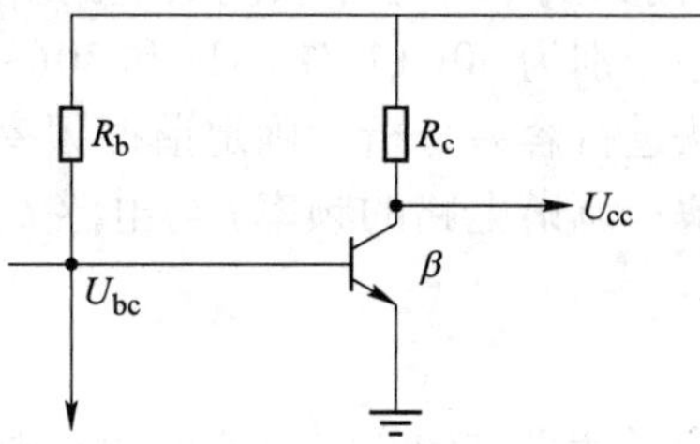

图 9-35 电压放大电路图

**解：** 根据图 9-35，推导电路的输出电压表达式：

$$U_{cc} = E_c - I_c R_c$$

$$I_c = I_b \beta$$

$$I_b = (E_c - U_{bc})/R_b$$

则

$$U_{cc} = E_c - I_c R_c = E_c - \left(\frac{E_c - U_{bc}}{R_b}\right)\beta R_c$$

如果在设计电路时，不考虑元器件特性值在实际应用中的变化，将各参数的标称值代入上式中，其中 $\beta$ 取中间值 45，则其输出电压为：

$$U_{cc} = E_c - \left(\frac{E_c - U_{bC}}{R_b}\right)\beta R_c = 6 - \frac{6 - 0.7}{180} \times 45 \times 1 = 4.675 \text{ V}$$

在实际应用中，电阻 $R_b$ 和 $R_c$ 有±10% 的变化，$\beta$ 值在 20~70 间变化。从输出电压的表达式可以知道，影响输出电压的参数为两个电阻值和 $\beta$ 值，其中当求最大输出电压时，$R_b$ 取最大值，$\beta R_c$ 取最小值；当求最小输出电压时，$R_b$ 取最小值，$\beta R_c$ 取最大值。计算结果如下：

$$U_{ccmax} = E_c - \left(\frac{E_c - U_{bc}}{R_{bmax}}\right)\beta_{min} R_{cmin} = 6 - \frac{6 - 0.7}{198} \times 20 \times 0.9 = 5.518 \text{ V}$$

$$\begin{aligned}U_{\mathrm{ccmin}} &= E_{\mathrm{c}} - \left(\frac{E_{\mathrm{c}} - U_{\mathrm{bc}}}{R_{\mathrm{bmin}}}\right)\beta_{\max}R_{\mathrm{cmax}} \\ &= 6 - \frac{6 - 0.7}{162} \times 70 \times 1.1 \\ &= 3.481\ \mathrm{V}\end{aligned}$$

由此可见，该电路输出电压为：

$$3.481\ \mathrm{V} \leqslant U_{\mathrm{cc}} \leqslant 5.518\ \mathrm{V}$$

如果该电路要求输出范围在上述最大值和最小值之间，则表明即使在最坏情况下，该电路也不会发生故障；如果要求的电压输出最小值大于 $U_{\mathrm{ccmin}}$，例如要求输出值不得小于 4.5 V，按元器件标称值设计输出值为 4.675 V，满足要求，但是在最坏情况下，其输出值为 3.481 V，是不能满足要求的，此时则需要在电路功能正常的情况下，调整电路中 $R_{\mathrm{b}}$ 和 $R_{\mathrm{c}}$ 的精度或小范围调整其值，再计算 $U_{\mathrm{ccmin}}$，直到大于等于要求的最小电压为止。

**【例 9-4】** 一个串联调谐电路由一个电感和一个电容构成，其中电感和电容的标称值和公差分别为 50(±10%)μH 和 30(±5%)pF，要求最大容许频移为 0.2 MHz，用最坏情况分析法进行容差分析，确定谐振频率的上限和下限，并判断是否满足要求。

**解**：调谐电路的频率 $f$ 与电感 $L$ 和电容 $C$ 之间的函数关系为

$$f = \frac{1}{2\pi\sqrt{LC}}$$

为了计算方便，对上式两边求对数，得到：

$$\ln f = -\ln 2\pi - \frac{1}{2}\ln L - \frac{1}{2}\ln C$$

$\ln f$ 对 $\ln L$ 和 $\ln C$ 的偏导数都为负（$-1/2$），所以将 $L=45\ \mu\mathrm{H}$ 和 $C=28.5\ \mathrm{pF}$ 代入上式，计算频率的上限为：

$$f_{\mathrm{H}} = 4.418\ \mathrm{MHz}$$

将 $L = 55\ \mu\mathrm{H}$ 和 $C = 31.5\ \mathrm{pF}$ 代入上式，计算频率的下限为：

$$f_{\mathrm{L}} = 3.802\ \mathrm{MHz}$$

频率的偏差值为：

$$\Delta f = \frac{f_{\mathrm{H}} - f_{\mathrm{L}}}{2} = 308.3\ \mathrm{kHz}$$

这个频移值与允许的频移值 200 kHz 相比，得出该电路不能满足规定的设计要求，需要重新选择元器件的参数。经过计算，选择电感的参数为 50(±5%)μH，电容参数不变，即可满足设计要求。

**【例 9-5】** 图 9-36 中电阻的容差为±10%，三极管的参数 $h_{\mathrm{fe}}$（共发射极放大系数）的变化为 20~70，$E_{\mathrm{c}}=5\ \mathrm{V}$，$V_{\mathrm{bes}}=0.8\ \mathrm{V}$，$V_{\mathrm{ces}}=0.3\ \mathrm{V}$ 均不变。

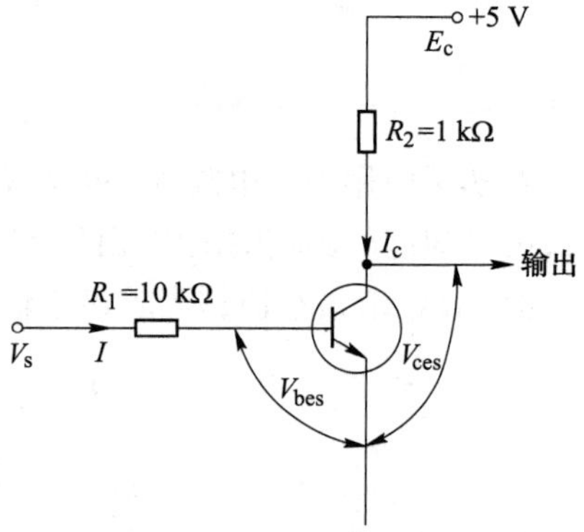

图 9-36 电压驱动原理图

**问**：如何选择驱动信号 $V_{\mathrm{s}}$ 才能使电路可靠地工作？

**解**：驱动信号 $V_{\mathrm{s}}$ 驱动该电路的条件为：驱动电流

$I$在任何情况下都大于基极电流 $I_b$，所以需要列出这两个电流的函数表达式，再进行比较和分析。

由于

$$I_c = \frac{E_c - V_{ces}}{R_2}$$

所以

$$I_b = N\frac{I_c}{h_{fe}} = \frac{N}{h_{fe}} \times \frac{E_c - V_{ces}}{R_2}$$

$I_b$ 表达式中的 $N$ 是为保证可靠地驱动该电路的系数，一般情况取 $N=2$。实际电路的驱动电流为：

$$I = \frac{V_s - V_{bes}}{R_1}$$

为了可靠地驱动该电路，必须在任何情况下满足：

$$I > I_b$$

也就是驱动电流的最小值也要大于基极电流的最大值，表示为：

$$I_{min} > I_{bmax}$$

分别计算不等式两边的电流值：

$$I_{bmax} = \frac{N}{h_{fe}} \times \frac{E_c - V_{ces}}{R_2} = \frac{2}{20} \times \frac{5 - 0.3}{1000 - 1000 \times 0.1} = 5.22 \times 10^{-1}(\mathrm{mA})$$

$$I_{min} = \frac{V_s - V_{bes}}{R_1} = \frac{V_s - 0.8}{1000 + 1000 \times 0.1} = \frac{V_s - 0.8}{1100}(\times 10^3(\mathrm{mA}))$$

将这两个电流极值分别代入不等式：

$$\frac{V_s - 0.8}{1100} \times 10^3 > 5.22 \times 10^{-1}$$

解算该不等式，可以得到驱动信号的范围为：

$$V_s > 1.37\ \mathrm{V}$$

可见，如果选 $V_s = 1.5$ V 则可保证该电路能可靠地工作。

#### 9.2.2.3 最坏情况器件参数变化库

器件供应商设定器件的初始容差（采购容差），这仅仅保证器件在采购时，所有器件的各个批次都在初始容差范围内，并不保证器件参数一直在这个容差范围内。器件在工作环境中，其参数有时会偏移初始值。在许多情况下，特别是在长时间使用后，器件参数偏移会大于初始容差。每种可能的最大偏移都累加在初始容差上，如图 9-37 所示。

其中，电容和电阻的最坏情况分别为：电容的最坏情况最大值为+1.93%，最坏情况最小值为-2.07%；电阻的最坏情况最大值为+2.3%，最坏情况最小值为-2.3%。

最坏情况电路分析是假设器件使用后，其参数已经处在初始容差值，同时又假设电路中的所有器件同时处于最大偏移值。虽然这种情况似乎不可能发生，但它是可能存在的一个最坏情况。比较可能的情况是一些器件的部分参数超过了初始容差，但不会都达到最大偏移值。如果在最坏情况下，所有器件的所有参数都处在最大偏移值时，器件都是可靠

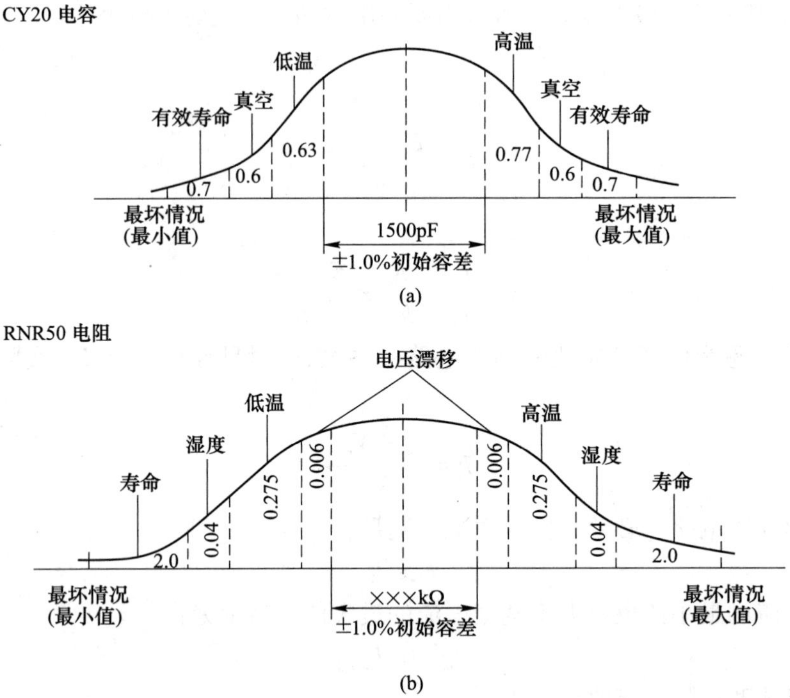


图 9-37 电阻和电容的最坏情况

（a）电容的最坏情况；（b）电阻的最坏情况

的，那么就可以保证器件参数在一定偏移组合情况下，器件也是可靠的。计算最坏情况下的电路性能，如果没有超过规格要求，那么就可以保证整个设计对于器件参数的偏移都是可靠的。

开发最坏情况器件数据库是最坏情况电路分析的一个重要工作，也是主要的成本所在。此工作的目标是开发一个最坏情况数据库的表格，给出器件关键参数变化的最大最小值。这个表格也给出了影响参数变化的因素，如环境、初始容差、温度、寿命和辐射等。表格还会注明这些因素是偏置型的，还是随机型的变量。此外，表格中还必须包括数据来源（标准、供应商数据手册等）以备跟踪。总之，这个表格体现了器件工作的各种环境因素和寿命因素对器件参数影响的一个量化评估。

最坏情况数据库提供了一种统一的参考源，以保证最坏情况电路分析在任何项目都采用相同的数据源。显然，由不同的设计工程师开发各自的数据库是不现实的。一旦最坏情况数据库开发成功，该数据库就可以维护、扩充、修改并应用到其他项目。

最坏情况中必须考虑的其他影响因素是接口连接，主要有模块电路的输入电源、输入信号和负载等，这些因素都在典型值两边有容差极限。在进行最坏情况电路分析时，这些值都必须设置为极限值，并考虑极限的正负方向。

#### 9.2.2.4 容差分析的其他方法

当电路十分复杂时，用上述方法进行综合分析是非常麻烦的，特别是需要反复进行计算的时候。蒙特卡洛法是对最坏值法的改进。这种方法是通过对电路性能的统计试验来求得电路性能的期望值、标准差等特征量。它是一种计算机模拟方法，利用数学模型对大量的备选方案进行模拟，不需要列出所有元器件的数据，只需要知道元器件的分布函数，就可以求出电路特性的数学期望值和方差，再把这些方案的性能与技术规范的极限对比，就可以精确地估算系统的可靠性。

在电路容差分析中，当电路组成部分的参数服从某种分布时，可以采用蒙特卡洛方法由电路组成部分的参数抽样值分析作为统计结果，根据直方图进一步计算电路性能可靠度。具体实现步骤从略。

电子产品硬件需要在一定寿命内可靠工作，这不能仅仅依靠对器件的典型和初始容差值进行设计来实现。器件在组装到电路板上后其参数会发生偏移，如果开发出最坏情况器件参数变化数据库，设计人员就可以方便地得到这些数据库，那么电子工程师就能够不仅做典型电路设计和分析，还可以做最坏情况电路分析。

## 习　题

9-1　什么是潜在电路？其特点是什么？

9-2　某个电源分压电路如图 9-38 所示，图中电源电压 $E_s=10$ V，内阻 $R_s=0.1\ \Omega$，分压电阻 $R_1=20(1\pm10\%)\ \Omega$，$R_2=50(1\pm10\%)\ \Omega$，负载电阻 $R_L=500\ \Omega$。求输出电压 $E_0$ 的计算公式，要求输出电压 $E_0=(7\pm0.75)$ V。使用最坏情况分析法分析该电路元器件选择能否满足要求，如果不能满足要求应该如何改进？

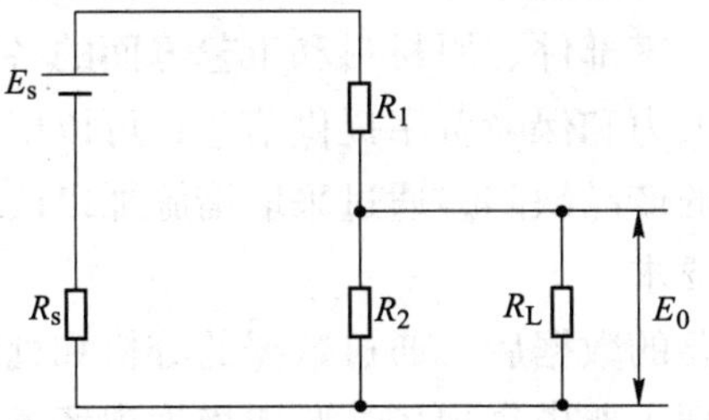


图 9-38　题 9-2 图

# 第 10 章 电子仪器可靠性试验、验证与评定方法

**教学要求：**

了解可靠性试验包括的类型；
熟悉环境应力筛选试验的内容；
熟悉可靠性增长试验包括的内容；
熟悉可靠性鉴定试验包括的内容；
熟悉可靠性验收试验包括的内容。

可靠性试验是为了评价分析电子产品可靠性而进行的。电子仪器生产出来以后，其可靠性是否达到预期设计要求，必须通过可靠性试验予以验证；同时，通过可靠性试验，可以发现产品在设计、元器件、零部件、原材料和工艺方面的各种缺陷；可以为提高产品的可用性、可靠性、减少维修人力和保障费用提供信息；可以确认产品是否符合可靠性定量要求。在可靠性试验中发现的产品缺陷，通过采取措施加以改进，使产品的可靠性逐步增长，最终达到可靠性的设计要求。

从可靠性试验中取得必要的数据后，通过数据的分析和处理，可以得到可靠性指标的统计数据。可靠性指标的实现主要依靠现场试验或模拟现场条件试验来完成。

## 10.1 可靠性试验类型

可靠性试验主要是为了评价和分析电子产品可靠性。电子设备的可靠性指标属于综合性、统计性的指标，需要通过试验，从试验过程中取得必要的数据，然后通过数据分析处理才能得到可靠性指标的统计量。可靠性指标的实现主要依靠现场试验或模拟现场条件试验，所以可靠性试验不同于一般设备的性能试验。从广义上讲，为了了解、评价、分析和提高电子设备的可靠性水平而进行的试验，可以用来确定电子设备在各种环境条件下工作或贮存的可靠性特征量。一般电子设备的可靠性试验可以分为研制阶段的试验、可靠性验收试验、可靠性增长试验、元器件老炼试验、极限试验、负荷及过负荷试验、过载能力试验等，这类试验的目的是了解设计是否满足了可靠性指标的要求，找出或排除设计与制造过程中的缺陷和不足，证明设计可靠性能否实现，因而可靠性试验可以根据设备研制过程中的不同阶段，不同要求进行各种不同的试验。不同的电子设备，所要达到的目的不同，进行的可靠性试验形式也就各异，因此对电子设备来说可靠性试验是一个系统工程。

可靠性试验一般分为以下几种类型。

按照试验项目可分为：筛选试验、环境应力试验、可靠性增长试验。

按照试验对象可分为：元器件及原材料可靠性试验、组件或部件可靠性试验、产品可靠性试验。

按照试验性质可分为：破坏性试验、非破坏性试验。

按照试验地点可分为：现场可靠性试验、实验室可靠性试验。

按照试验的应力和强度可分为：恒定应力试验、步进应力试验、序进应力试验、加速应力试验。

按照试验所处阶段可分为：可靠性增长试验、可靠性鉴定试验、可靠性验收试验。

实验室试验是指在规定的受控条件下的试验，可以模拟现场使用条件，也可以不模拟，关键是建立实验室试验与各种产品实际使用条件之间的关系。模拟试验由于受设备条件的限制，往往只能对产品施加单一应力，有时也可以施加双应力，这与实际使用环境条件有很大差异，因而未能如实地、全面地暴露产品的质量情况。而现场试验是产品在典型使用现场所进行的一种试验，在使用现场进行，能真实地反映产品的可靠性问题，所获得的数据对产品的可靠性预测、设计和保证有很高价值。现场使用试验对制定可靠性试验计划、验证可靠性试验方法和评价试验精确性的作用更大。

恒定应力试验是将一定数量的样品分成几组，每组固定一种应力条件的试验。步进应力试验（又称阶梯应力试验）是将一定数量的样品分为几组，每组固定一个逐级提高应力的时间，应力按规定时间由低向高逐级增加的试验方法。序进应力试验是一种随时间等速增加应力的方法，这种试验需要有专门的设备。加速应力试验是通过加大应力、缩短时间的试验方法。以上方法中，以恒定应力试验较为成熟。尽管试验时间相对较长，但其结果比较接近真实值，可信度较高，故大多采用此种方法。

除了以上的可靠性试验，温度、振动、冲击及高温寿命、加速寿命等试验在实际应用中较为普遍。

下面重点讲述环境应力筛选试验、可靠性增长试验、可靠性鉴定试验和可靠性验收试验。

## 10.2 环境应力筛选试验

环境应力筛选（Environment Stress Screen，ESS）是通过向电子产品施加合理的环境应力和电应力，将其内部的潜在缺陷加速变成故障，并通过检验发现和排除故障的过程。应力水平以能激发出缺陷但不损坏产品为原则，即在试验中不应损坏完好的产品或使其性能有所降低。

环境应力筛选试验的目的是选择具有一定特性的产品或剔除早期失效的产品，以提高产品的使用可靠性。产品在制造过程中，由于材料缺陷，或由于工艺失控，使部分产品出现所谓早期缺陷或故障，这些缺陷或故障若能及早剔除，就可以保证在实际使用时产品的可靠性水平。

环境应力筛选试验是对产品进行全数检验的非破坏性试验，用于考核产品在各种环境条件下的适应能力，是评价产品可靠性的重要试验方法之一。

影响产品性能的环境条件很多，不可能对所有环境条件都进行模拟试验，只能模拟其中的主要项目。元器件环境试验项目有冲击、振动、离心、温度、热冲击、潮热、盐雾、低气压等。

环境应力筛选试验的具体方法是在产品出厂前，有意将环境应力施加到产品上，使产品的潜在缺陷加速发展成早期故障，并加以排除，从而提高产品的可靠性。

环境应力筛选试验是剔除早期故障的一种工序方法，环境应力筛选试验具有以下特点：首先，环境应力筛选试验不是抽样试验，而是对产品 100%的试验；其次，通过环境应力筛选试验可以提高合格品总的可靠性水平，但不能提高产品的固有可靠性，即不能提高每个产品的寿命；最后，需要注意的是不能简单地以筛选淘汰率的高低来评价筛选效果。因为如果淘汰率高，有可能是产品本身的设计、元件、工艺等方面存在严重缺陷，也有可能是筛选应力强度太高；而淘汰率低，有可能是产品的缺陷少，也可能是筛选应力的强度和试验时间不足造成的。

通常以筛选淘汰率和筛选效果来评价筛选方法的优劣，以筛选效果较好而淘汰率适中作为选择筛选方法的依据。

环境应力筛选试验的试验对象为印刷电路板组装件、电子组件或整机等。通过在研制和生产阶段进行环境应力筛选试验，可以发现和排除由于不良元器件、制造工艺和其他原因引入的缺陷造成的早期失效，还可以发现设计不成熟的产品的设计隐患，因此环境应力筛选的目的是提高产品使用可靠性，使产品的可靠性接近设计的固有可靠性水平。

环境应力筛选分为常规筛选和定量筛选两种方法。

常规筛选是一种不要求筛选结果与产品可靠性目标和成本阈值之间建立定量关系的筛选方法，是凭经验确定的。常规筛选过程中既不估计产品引入的缺陷数量，也不知道所用的应力强度和检测效率的定量值，而且对筛选效果好坏和费用是否合理也不作定量的分析，仅以能筛选出早期故障为目标，所以筛选后的产品是否能够到达失效率恒定的阶段也不能确定。

定量筛选是一种要求筛选的效果和成本与产品的可靠性目标和现场的故障修理费用之间建立定量关系的筛选方法。其主要变量是引入缺陷密度、筛选检出度、析出量或残留缺陷密度。

在定量筛选过程中，通过控制所用元器件质量和加工质量控制引入产品的缺陷数（与引入缺陷密度有关）；通过选用适当的应力和检测仪表控制缺陷的析出量，从而使出厂产品中残留的缺陷（与残留缺陷密度有关）导致故障的概率达到与产品的可靠性相一致的水平。

环境应力筛选方法考虑到能够操作和实施，概括起来由环境应力类型、条件、程序，电应力条件、测试点设置以及故障的处理等几个部分组成。

进行环境应力筛选时应该注意：筛选应力不必准确模拟产品真实的环境条件；不应超过产品设计能耐受的极限，不应改变产品的失效机理；对电子产品施加的环境应力最有效的是随机振动和温度循环应力；环境应力筛选要做到对元器件、电路板、整机 100%进行；

在批量生产阶段后期，对组件级以上的产品可根据其质量稳定情况抽样进行；筛选可以提高批产品的可靠性水平，但不能提高产品的固有可靠性，只有改进设计、工艺等才能提高产品的固有可靠性。

各类典型筛选应力的强度及费用对比如表 10-1 所示。

**表 10-1　典型筛选应力强度及费用对比**

| 项目 | 应力类型 | | 应力强度 | 费用 |
|---|---|---|---|---|
| 温度 | 恒定高温 | | 低 | 低 |
| | 温度循环 | 慢速温变 | 较高 | 较高 |
| | | 快速温变 | 高 | 高 |
| | 温度冲击 | | 较高 | 适中 |
| 振动 | 正弦扫频 | | 较低 | 适中 |
| | 随机振动 | | 高 | 高 |
| 综合 | 温度循环与随机振动 | | 高 | 很高 |

下面简单介绍以上几种典型筛选应力试验并比较其筛选效果。

### 10.2.1　温度应力筛选试验

#### 10.2.1.1　温度试验允许误差

试验箱内温度梯度小于 1 ℃/m，试验箱内温度不能超过试验温度±2 ℃，在试验产品不工作的情况下，总的允许误差的最大值不超过 2.2 ℃。

#### 10.2.1.2　恒定高温试验

恒定高温试验也称为高温老化，产品在规定高温下连续不断地工作，激发出早期故障。筛选方法要根据受筛产品是否发热制定。恒定高温试验筛选主要用于元器件的筛选，不适用于组件级（印制线路板、单元或系统）筛选，其筛选效果远低于温度循环试验。

#### 10.2.1.3　温度循环试验

温度循环试验是影响筛选结果的主要参数之一。温度循环试验通常适用于组件级的筛选。筛选温度时间历程考虑受筛选产品通电和不通电两种情况，激发的故障模式主要有：电子元器件的开路、短路；不同材料膨胀系数造成的零部件的变形、断裂和破裂；焊接不良；封装、密封不良以及产品性能的漂移或工作不稳定等。

温度循环试验的筛选参数有温度范围、温度变化率和循环次数。

温度循环试验条件为：温度变化速率平均值为 5 ℃/min；温度一次循环的时间为 3 h 20 min 或 4 h；温度循环数及温度循环试验时间针对不同类型的试验要求不同：在缺陷剔除试验中，温度循环 10 次或 12 次，试验时间为 40 h；在无故障检验中，温度循环 10~20 次或 12~24 次，时间为 40~80 h。图 10-1 为某产品的温度循环图。

应按照 FRACAS（故障报告、分析及纠正措施系统）的要求分析故障原因，并根据故障原因采取相应的措施，参照 GJB 1032A—2020。

在无故障检验试验阶段，在最长 80 h 内只要连续 40 h 温度循环器件不出现故障，认为产品通过了温度循环应力筛选。

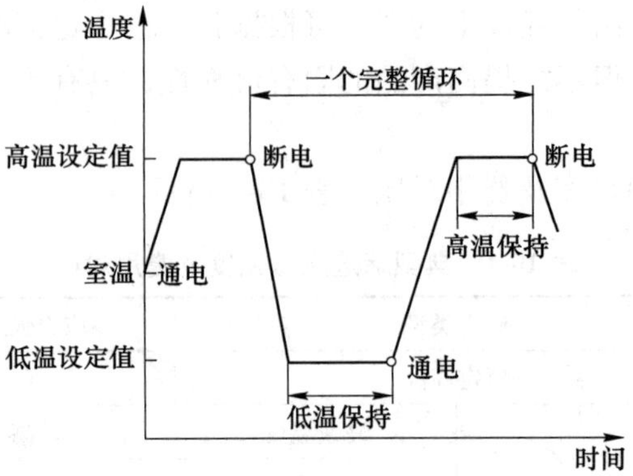


图 10-1　无冷却系统的试验产品的温度循环图

10. 2. 1. 4　温度冲击试验

温度冲击试验也是影响筛选结果的主要参数之一。因其温度变化率较高，产生的热应力较大，是筛选元器件，尤其是集成电路器件的有效方法。用于组装等级时要注意其可能造成的附加损坏。筛选效果类似于温度循环试验。激发的故障模式类似于温度循环试验。

### 10. 2. 2　正弦扫频应力筛选试验

正弦扫频应力筛选试验是在一定时间段内依次对产品内需要重点筛选的元部件的共振频率进行激励，产生共振的应力筛选方法，其筛选效果比随机振动筛选效果差。

正弦扫频应力筛选试验激发的故障模式主要有：结构部件、引线或元件接头产生疲劳，特别是导线上有裂纹或类似缺陷的情况下这类故障模式容易出现；电缆磨损；螺钉接头松弛；安装加工不当的集成电路片离开插座；汇流条及连到电路板上的钎焊接头受到高应力，引起钎焊薄弱点故障；元器件引线与可能移动的部件连接引起该引线受力，如果这种应力没有消除，元器件引线会损坏；已受损或安装不当的脆性绝缘材料出现裂纹。

### 10. 2. 3　随机振动应力筛选试验

随机振动应力筛选试验是在很宽的频率范围上对产品施加振动，产品在不同的频率上同时受到应力，使产品的许多共振点同时受到激励，其筛选效果大大增强，筛选持续时间也减少到正弦扫频应力筛选试验的 1/5～1/3。随机振动应力筛选试验激发的故障模式与正弦扫频应力筛选试验的相同，但其激发的故障机理更复杂，激发故障的速度更快。

10. 2. 3. 1　随机振动试验允许误差

随机振动应力筛选试验控制点的允许误差见表 10-2。

**表 10-2　典型频率范围随机振动应力筛选试验控制点的允许误差**

| 频率范围/Hz | 分析带宽/Hz | 允许误差/dB |
|---|---|---|
| 20～200 | 25 | ±3 |
| 200～500 | 50 | |
| 500～1000 | | |
| 1000～2000 | 100 | ±6 |

允许误差的计算公式为：

$$允许误差 = 10\lg \frac{W}{W_0} \tag{10-1}$$

式中　$W$——实测的加速度功率谱密度；

$W_0$——规定的加速度功率谱密度。

10.2.3.2　随机振动试验的条件

随机振动试验中，随机振动应力参数有频率范围、功率谱密度等。典型的随机振动功率谱密度图如图 10-2 所示，图中曲线分为升谱、平直谱和降谱三个部分，升谱和降谱的斜率要求为 ±3 dB/倍频程，图中 $G_{RMS}$ 为频谱的加速度均方值，也常用于表示随机振动的强度，其值根据图中频谱面积开平方计算，单位为重力加速度 $g$。

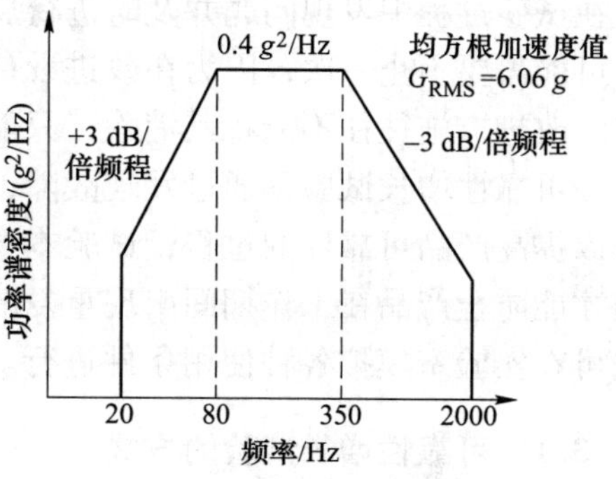


图 10-2　随机振动功率谱密度图

随机振动试验中，对施加振动的时间要求为：在缺陷剔除试验阶段为 5 min，在无故障检验阶段为 5~15 min。

图 10-3 为温度循环试验和随机振动试验组成的环境应力筛选试验，在不同的试验阶段的试验时间要求及顺序图示。

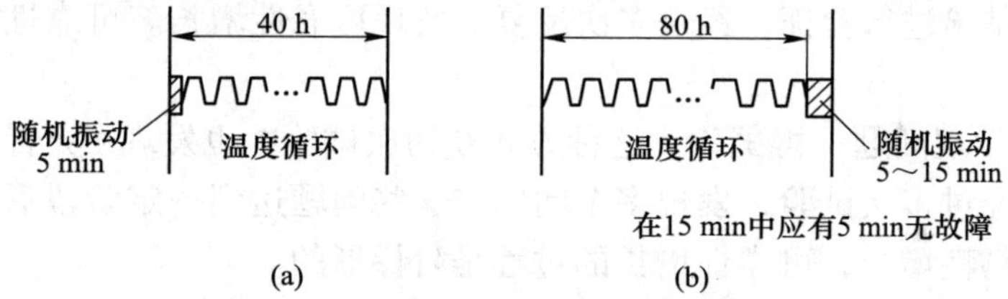


图 10-3　随机振动功率谱时间要求图示

（a）缺陷剔除试验阶段；（b）无故障检验阶段

在缺陷剔除试验阶段，随机振动试验时出现的故障，待随机试验结束后排除；在无故障检验试验阶段，在最长 15 min 内连续 5 min 内不出现故障，认为产品通过了随机振动试验筛选。

将通过无故障检验的产品在标准电气条件下通电工作，按产品技术条件要求逐项检测并记录其结构，将最后性能与初始测量值比较，对筛选产品根据规定的验收功能极限值进行评价。

环境应力筛选试验主要依据的标准有：GJB 1032—1990、GJB/Z 34—1993 和 GJB 451A—2005 等。

## 10.3　可靠性增长试验

可靠性增长试验是在一个规定的环境应力下，为暴露产品的缺陷，并证明改进措施能防止缺陷再现而进行的试验。其中规定的环境应力可以是产品工作的实际环境应力、模拟环境应力或加速变化的环境应力。其中产品的缺陷分为系统性缺陷和残余缺陷。

系统性缺陷与系统误差的特性类似，如果不进行有效的改进，系统性缺陷会重复出现；其他缺陷称为残余缺陷，残余缺陷与偶然误差的特性类似，即使没有采取措施，残余缺陷也不会重复出现。大部分残余缺陷可以通过可靠性筛选予以消除，其余的残余筛选会在产品的寿命周期内随机出现。

可靠性增长试验需要三个步骤来完成：首先，通过分析与试验进行故障源的检测；其次在试验过程中发现问题并及时进行反馈；最后要对发现的问题进行有效的改进。这个过程可能需要不止一次，因为在改进设计的过程中有可能引进新的系统性缺陷；对发现的缺陷，改进措施往往不能将其消除，只能降低其失效率，或者减少其发生的频率。

可靠性增长试验是通过发现故障，分析和纠正故障，以及对改进措施的有效性进行验证以提高产品可靠性的过程，试验本身并不能提高产品的可靠性，只有采取有效的改进措施才能防止产品在工作期间出现重复故障，才能提高产品在使用过程中的可靠性。这种方法可在实验室模拟各种使用条件进行。

### 10.3.1　可靠性增长试验的方式

根据不同的实际情况可靠性增长试验，可采取不同的试验方式，主要有下列三种：

（1）试验—改进—再试验。这种方式首先通过试验暴露出产品在设计或制造过程中的问题，通过对这些问题进行分析，找出合理的原因，然后采取适当的手段进行改进，改进的效果由再次的试验进行验证，经过多次反复，实现可靠性增长。可靠性增长过程是一个平滑的过程。

（2）试验—发现问题—再试验。这种方式在初次试验中也发现了产品的问题，但并不马上进行改进，经过多次试验，发现多个问题，这些问题达到一定阶段后，再一起进行改进，从而实现可靠性增长，可靠性增长的过程是阶梯形的。

（3）有选择的试验—改进—再试验。这种方式综合了第（1）种和第（2）种试验方式，对初次试验暴露出的产品缺陷，根据不同的情况进行处理。有些问题采用第（1）种方式马上改进，另外一些问题延缓到阶段结束后再改进，实现可靠性增长，可靠性增长的过程也是结合了上面两种方式，近似为阶跃上升曲线。

在可靠性增长试验过程中，可以根据首次试验的结果，分阶段采取不同的试验方式，从而实现可靠性的有效增长。

### 10.3.2　可靠性增长模型

产品在可靠性试验过程中，其可靠性是变化的，为了清晰地看出产品可靠性在变化中的增长规律，可建立可靠性增长模型。只有严格受控的可靠性增长试验，才能使用可靠性增长模型进行评估。当控制不得力时，就不要建立评估模型，以免得到错误的结果。

为了实现对可靠性增长的管理，需要借助于数学模型对增长速度做出评估，可靠性增长的数学模型是根据以往同类系统或设备的信息以及使用方的要求而确定的，是可靠性增长试验的一部分，它对系统或设备的状态的变化不需要加以限制，只是对可靠性增长趋势做出分析和预测。

下面讲述的两个可靠性增长模型都可以及时评定在任一时刻产品可靠性状态的变化。

#### 10.3.2.1 Duane 增长模型

Duane 增长模型使用的条件为：假设各个阶段产品的寿命服从相互独立的指数分布，指数分布的参数满足特定的形式。

1964 年，美国通用电气公司 J. D. Duane 通过对一些工业系统故障数据的研究得到：经验累积失效率与累积试验时间分别取对数后呈近似的线性关系，即：

$$\lambda_{\Sigma}(T) = kT^{-C} \tag{10-2}$$

式中 $T$——累积试验时间；

$\lambda_{\Sigma}(T)$——到 $T$ 时间为止的经验累积失效率；

$k$，$C$——模型参数，$k$ 为常数，$C$ 为增长速率。

将式（10-2）取对数，化为线性关系：

$$\ln\lambda_{\Sigma}(T) = \ln k - C\ln T \tag{10-3}$$

式（10-2）和式（10-3）反映了工业系统的经验累积失效率随着研制阶段进展而下降的情况。

假设 $T$ 时刻，观察到的失效数为 $F$，则经验累积失效率为：

$$\lambda_{\Sigma}(T) = \frac{F}{T} \tag{10-4}$$

联立式（10-4）和式（10-2），得到失效数 $F$ 的表达式：

$$F = \lambda_{\Sigma}(T)T = kT^{1-C} \tag{10-5}$$

因此得到瞬时失效率为

$$\lambda(T) = \frac{\mathrm{d}F}{\mathrm{d}T} = (1-C)kT^{-C} \tag{10-6}$$

瞬时平均寿命为

$$\theta(T) = \frac{1}{\lambda(T)} = \frac{T^{C}}{(1-C)k} \tag{10-7}$$

比较式（10-2）~式（10-7）可以得到：

$$\lambda(T) = (1-C)\lambda_{\Sigma}(T)$$

$$\theta(T) = (1-C)^{-1}\theta_{\Sigma}(T)$$

式中 $\theta_{\Sigma}(T)$——时间 $T$ 内的累积平均寿命。

利用线性回归方法，可以得到 $C$、$k$ 的最小二乘估计，即

$$C = \frac{n\sum_{i=1}^{n}(\ln T_{\Sigma i}\ln\lambda_{\Sigma i}) + \left(\sum_{i=1}^{n}(\ln T_{\Sigma i})\right)\left(\sum_{i=1}^{n}(\ln\lambda_{\Sigma i})\right)}{n\sum_{i=1}^{n}(\ln T_{\Sigma i})^{2} - \left(\sum_{i=1}^{n}(\ln T_{\Sigma i})\right)^{2}}$$

$$k = \exp\left[\frac{1}{n}\left(\sum_{i=1}^{n}(\ln\lambda_{\Sigma i}) + C\sum_{i=1}^{n}(\ln T_{\Sigma i})\right)\right]$$

式中 $T_{\Sigma i}$——观察到第 $i$ 次的累积试验时间；

$\lambda_{\Sigma i}$——$T_{\Sigma i}$时刻的累积失效率；

$n$——试验次数。

Duane 增长模型通过已知的经验累积失效率与累积试验时间参数，最终可以估计出产

品在累积试验时间 $T$ 内的累积平均寿命 $\theta_{\Sigma}(T)$，对可修复产品，即平均故障间隔时间（$MTBF$），通过多次试验，降低瞬时失效率，增加瞬时平均寿命，最终实现累积平均寿命的增加。

10.3.2.2　AMSAA 增长模型

AMSAA 是一个连续型的模型，是威布尔模型的一种修改形式，这种模型的特点是可以直接使用原始数据，它适用于相关失效较为复杂系统的统计分析。该模型是由美国陆军装备系统分析中心的 L. H. Crow 在 1972 年提出的，属于一种解析模型，它可以通过试验数据对产品的 $MTBF$ 或故障强度 $\lambda$ 的当前值和预计值求出区间估计，这种模型既可以用于连续型以时间计的可靠性系统，也可用于离散型以周期数、公里数计的可靠性系统、单系统或多重系统，以及那些时间截尾或失效截尾的试验。

AMSAA 模型假设产品在开发期（0，$T$］内的时间记为 $t$，其失效次数记为 $N(t)$，它的均值函数为：

$$EN(t)=at^{b} \tag{10-8}$$

瞬时强度为：

$$\lambda(t)=\frac{\mathrm{d}(EN(t))}{\mathrm{d}t}=abt^{b-1} \tag{10-9}$$

为非其次的 Poisson 过程。

当产品开发后，试验的持续时间到了 $T$ 后，对产品就不再作任何的改进或修正，认为产品失效的分布服从下面的函数：

$$\lambda(T)=abT^{b-1} \tag{10-10}$$

产品最终的 $MTBF$ 为：

$$\theta(T)=\frac{1}{\lambda(T)}=\frac{T^{1-b}}{ab} \tag{10-11}$$

式中　$a$——尺度参数；

　　　$b$——形状参数。

当 $b=1$，$\lambda(T)=a$，服从指数分布，产品可靠性没有趋势，既不增长也不下降；

当 $b<1$，$\lambda(T)$ 递减，表明可靠性增长；

当 $b>1$，$\lambda(T)$ 递增，表明可靠性下降。

AMSAA 模型是根据产品在可靠性增长试验中发生的失效次数、失效时刻以及试验的持续时间等原始的试验数据，通过模型的分析可以估计 AMSAA 模型形状参数 $b$ 和尺度参数 $a$，从而估计出试验结束时的 $MTBF$ 值。

AMSAA 模型与 Duane 模型具有内在联系，但 AMSAA 模型可以直接用试验原始数据（试验时间与失效数），计算较为简便，因此目前普遍采用 AMSAA 模型。

## 10.4　可靠性鉴定试验

可靠性鉴定试验是对产品的可靠性水平进行评价时而做的试验，通过模拟实际的使用环境，对产品施加工作应力，验证产品设计是否达到规定的可靠性要求。它是根据抽样理论制定出来的抽样方案。在保证生产者不致使质量符合标准的产品被拒收的条件下进行鉴定试验。

可靠性鉴定试验是用具有代表性的产品在规定条件下所作的试验，以此作为产品是否满足可靠性指标的依据；可靠性鉴定试验是一种验证试验，必须遵循抽样检验程序；可靠性指标的验证是建立在一定的寿命分布假设基础上，最常用的假设是指数分布，目前可靠性鉴定试验已有标准的试验方案。

进行可靠性鉴定试验前，除了确定统计方案，还需要确定以下事项：

（1）确定综合环境条件，一般情况下，综合环境条件由订购方规定。若订购方无其他规定，在电压输入、温度、振动、湿度等综合作用下进行。优先使用实测应力，也可以参考标准手册中提供的应力。

（2）性能参数测量的规定，若要求的任一性能参数值超出规定的范围，则记作一次故障。

（3）确定总的试验时间，这里总的试验时间是指所有受试产品总的工作时间或承受试验应力的累积时间，并用所有受试产品试验累积的台时数表示。

（4）试验的合格与否的判决，也就是确定接收判决和拒收判决的条件，判决的依据为总试验时间和总的责任故障数，以及所用统计方案中的判决标准。

通过试验结果与所用统计方案中的接收或拒收标准相比较来确定可靠性鉴定试验是否合格。

### 10.4.1 可靠性鉴定试验统计方案类型

可靠性鉴定试验统计方案用于确定 *MTBF* 的真值是否达到合同要求，并给出 *MTBF* 的观测值和验证区间。

在满足产品故障前工作时间符合指数分布的前提下，主要有下列三种统计方案：

（1）序贯试验统计方案。这种统计方案在事先没有规定可靠性鉴定时间，希望尽早对 *MTBF* 做出接收或拒收判决的情况下使用。

（2）定时截尾试验统计方案。这种统计方案在提供 *MTBF* 的验证值，且有固定的截止试验时间的情况下使用。

（3）全数试验统计方案。这种统计方案在要求对每台产品都进行试验的情况下使用。

### 10.4.2 序贯试验统计方案

可靠性鉴定试验包括以下 5 类参数：

$\theta_0$ 为 *MTBF* 检验的上限值，它是可以接收的 *MTBF* 值。当试验产品的 *MTBF* 真值接近 $\theta_0$ 时，对于服从指数分布的数据试验方案，以高概率接收该产品。

$\theta_1$ 为 *MTBF* 检验的下限值，当试验产品的 *MTBF* 真值接近 $\theta_1$ 时，对于服从指数分布的数据试验方案，以高概率拒收该产品。

$d$ 为鉴别比。对于服从指数分布的数据试验方案，$d=\theta_0/\theta_1$。

$\alpha$ 为生产方风险。当产品的 *MTBF* 真值等于 $\theta_0$ 时，产品被拒收的概率，这意味着允许以小概率错判而拒收，从而使生产方受损失，所以称为生产方风险。这是由抽样引起的。

$\beta$ 为使用方风险。当产品的 *MTBF* 真值等于 $\theta_1$ 时，产品被接收的概率，这意味着允许以小概率错判而接收，从而使使用方少受损失，所以称为使用方风险。这也是由抽样引起的。

表 10-3 为 12 种标准型序贯试验统计方案中试验参数的取值，从表中可以看到，第 12 种方案的判断风险标称值较高，其试验时间最短，为 $1.1\theta_1$。也就是说，一种方案的风险越高，其试验时间就越短。

**表 10-3　标准型序贯试验统计方案试验参数**

| 方案序号 | 方案特征参数 | | 鉴别比 | 试验时间 | 判别标准（失效次数） |
|---|---|---|---|---|---|
| | 判断风险标称值/% | | $d=\theta_0/\theta_1$ | $\theta_1$ 的倍数 | 拒收数 $r$（大于或等于 $r$） |
| | $\alpha$ | $\beta$ | | | |
| 1 | 10 | 10 | 1.5 | 45.0 | 37 |
| 2 | 10 | 20 | 1.5 | 29.9 | 26 |
| 3 | 20 | 20 | 1.5 | 21.1 | 18 |
| 4 | 10 | 20 | 2.0 | 18.8 | 14 |
| 5 | 10 | 10 | 2.0 | 12.4 | 10 |
| 6 | 20 | 20 | 2.0 | 7.8 | 6 |
| 7 | 10 | 10 | 3.0 | 9.3 | 6 |
| 8 | 10 | 20 | 3.0 | 5.4 | 4 |
| 9 | 20 | 20 | 3.0 | 4.3 | 3 |
| 10 | 30 | 30 | 1.5 | 8.1 | 7 |
| 11 | 30 | 30 | 2.0 | 3.7 | 3 |
| 12 | 30 | 30 | 3.0 | 1.1 | 1 |

以方案序号为 1 的方案为例，其接收拒收判决标准列于表 10-4 中。

**表 10-4　序贯试验统计方案 1 接收拒收判决标准**

| 故障数 | 标准化判决时间 $t$ | | 故障数 | 标准化判决时间 $t$ | | 故障数 | 标准化判决时间 $t$ | |
|---|---|---|---|---|---|---|---|---|
| | 拒收 $t_R\leqslant$ | 接收 $t_A\geqslant$ | | 拒收 $t_R\leqslant$ | 接收 $t_A\geqslant$ | | 拒收 $t_R\leqslant$ | 接收 $t_A\geqslant$ |
| 0 | — | 6.75 | 14 | 10.07 | 23.98 | 28 | 27.07 | 41.00 |
| 1 | — | 8.17 | 15 | 11.29 | 25.19 | 29 | 28.31 | 42.22 |
| 2 | — | 9.38 | 16 | 12.50 | 26.41 | 30 | 29.53 | 43.43 |
| 3 | — | 10.60 | 17 | 13.72 | 27.62 | 31 | 30.74 | 44.65 |
| 4 | — | 11.80 | 18 | 14.94 | 28.84 | 32 | 31.96 | 45.86 |
| 5 | — | 13.03 | 19 | 16.15 | 30.06 | 33 | 33.18 | 47.08 |
| 6 | 0.34 | 14.25 | 20 | 17.37 | 31.27 | 34 | 34.39 | 48.30 |
| 7 | 1.56 | 15.46 | 21 | 18.50 | 32.49 | 35 | 35.61 | 49.50 |
| 8 | 2.78 | 16.69 | 22 | 19.80 | 33.70 | 36 | 36.82 | 49.50 |
| 9 | 3.99 | 17.90 | 23 | 21.02 | 34.92 | 37 | 38.04 | 49.50 |
| 10 | 5.20 | 19.11 | 24 | 22.23 | 36.13 | 38 | 39.26 | 49.50 |
| 11 | 6.42 | 20.33 | 25 | 23.45 | 37.35 | 39 | 40.47 | 49.50 |
| 12 | 7.64 | 21.54 | 26 | 24.66 | 38.57 | 40 | 41.69 | 49.50 |
| 13 | 8.86 | 22.76 | 27 | 25.88 | 39.78 | 41 | 49.50 | — |

表 10-4 中的实际判决时间为标准化判决时间 $t$ 与 $MTBF$ 的检验下限 $\theta_1$ 的乘积。

下面以故障数为 30 对表 10-4 进行解读。做试验做到故障数为 30 时，计算相应的试验时间，当时间大于等于 $43.43\theta_1$，全部接收；当时间小于等于 $29.53\theta_1$ 全部拒收。当 $r$ 对应的累积试验时间 $T \geqslant t_A$，判决为接收，停止试验；

当作为判别标准的拒收数 $r$ 对应的累积试验时间 $T \leqslant t_R$，判决为拒收，也停止试验；

当拒收数 $r$ 对应的累积试验时间 $t_R < T < t_A$，继续试验，到下一个故障数再比较判决，直至做出结论为止。

从表 10-3 可以看到，方案序号为 1 的参数取值分别为：$\alpha = \beta = 10\%$，$d = 1.5$，随着试验时间的增加，其故障数也在缓慢增加，图 10-4 为在此过程中，拒收、继续试验和接收的分布区域，其中总试验时间指的是所有受试产品工作时间的总和，为 $\theta_1$ 的倍数。

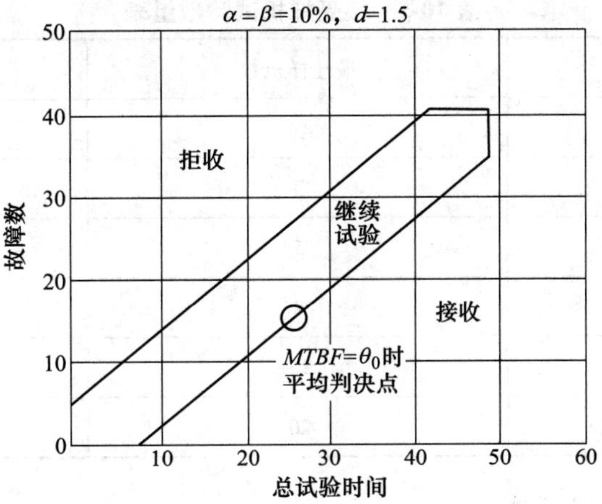


图 10-4　序号为 1 的试验方案判决分布图

## 10.5　可靠性验收试验

可靠性验收试验是为了验证产品的可靠性不随生产期间工艺、工装、工作流程、零部件质量的变化而降低，其目的是确定产品是否符合规定的可靠性要求。可靠性验收试验是在与可靠性鉴定试验相同的综合环境条件下进行的，进行可靠性验收试验的产品是按照规定的批量大小和抽样原则从各生产批次中抽取出来的，它们在统计规律上要能够代表其所属批次的特征。

可靠性试验方法分为定数截尾法和定时截尾法，定数截尾法是试验开始后，产品随着时间的增加开始出现失效现象，是试验事先规定失效个数（如 60%失效），达到时停止试验，此时试验停止时间是随机变量。如对 50 个产品进行寿命试验，事先规定试验到有 60%的样品失效时停止试验，这时停止试验的时间是第 30 个产品发生失效的时间。由于试验停止时间不易控制，恰当规定失效比例是成功进行定数截尾试验的关键。

定时截尾法是试验达到规定时间就停止的方法，此时获得的失效数据个数为随机变量。如对 50 个样品进行寿命试验，事先指定 200 h 时停止试验，这时失效数可能是 2 个，也可能是 30 个。为了不使失效数过少或过多，恰当地规定试验停止时间是实施定时截尾试验的关键。

### 10.5.1　方案设计与选择

可靠性验收方案包括：试验的目的和要求、试验样机数量、试验条件（环境、维修等）、试验类型的确定和统计试验方案的选择以及判断方法、失效判据，故障判据等。验收试验的样机多一些可以提高试验结果的置信度。一般情况下，参加验收试验的样机数量不得少于 3 台，推荐样机数量为每批设备的 10%，建议最佳样机数量不超过 20 台（见表 10-5）。

可靠性验收试验要根据电子设备的实际使用条件和故障特征选择合适的试验方案。

**表 10-5　接受样机试验数量表**

| 批量 | 最佳样机数 | 最大样机数 |
|---|---|---|
| 1~3 | 全数 | 全数 |
| 4~16 | 3 | 3 |
| 17~52 | 5 | 15 |
| 53~96 | 8 | 19 |
| 97~200 | 13 | 21 |
| 200 以上 | 20 | 22 |

#### 10.5.1.1　试验类型的选择

老产品已生产多年，没有进行可靠性设计，现役产品的生命力较强，需要继续生产，可以选择可靠性测定试验，测出设备的 *MTBF* 验证值，同时根据暴露的问题采取措施，提高产品的可靠性。

新产品处于设计试制阶段，可通过可靠性试验暴露产品中的薄弱环节，以便采取改进措施，提高产品的固有可靠性，可选择可靠性增长试验。

新产品设计定型、生产定型和产品创优，可选择可靠性鉴定试验，一般情况下选用定时截尾或定数截尾试验方案，以对产品的 *MTBF* 真值做出估计。

根据供需双方鉴定的合同规定，需要对产品的 *MTBF* 真值作验证的，可选择可靠性验收试验，采用定时截尾或定数截尾试验方案。若供需双方鉴定的合同规定，只要通过了系统试验方案就可交货，不需对产品的 *MTBF* 真值做出估计，可选用其他方案，例如对单台大型电子设备，可以选择概率比序试验方案。

#### 10.5.1.2　综合环境条件及应力的确定

根据电子设备任务书或供需双方签订的合同，得到电子设备的现场使用条件和任务环境特征，从而可以确定可靠性验证试验的综合环境条件及其与时间的关系。

综合环境条件应由订购方规定或同意，订购方应该在合同中规定可靠性验收试验所要施加的应力类型。为了尽量逼真地模拟设备在使用中的实际环境，应该优先使用实测应力（特别是温度和振动），也可以使用估计应力，在无法得到前面两者的情况下，可以使用参考标准 GJB 899A—2009 中提供的参考应力。

如果订购方没有其他规定，可以将电压力、振动应力、温度应力和湿度应力综合起来，具体按照表 10-6 规定的各种应力综合在一起作为可靠性验收试验的应力。

**表 10-6 可靠性验收试验施加应力条件参考表**

| 应力 | 幅度变化范围 | 幅度与总试验时间 $T$ 的关系 | 循环时间 | 应力内容 | 备注 |
|---|---|---|---|---|---|
| 电应力 | 标称电压（$V_B$）的±10% | 50%$T$：$V_B$<br>25%$T$：$V_B$ 上限<br>25%$T$：$V_B$ 下限 | 与设备规定的工作时间一致 | 输入电压 | 通电工作状况占试验时间的 90% |
| 振动应力 | 正弦扫描或定频扫描：规定幅度的±10%<br>随机振动：功率谱密度范围：标称值+3 dB，标称值-1.5 dB | 20 min | | 正弦耐振动试验，20~60 Hz 内非共振频率 | 一般不加振动应力，在可靠性试验开始前完成运输过程中预期的振动环境试验 |
| 温度应力 | 有空调：20 ℃±2%<br>无空调：40 ℃±2% | 特殊环境下：<br>50%$T$：60 ℃<br>25%$T$：40 ℃<br>25%$T$：20 ℃ | | 工作环境温度 | 特殊环境为：无空调，地处亚热带或热带 |

#### 10.5.1.3 统计试验方案的参数确定

（1）$\theta_0$（可接收的 *MTBF* 值）的确定。$\theta_0$ 应小于等于 $\theta'$（$\theta'$ 是按照电子设备所处的环境条件和应力，用可靠性预计方法确定的 *MTBF* 值）。$\theta_0$ 确定之后，根据选择的鉴别比 $D_m(D_m=\theta_0/\theta_1)$，就可以计算出 $\theta_1$（$\theta_1$ 指最低可接受的 *MTBF* 值）。

（2）生产方风险率 $\alpha$、使用方风险率 $\beta$ 的选择。一般情况下，供需双方签订合同的可按合同执行。如果合同无规定，或是生产厂家自行验证，一般情况下可选择 0.2~0.3，高风险可选择 0.3~0.4。

（3）试验时间 $t$ 的选择。除与 $\alpha$、$\beta$ 有关外，主要取决于电子设备属于何种类型，该设备能否长时间进行可靠性试验，试验费用的大小，可在表 10-5 中最佳样机数与最大样机数之间进行选择（$t=T/n$，$T$ 为截尾时间）。

#### 10.5.1.4 测试周期的确定

必须合理选择测试周期，周期太密，会增加工作量，周期太疏又会失掉有用的信息。可以按照下列公式计算，然后再确定。

$$R(t)=\mathrm{e}^{-\lambda t}=\mathrm{e}^{-t/\theta},\ F(t)=1-\mathrm{e}^{-t/\theta}$$

$$\mathrm{e}^{-t/\theta}=1-F(t),\ -\frac{t}{\theta}=\ln[1-F(t)]$$

$$t=\theta\ln\frac{1}{1-F(t)}=\theta\ln\frac{1}{1-\dfrac{r}{n}}=\theta\ln\frac{n}{n-r} \tag{10-12}$$

式中 $t$——规定的试验时间；

$r$——相关失效数；

$n$——抽样数；

$\theta$——$MTBF$。

若测试时间太长，可确定为 1 天测试 1 次，及时发现产品失效并做好记录。

10.5.1.5　失效判据（失效标准）的制定

失效，指的是产品丧失规定的功能。因此，凡是在试验过程中不满足电子设备技术性能的任一项指标，应作为失效判据，此判据必须由可靠性工程师负责，召集设计、工艺、检验等方面技术人员讨论，统一思想后制定。

### 10.5.2　数据分析方法

10.5.2.1　可靠性试验数据分析方法

可靠性试验数据分析的基础就是产品寿命分布函数及参量之间的关系。例如故障与应力（电、热、振动、温度等）的对应关系；故障与产品早期性能变化的规律等，这些包含有两个变量的数据，在分析时可用相关及回归分析方法或用最小二乘法，从试验中取得的数据，可以制成各种图，如直方图、拆线图等，拟合成直线、曲线用以确定产品故障（寿命）的数学模型，由模型就可写出其可靠性指标，最后推算出该产品的可靠性参数值。

电子设备的故障模式（寿命分布）可以用指数分布的数学模型描述，所以只要通过试验取得 $MTBF$ 的估计值（观测值），就可算出失效率 $\lambda$ 及可靠度 $R(t)$。然后与设计过程中的预计值比较，达到指标要求，试验停止，达不到则继续试验。

10.5.2.2　电子设备可靠性试验数据的处理

可靠性试验数据是一些实际的、多因素的信息集合，对于电子设备来说，试验的目的不同，所需采集的数据种类就不同，因此要用试验观测值估计设备的可靠性特征值，这是电子设备可靠性试验数据处理的关键。我们知道 $MTBF$ 是衡量电子产品可靠性的一个重要指标，并且检验下限应等于电子设备最低可接受的 $MTBF$。实际工作中常采用观测值的点估计，即

$$\hat{\theta}=\frac{T}{r} \tag{10-13}$$

式中　$\hat{\theta}$——$MTBF$（电子设备）观测点估计值；

$T$——电子设备试验时间总和；

$r$——电子设备在试验中的故障次数。

另一种为故障强度点估计，当 $r>0$（有故障发生时）：

$$\hat{\lambda}=\frac{r}{T} \tag{10-14}$$

$$\hat{\theta}=\frac{T}{r} \tag{10-15}$$

当 $r=0$（试验过程中未发生故障）时：

$$\hat{\lambda}=\frac{1}{3T} \tag{10-16}$$

$$\hat{\theta} = 3T \tag{10-17}$$

式中 $\hat{\lambda}$——电子设备失效率点估计值；

$\hat{\theta}$——电子设备 *MTBF* 的点估计值；

$T$——电子设备试验时间总和；

$r$——故障次数。

利用点估计的方法可以大致估算出电子设备 *MTBF*。由于点估计法是用实际样本指标数值作为总体参数的估计值，所以选择不同的样本指标数值，其点估计值是有差别的，属于经验公式。

## 习 题

10-1 某电子产品在设计试验过程中，一共完成了 7 次试验，数据如下：$(T_1, r_1)=(8, 4)$，$(T_2, r_2)=(19, 1)$，$(T_3, r_3)=(13, 1)$，$(T_4, r_4)=(42, 1)$，$(T_5, r_5)=(37, 1)$，$(T_6, r_6)=(21, 0)$，$(T_7, r_7)=(18, 0)$，$T_i$ 为通电时间，$r_i$ 为失效数，试分析该系统的可靠性增长情况。

# 参考文献


［1］李沙金，冯敬东．深入理解失效率和瞬时失效率［J］．电子产品可靠性与环境试验，2013（2）：41-48.

［2］陈垦伦，关敏仪，梁佩博，等．基于FMEA的某型高温熔盐压力变送器可靠性分析［J］．电子产品可靠性与环境试验，2023（41）：33-39.

［3］陶小利，高嵩，黄宏伟．耐高温压力变送器在特殊场合应用的分析［J］．工业仪表与自动化装置，2021（6）：112-113.

［4］周应朝．可靠性工程［M］．北京：光明日报出版社，2021.

［5］任羿．可靠性设计分析基础［M］．2版．北京：北京航空航天大学出版社，2023.

［6］王晓红．可靠性试验技术［M］．2版．北京：北京航空航天大学出版社，2022.

［7］石英．可靠性分析［M］．长沙：中南大学出版社，2023.

［8］陈洪根．可靠性工程［M］．北京：化学工业出版社，2022.

［9］陈颖，康锐．电子产品可靠性分析与风险评估［M］．北京：国防工业出版社，2022.

［10］康瑞清．仪器与系统可靠性［M］．北京：机械工业出版社，2012.

［11］Zhang Y Y，Fang L Q，Zhao J X，et al. An Improved FMECA Method for Equipment Reliability Based on Information Fusion［J］. Physica Scripta，2024，99（5）：1-10.

［12］Liu S Y，Shu J，Qiao M. Assessment of the Impact of Extreme Weather on Power System Reliability［C］// Proceedings of the 2024 9th Asia Conference on Power and Electrical Engineering（ACPEE 2024），2024：2475-2480.

［13］Qi J J，Chen S J，Wang D F，et al. Research on Accelerated Degradation Test and Reliability Evaluation Method for Hydraulic Pumps Based on Parallel Energy Saving［C］//Lecture Notes in Mechanical Engineering，The 8th International Conference on Advances in Construction Machinery and Vehicle Engineering（ICACMVE 2023），2024：543-550.

［14］Song J W，Zhang S，Wei P F. Investigating Correlation Effects of Uncertain Input Variables in Reliability-Oriented Sensitivity Analysis for Planar Linkage Mechanism［J］. Journal of the Brazilian Society of Mechanical Sciences and Engineering，2024，46（9）：1-18.

［15］Cao B，Niu G，Wu M，et al. A Comprehensive Assessment Method of Power Supply Reliability and New Energy Consumption Reliability Considering the Interaction of Flexibility Resources［C］//2024 3rd International Conference on Energy，Power and Electrical Technology（ICEPET 2024），2024：57-60.

［16］Ma M，Liu H Q，Wu X J，et al. Global Reliability Sensitivity Analysis of Cradle-type Double Rotary Table［J］. Proceedings of the Institution of Mechanical Engineers，Part C：Journal of Mechanical Engineering Science，2024.

［17］Warr R L，Meyer J M，Curtis J T. A Bayesian Nonparametric System Reliability Model Which Integrates Multiple Sources of Lifetime Information［J］. Quality Engineering，2024，36（4）：758-773.

［18］Tripathy D，Gottumukkala R，Kim D. Exploring the Nexus between Sensor Reliability and System Performance：A Comprehensive Analysis［C］//Proceedings of the Annual Conference of the Prognostics and Health Management Society（PHM），2024，16（1）：1-11.

［19］Chen M Z，Cai J B，He S Z，et al. Research on Reliability Risk-Based Microstructure Evaluation Method for Integrated Circuits［C］//2024 25th International Conference on Electronic Packaging Technology（ICEPT 2024），2024.

［20］Sridevi C H，Shailender Kumar S P，Rao C A，et al. Reliability Analysis of Satellite Data Reception System［C］//2024 IEEE Space，Aerospace and Defence Conference（SPACE 2024），2024：1031-1034.

[21] de Vries R, Lantsoght, E O L, Steenbergen R D J M, et al. Time-dependent Reliability Assessment of Existing Concrete Bridges with Varying Knowledge Levels by Proof Load Testing [J]. Structure and Infrastructure Engineering, 2024, 20 (7/8): 1053-1067.

[22] Wan L, Wang X R. Research on Reliability Evaluation Accuracy Model of Transmission and Transformation Circuit by Using Big Data Analysis Technology [C]//2024 IEEE 2nd International Conference on Sensors, Electronics and Computer Engineering (ICSECE 2024), 2024: 1454-1458.

[23] Gao Y D, Sun K Q, Qiu W, et al. Data-Driven Multidimensional Analysis of Data Reliability's Impact on Power Supply Reliability [J]. IEEE Transactions on Industrial Informatics, 2024, 20 (11): 13240-13250.

[24] Zhao M, Zhang X X, Appiah J, et al. Travel Time Reliability Prediction Using Random Forests [J]. Transportation Research Record, 2024, 2678 (3): 531-545.

[25] Wang C, Li M C, Cui N F. Improving Reliability of Assembly Supply Chains with Disruption Risk: Stakeholders' Subsidy Interplay [J]. International Journal of Production Research, 2024, 62 (4): 1336-1357.

[26] Miyamoto S, Tamura Y, Yamada S. A Method of Reliability Assessment Based on Trend Analysis for Open Source Software [J]. International Journal of Reliability, Quality and Safety Engineering, 2024, 31 (4): 1-15.

[27] 黄创绵，杨文生，周健．无人机锂电池寿命测试及预测研究 [J]．电子产品可靠性与环境试验，2022 (40): 1-8.

[28] 李贵杰，詹扬，李大伟．考虑不确定性情况下的故障树重要度分析方法及应用 [J]．系统工程与电子技术，2024, 46 (3): 935-941.

[29] 柳炽伟，郭美华．基于 T-S 模糊故障树的驱动电机冷却系统可靠性分析 [J]．客车技术与研究，2024, 46 (2): 19-25.

[30] 韩庆田，李文强，曹文静．指数可靠性增长模型研究 [J]．科学技术与工程，2012 (12): 670-672.

[31] 梅文华．利用 AMSAA 模型预测产品可靠性增长 [J]．空军工程大学学报（自然科学版），2002 (2): 81-83.

[32] 梅文华．可靠性增长试验 [M]．北京：国防工业出版社，2003.

[33] 董蕙茹，黄燕锋，刘静．AMSAA 模型用于可靠性增长预测时的改进 [J]．空军工程大学学报（自然科学版），2002 (5): 79-82.

[34] 李英勇．电子产品设计阶段的 FMECA 分析 [J]．电子产品可靠性与环境试验，2008, 26 (5): 65-70.

[35] 李东杰．某型号产品的可靠性指标分配 [J]．电子产品可靠性与环境试验，2000 (2): 16-18.

[36] 苗峰，王聪，毛景禄．基于模糊故障树的有轨电车电子机械制动系统可靠性分析 [J]．城市轨道交通研究，2024, 27 (9): 203-207, 214.

[37] 曾天翔，丁连芬．电子设备可靠性设计手册 (MIL-HDBK-338) [S]．北京：航空工业出版社，1998.

[38] 李莉，王胜开，陆汝玉，译．实用可靠性工程 [M]. 4 版．北京：电子工业出版社，2005.

[39] 姜兴渭，宋政吉，王晓晨．可靠性工程技术 [M]．哈尔滨：哈尔滨工业大学出版社，2005.

[40] 柯行鉴，曾纪科．浅论可靠性预计 [J]．电子产品可靠性与环境试验，1997 (2): 11-14.

[41] GJB/Z 299B—1998. 电子设备可靠性预计手册 [S]．北京：中国人民解放军总装备部，1999.

[42] GJB 1909. 1—1994. 装备可靠性维修性参数选择和指标确定要求 [S]．北京：国防科学技术工业委员会，1994.

[43] 柳炽伟，郭美华．基于 T-S 模糊故障树的驱动电机冷却系统可靠性分析 [J]．客车技术与研究，2024, 46 (2): 19-25.

[44] 国家军用标准-总装备部．故障模式、影响及危害性分析指南：GJB/Z 1391—2006［S］．北京：中国人民解放军总装备部，2006.
[45] 王锡吉，王蓬．最坏情况电路分析（WCCA）［J］．电子产品可靠性与环境试验，2002，4（2）：1-5.
[46] 丁连芬，等译校．电子设备可靠性热设计手册（MIL-HDBK-251-CN）［M］．北京：电子工业出版社，1989.
[47] 李海泉，李刚．系统可靠性分析与设计［M］．北京：科学出版社，2003.
[48] 曾声奎．可靠性设计与分析［M］．北京：国防工业出版社，2011.
[49] 宋保维．系统可靠性设计与分析［M］．西安：西北工业大学出版社，2008.
[50] 刘品，刘岚岚．可靠性工程基础［M］．北京：中国计量出版社，2009.
[51] 孙新利，陆长捷．工程可靠性教程［M］．北京：国防工业出版社，2005.
[52] 张志华．可靠性理论及工程应用［M］．北京：科学出版社，2012.
[53] GJB 899A—2009. 可靠性鉴定和验收试验［S］．北京：中国人民解放军总装备部，2009.
[54] Kolev L V. Approximate solutions to a dynamic worst-case tolerance analysis problem［J］. International Journal of Circuit Theory and Applications，1992（20）：649-661.
[55] 熊继军，高健飞，郭涛．可靠性预计模型［J］．纳米技术与精密工程，2007，5（4）：285-288.
[56] 黄春明．无损检测仪器的可靠性预计［J］．无损检测，2023，45（6）：49-51.
[57] 王清，王平欣，王婷婷．基于融合可靠性预计的电能表可靠性 Bayes 评估方法研究［J］．电测与仪表，2024，61（10）：209-216.
[58] 朱起悦．FPGA 器件的可靠性预计［J］．环境技术，2008，26（3）：11-14，36.
[59] 王玮．单机电子产品可靠性预计技术分析［J］．舰船电子工程，2023，43（3）：144-147.